항상 건강하시고
삶의 순간마다 즐거움이 깃드시기를
기원 합니다.
    - 2025년. 곽재식 드림

모든 것이 양자 이론

모든 것이 양자 이론

지은이 곽재식
펴낸이 임상진
펴낸곳 (주)넥서스

초판 1쇄 인쇄 2025년 4월 30일
초판 1쇄 발행 2025년 5월 07일

출판신고 1992년 4월 3일 제311-2002-2호
10880 경기도 파주시 지목로 5 (신촌동)
Tel (02)330-5500 Fax (02)330-5555

ISBN 979-11-94643-14-2 03420
저자와 출판사의 허락 없이 내용의 일부를
인용하거나 발췌하는 것을 금합니다.

가격은 뒤표지에 있습니다.
잘못 만들어진 책은 구입처에서 바꾸어 드립니다.

www.nexusbook.com

모든 것이 양자 이론

— 세상을 이루는 17가지 기본 입자 이야기 —

곽재식 지음

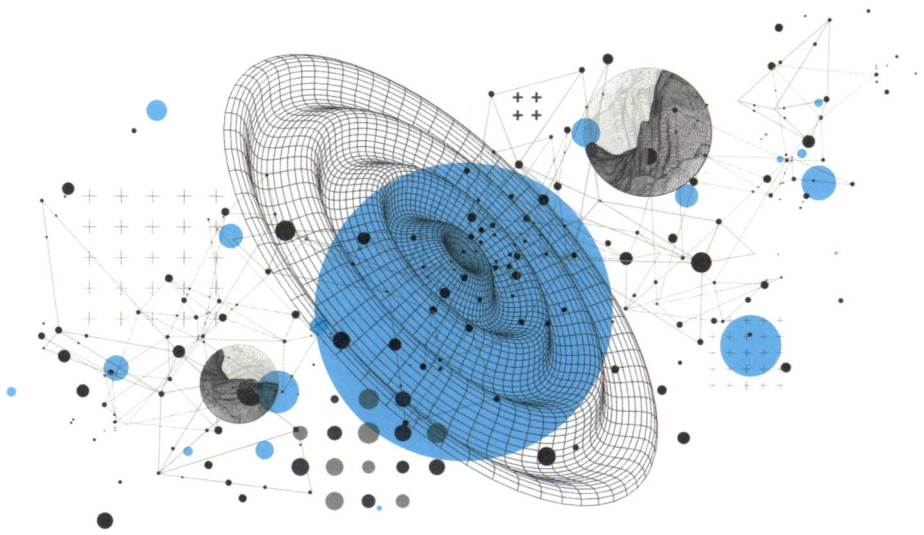

지식의숲

◎ 일러두기

- 외국어 인명과 지명의 독음은 국립국어원의 외래어 표기법을 따르되 관용적인 표기와 차이가 있는 경우 절충하여 실용적인 표기를 따랐다.
- 전문 용어는 붙여쓰기를 원칙으로 하였다.
- 국내에 소개된 작품명은 번역된 제목을 따랐고, 국내에 소개되지 않은 작품명은 원어 그대로 옮겼다.
- 단행본 제목은 『 』, 편명과 칼럼 명은 「 」, 영화·방송 프로그램과 논문집의 제목은 《 》, 매체 기사 제목은 〈 〉로 묶었다.
- 본문의 사진 이미지는 주로 각 장의 주제에 해당하는 물질이 관찰되는 자연 물체 사진 위주로 구성되었으며, 인공적인 실험에서 관찰되는 입자는 그 입자를 관찰한 실험 장치의 사진을 골라서 반영했다.

차례

들어가는 말 세상 모든 것을 이루는 17가지 재료와 양자 이론 • 8

- 전자 electron | 물체의 성질 대부분을 정해 주는 물질 • 12
  전자, 너 때문이야!
  전자는 이 세계의 비밀을 알고 있다
  세상을 바꾼 유리 장수의 업적

- 위 쿼크 upquark | 우리 주변 물체 속에 양전기를 만들어 주는 물질 • 28
  바위를 녹이는 산성의 위력
  양성자의 힘

- 아래 쿼크 downquark | 우리 주변 물체 속에 중성을 만들어 주는 물질 • 44
  결정적 단서, 탄소
  시계보다 정확한 방사능 물질

- 기묘 쿼크 strangequark | 특이한 우주 방사선의 재료 • 59
  장희빈의 한이 만든 우주 괴물?
  우주 방사선을 방어하라!

- 광자 photon | 빛의 재료이자 전자기력의 운반자 • 75
  당신은 내 삶에 한 줄기 전자파
  작은 빛 한 조각의 움직임을 따라서

- 글루온 gluon | 원자력의 뿌리가 되는 강력의 운반자 • 92
  초록색 보석의 저주
  우라늄의 변신
  강력과 쿼크의 시대가 열리다

- 맵시 쿼크 charmquark | 지금의 과학을 완성해 준 물질 • 111
  양자장 이론과 맵시 쿼크
  과학계의 11월 혁명

- 뮤온 muon | 하늘에서 떨어지는 방사선의 대표인 전자의 무거운 친척 • 127
  발해 멸망은 백두산 화산 폭발 때문일까
  투시 초능력의 비밀, 뮤온

- 타우온 tauon | 잠깐 나타났다 사라지는 전자의 더욱 무거운 친척 • 141
  빛의 속도는 일정하지만 시간이 변화한다
  상대성 이론의 활용

- W 보손 wboson | 베타 붕괴 방사능 물질의 원인인 약력의 운반자 • 158
  확률과 우연의 본질에 관하여
  숨은 변수 이론(hidden variable theory)

- Z 보손 zboson | 전기를 띠지 않는 덜 눈에 뜨이는 약력의 운반자 • 174
  힘과 방향의 관계
  신은 왼손잡이
  드디어 가가멜이 해내다

- 중성미자 neutrino | 가까이 있지만 너무나 느끼기 힘든 아주 흐릿한 물질 • 191
  반물질은 현대판 감로수
  유령 입자를 찾아라

- 뮤온 중성미자 muonneutrino | 블랙홀 쪽에서 날아온 중성미자 · 206
  신라의 황금은 어디에서 왔을까
  초신성의 폭발
  태양의 빛보다 빠른 중성미자

- 타우온 중성미자 tauonneutrino | 예전 한때 암흑물질의 후보 · 223
  용이 노니는 별들의 강
  암흑물질, 너는 누구냐?

- 꼭대기 쿼크 topquark | 가장 무겁고 불안해서 관찰해볼 만한 물질 · 237
  양자 얽힘에 관하여
  양자 얽힘의 활용도와 미래

- 바닥 쿼크 bottomquark | 대형 입자 가속기를 만들어 자주 살펴보던 물질 · 254
  권총 총알 만큼 강한 초고에너지
  입자 가속기 이야기

- 힉스 입자 higgs | 기본 입자들이 무게를 갖게 해 주는 것 · 271
  우주의 재료들
  파랑새는 있다

참고문헌 · 289

들어가는 말

세상 모든 것을 이루는 17가지 재료와 양자 이론

세상은 왜 있는 것일까? 왜 아무것도 없는 곳이 아니라 세상은 무엇인가가 있는 곳이 되었을까? 왜 우주가 있고 무슨 이유로 이 우주를 수많은 별과 다채로운 행성들이 공 모양을 한 채 떠돌게 되었을까? 그냥 별도, 행성도, 우리가 사는 지구의 이 수많은 동물과 식물들도 그 모든 것이 아무것도 없다면 어떨까? 왜 그런 아무것도 없는 세상이 아니라 무엇인가가 있는 지금 우리가 보고 있는 것 같은 세상이 나타났을까? 그리고 그렇게 나타난 세상은 왜 하필 이런 모양일까?

이런 질문에 상세하고 깔끔하게 답하기란 대단히 어렵다. 그렇지만 이 질문을 더 깊이 따져 보려면 우선 온 세상의 재료가 무엇인지부터 정확히 알아야 한다. 세상이 무엇으로 되어 있는지를 알면 그런 재료가 왜 또는 어떻게 나타났는가에 대해서도 더 상세하게 생각해 볼 수 있기 때문이다.

그렇기에 세상의 가장 기본이 되는 재료가 무엇인가 하는 질문에 매혹된 사람들도 예전부터 많았다. 조선시대의 선비들은 태극이라는 말을 좋아했다. 그리고 태극이라고 하는 어떤 쉽게 설명하기 어려운 심오한 것으로부터 세상의 모든 것이 다 나온다고 말하곤 했다. 그러니까 태극에서 우주가 나오고 태극 속에 우주의 원리가 있다는 생각에 빠져들었다는 이야기다.

심지어 조선시대 선비들은 태극이 무엇인지 또 태극이 어떤 성질을 지니는지를 알면 그로부터 세상을 올바로 사는 방법과 인생을 의미 있게 보내는 방법을 명쾌하게 깨달을 수 있다고까지 생각했다. 오늘날 대한민국 국기 중앙에는 태극이 그려져 있는데 이것은 조선 말기에 나라의 깃발을 만들 때까지도 조선의 선비들이 얼마나 태극에 관한 연구를 고귀하게 여겼는지를 잘 보여주고 있다.

이러한 조선 선비들의 연구는 복잡하고 알쏭달쏭한 사색으로 연결되기도 했다. 예를 들어 조선시대의 위대한 작가인 김시습은 「태극설」이라는 글에 이런 이야기를 써 두었다. "태극은 극이 없는 것이다. 태극은 본래 극이 없으니 태극이 음과 양이라는 두 가지 기운이고 음과 양이라는 두 가지 기운이 또 태극이다." 그러면서 "음과 양이라는 두 가지 기운 밖에 태극이 있다면 음과 양은 음과 양이 될 수 없을 것이고, 태극 속에 따로 음과 양이라는 두 가지 기운이 있다면 태극이라고 할 수 없다."는 신비로운 설명을 덧붙이기도 했다. 혹시 여러분은 이 말 속에서 우주가 무엇으로 되어 있고 어떻게 흘러가고 있으며 왜 우주가 이런 모습인지에 대해 어디까지 떠올릴 수 있는가?

현대 과학에서는 더 명쾌하고 더 많은 사람이 구체적으로 확인할 수 있는 방법으로 세상을 이루는 재료에 관해 설명한다. 그리고 그 재료들의 움직임을 계산할 수 있는 계산 방법 또한 개발해 두었다. 이에 따르면 현재까지 밝혀진 세상 모든 것을 이루는 재료들은 총 17가지의 작은 알갱이들이다. 얼마나 작냐고 하면 그중에서 가장 무거운 꼭대기 쿼크라는 알갱이의 무게가 0.000000000000000000000173그램밖에 되지 않는다. 그리고 그 작은 알갱이들이 대단히 많은 숫자로 모여서 이리저리 움직이고 있는 것이 우리가 사는 세상의 모습이다.

한 가지 굉장히 재미있는 사실은 이 17가지 알갱이가 움직이며 세상을 돌아다니는 규칙이 '양자 이론(quantum theory)'이라고 하는 특별한 방식을 따르고 있다는 점이다. 더 재미있는 것은 과학자들이 양자 이론을 풀이해 보는 과정에서 물체의 떨림이나 물결이 퍼져 나가는 것을 연구할 때에 개발해 놓은 계산 방법을 여러 군데에서 사용할 수 있다는 사실을 알아냈다는 점이다.

기타 줄을 튕겨 보면 줄이 떨리는 모습을 볼 수 있다. 그리고 그에 따라 소리가 울려 퍼진다. 높은 소리, 낮은 소리, 음색이 다른 여러 가지 소리를 들을 수 있다. 기타 줄의 길이, 줄이 떨리는 속도와 떨리는 폭, 울려 퍼지는 소리, 사이에는 어떤 관계가 있을까? 수백 년 전부터 여러 나라의 많은 과학자는 그런 관계를 따져서 계산해 볼 방법들을 다양하게 개발해 두었다. 하다못해 조선 시대의 음악가 박연 같은 인물 또한 소리와 악기 구조의 관계를 계산할 수 있는 몇 가지 방법을 연구해서 세종 임금으로부터 그 결과를 인정받았다.

그런데 세월이 흘러 보니 이렇게 악기 소리나 물결의 떨림을 계산하기 위해 개발해 놓은 여러 방법을, 세상 모든 물체의 재료를 이루는 17가지 알갱이의 움직임을 따질 때도 곳곳에서 사용할 수 있었다. 더군다나 물체의 움직임에 이런 특이한 성질이 있다는 점 때문에 양자 이론으로 무엇인가를 따질 때는 평소에는 마법 같다고 생각했던 온갖 특이하고 오묘한 일들이 한꺼번에 일어나는 느낌도 든다.

그러므로 양자 이론은 종종 무엇인가 알 수 없고, 기이하며, 도를 닦는 듯한 느낌을 주는 이론으로 소개될 때도 많다.

그런데 나는 조금은 다른 방향에서 이야기를 해 보려고 한다. 나는 신비함만을 강조하기 보다는 이 책에서 17가지 세상 모든 물질의 재료를 하나하나 소개하면서 조금 더 현실적이고 우리 가까이에 있는 현상들을 소개하고자 한다. 그중에는 전자나 광자 같은 조금은 친숙한 것에 대한 이야기도 있을 것이고 뮤온 뉴트리노나 Z보손처럼 훨씬 낯설게 들리는 것도 있을 것이다. 그러나 의외로 그중 많은 것들이 우리의 생활이나 산업, 경제와 관련이 깊다. 그래서 그저 신기한 이야기만 풀어 놓고 마는 것이 아니라 최대한 우리 주변에서 벌어지고 있는 일과 관련된 내용을 함께 설명해 보려고 노력했다.

특히 내가 한국인인 만큼, 한국에서 일어나고 있는 일, 한국인 과학자와 관련이 있는 일을 많이 다루고자 했다. 나는 이런 이야기들이 그냥 어느 먼 외국의 어떤 어마어마한 천재가 보통 사람은 흉내 낼 수 없는 특이한 말과 행동을 했다더라라는 식의 무용담 비슷한 이야기보다 훨씬 더 가깝게 과학을 이해하는 데 도움이 될 것으로 생각했다. 또한 과학 교과서처럼 이론의 핵심을 짚어 풀이하기보다는 오히려 각각의 주제와 관련된 여러 가지 이해를 도울 수 있는 일화들을 소개하고 그 주제를 연구한 과학자들의 인생 이야기 등을 풀어 나가는 데에 초점을 맞추었다. 그런 내용이 내가 좀 더 잘할 수 있는 이야기이고 내가 이야기할 수 있는 수준을 넘지 않으면서 많은 사람에게 도움이 되는 지식을 전할 수 있는 길이라고 생각했기 때문이다.

이 책을 쓰는 데에는 지난 5년여간 《격동 5백 년》이라는 프로그램을 진행하면서 다양한 과학자들의 인생을 돌아본 것이 큰 도움이 되었다. 그 기회를 주신 원종우 대표님과 최진영 팀장님, 이용 기자님께 감사의 말씀을 올리고자 한다. 또한 대학원 시절 양자 이론의 세계에 깊이 빠질 수 있는 기회를 주신 이윤섭 교수님께도 같이 감사의 인사를 드리고 싶다.

만약 지구의 모든 나라가 하나가 되어 하나의 깃발을 사용하게 되고 우주의 모든 물체를 따질 때 과학에서 활용하고 있는 양자 이론에 모든 사람이 심취하게 된다면 그때는 어떤 깃발을 쓰게 될까? 양자 이론에서는 흔히 계산하고 있는 대상을 "$\varPsi$"라는 기호로 표시할 때가 많다. 17가지 알갱이에 대해 계산할 때는 "W"라는 기호를 쓰기도 하고 계산식 중에서 가장 중요한 핵심인 '라그랑지안'이라는 부분을 "L"이라는 기호로 표시하기도 한다. 그렇다면 혹시 미래의 지구인들이 사용하는 깃발은 태극기 대신에 중앙에 "$\varPsi$"나 "W", "L"이 그려진 깃발이라면 어울릴까?

그런 정도의 느긋한 상상을 하면서, 지금부터 과학의 긴 역사 동안 많은 과학자가 밝혀 놓은 우주의 그 모든 것들을 이루는 17가지 재료에 대해 하나하나 알아보기로 하겠다.

2025년 종로에서, 곽재식

전자 electron
물체의 성질 대부분을 정해 주는 물질

전자, 너 때문이야!

세상 대부분의 일은 전자 때문이다. 왜 어떤 사람은 여유롭고 행복한데, 또 어떤 사람은 비슷한 삶을 살면서도 불안해하거나 괴로운 감정에 시달리는 것일까? 하루하루를 충만하게 보내는 사람이 있는가 하면 삶의 허무함에 괴로워하는 사람이 있는 이유는 무엇일까? 그 모든 것은 결국 그 사람이 지닌 마음의 차이라고 할 수 있을 것이다. 그런데 그 마음의 차이라는 것도 따지고 보면 전자 문제다.

사람의 마음은 두뇌의 활동 덕분에 나타난다. 그리고 두뇌의 활동이란 뇌를 이루고 있는 많은 뇌세포들이 연결되어 서로 영향을 주고받는 일을 말한다. 사람의 머릿속에는 수백억 개에서 천억 개에 달하는 아주 많은 뇌세포들이 이리저리 복잡하게 연결되어 있다. 그 많은 뇌세포들이 옆 뇌세포에 어떤 신호를 보내는지 그리고 그렇게 신호를 받았을 때 또 다른 뇌세포에 어떤 신호를 전달하는지 등등의 모든 활동을 우리는 마음이라고 말한다. 그러므로 뇌세포들이 서로 신호를 주고받는 일 속에 여유, 불안, 행복, 괴로움이 모두 담겨 있다. 그런데 사람의 뇌세포가 옆 뇌세포에 신호를 보낼 때 사용하는 수단은 전기다. 대략 0.1볼트 정도의 전기를 만들어 뇌세포들은 서로를 어지럽게 찌릿찌릿하게 만든다. 그것이 뇌세포끼리 서로 신호를 보내는 방법이고 따라서 그것이 바로 사람의 마음이다.

전자 회로

　전기를 만들기 위해서 사람의 몸속에서는 전자가 이리저리 움직이고 있다. 화학자들은 뇌세포와 사람의 여러 신경 세포들은 이온(ion)이라는 물질 덕택에 전기를 사용할 수 있다고 흔히 이야기한다. 그런데 애초에 이온이라는 물질이 만들어지기 위해서는 평범한 물질에서 전자가 떨어져 나오거나 전자가 더 들러붙거나 해야 한다. 그러니 사람의 뇌세포 활동은 역시 결국 전자 때문이라고 해도 맞는 이야기다. 두뇌 속을 이리저리 돌아다니는 전자의 움직임 때문에 사람은 감정을 느끼고 사색하고 인생에 대해 고민한다.

　전자의 용도로 더 널리 알려진 사례로는 전자 제품도 있다. 우리가 흔히 전자 제품이라고 부르는 수많은 기계는 전자를 어떻게 움직이는가를 조절하여 복잡한 동작을 하는 기구를 말한다. 예를 들어 한국 경제를 움직이는데 굉장히 큰 비중을 차지하고 있는 제품인 반도체 역시 전자를 조작해서 특수한 기능을 하게 만든 부품이다. 나아가 전기를 사용하는 모든 기계도 따지고 보면 전자 덕택에 움직인다. 우리가 일상생활에서 전기를 사용한다고 할 때 그 전

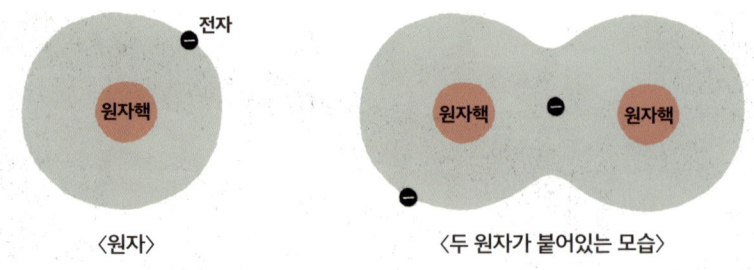

〈원자〉　　　　　　〈두 원자가 붙어있는 모습〉

기는 다들 전선을 따라서 수많은 전자가 움직이도록 하면서 그 전자의 움직임에 따라 생기는 전기의 힘을 이용하는 장치다. 만약 지금 이 책을 보고 있는 방 안에 전등이 켜져 있다면 그 전등에 연결된 전선을 따라 지금도 굉장히 많은 개수의 전자가 줄줄이 떼 지어 흘러 들어가고 있을 것이다. 또한 만약 지금 스마트폰을 갖고 있다면 그 스마트폰 배터리 속에서 많은 개수의 전자가 떼 지어 흘러나와 스마트폰의 회로와 부품 속으로 들어가고 있을 것이다. 그 움직임 덕택에 우리는 전기의 힘을 마음대로 쓸 수 있다. 그 덕택에 우리는 전등과 스마트폰을 사용할 수 있다.

　나는 어릴 때 전기가 빛의 속도로 움직인다는 이야기를 듣고 전선 속을 흘러 다니는 전자가 빛의 속도로 움직인다고 생각했다. 그러나 이것은 잘못된 생각이었다. 전기가 빛의 속도로 전달된다는 것은 맞다. 하지만 전자가 빛의 속도로 움직이지는 않는다. 잘 조작하면 전자를 무척 빨리 움직이게 할 수는 있지만, 우리가 일상생활에서 쓰는 전기 기구 속의 전자는 의외로 느리게 움직인다. 단지 그 전자가 내뿜는 (-)전기의 힘, 음의 전기의 힘 곧 음전기의 힘이 주변으로 퍼져 나가는 속도가 빛의 속도일 뿐이다.

　전기가 잘 통하는 물질은 그 물질 속에 잘 움직이는 전자가 많이 들어 있기 때문에 전자가 이리저리 흘러 다니면서 이쪽저쪽으로 음전기의 힘을 잘 내뿜어 줄 수 있다. 이런 물질을 도체(conductor)라고 한다. 반대로 잘 돌아다닐 수 있는 전자가 별로 없는 물질을 부도체(insulator)라고 부른다. 그러므로 부도체는 전기가 통하지 않는 물질이다. 그리고 애매하게 그 중간쯤 되는 정도인 물질을 반도체(semiconductor)라고 한다.

1950년대 말, 미국의 과학자들은 반도체의 주변 환경을 적당히 조절해 줄 경우 조건에 따라 어떨 때는 전기가 잘 흐르게 만들 수 있고 어떨 때는 전기가 안 흐르게 만들 수 있다는 사실을 알아냈다. 그 동작이 가능하도록 만든 부품이 바로 트랜지스터(transistor)다. 전자 제품을 만들 때 널리 쓰이는 가장 대표적인 반도체 부품이다. '트랜지스터'라는 부품의 역할 역시 반도체 물질을 이용해서 조건이 맞지 않을 때는 전자가 잘 움직이지 않고 조건이 맞을 때만 전자가 잘 움직여서 전기가 흐르도록 하는 것이다. 과학자들은 이런 부품이 작동하는 광경이 아주 단순하기는 하지만 꼭 무엇인가를 판단하는 것과 비슷한 작용을 한다는 사실을 깨달았다.

"조건이 맞는지 안 맞는지 따져 보고, 조건이 맞을 때만 전기를 통하게 하자!"

트랜지스터가 이런 마음가짐을 갖고 작동한다고 상상해 보면 이것은 아주 단순한 내용을 따지는 것이기는 하지만 분명히 무엇인가를 따지고 판단하는 것처럼 보인다.

과학자들은 이렇게 단순한 내용을 판단하는 듯한 행동을 할 수 있는 트랜지스터를 복잡하게 수백 개, 수천 개, 연결해 놓으면 좀 더 복잡한 판단도 할 수 있을 거라고 생각했다. 그렇게 해서 사람들은 정말로 트랜지스터를 여러 개 연결해서 사람 대신 계산을 해 주는 전자계산기도 만들었고, 결국 컴퓨터도 만들어 냈다.

1960년경이 되자 한국인 과학자 강대원은 미국에서 아탈라 박사라는 사람과 함께 금속 산화물 반도체 전계 효과 트랜지스터(metal oxide semiconductor electric field effect transistor)라는 새로운 방식의 트랜지스터를 개발했다. 이름이 너무 길어 보통은 알파벳 약자로 MOSFET이라고 쓰고 흔히 한국에서는

'모스펫'이라고들 발음하는 부품이다. 트랜지스터 중에서도 MOSFET 방식으로 만든 트랜지스터는 값싸게 작은 크기로 대량 생산하는 방식으로 찍어 내기가 아주 편하다. 그러므로, 요즘 반도체라고 부르는 제품 대부분은 강대원 박사가 개발한 MOSFET 방식으로 만들어 내고 있다. 현재 한국의 반도체 회사들이 만들어 내는 최신형 반도체 중에도 MOSFET이 많다.

이런 공적 덕택에 강대원 박사는 미국 발명가 명예의 전당에도 이름이 올라가 있다. 한국에도 강대원 박사의 이름을 딴 반도체 분야의 상이 있다. MOSFET과는 큰 상관이 없는 이야기이기는 한데, 강대원 박사가 해병대 출신이었고 통신병으로 국군에서 복무했다는 사실도 한국에는 꽤 알려져 있다. 한 번 해병은 영원한 해병이라는 말을 인정한다면, 요즘 세상의 모든 전자 제품, 컴퓨터, 스마트폰, 인공지능을 작동시키는 반도체는 한국 해병대 대원이 전자를 조작하는 기술로 만들어 낸 것이다.

요즘 한국 회사가 만들어 내는 반도체는 그 작은 칩 하나 안에 강대원 박사의 발명품인 MOSFET이 수억 개에서 수십억 개가 들어 있는 경우도 흔할 정도로 아주 많은 부품이 서로 복잡하게 얽혀 있다.

그러니 MOSFET 하나의 크기는 눈에 보이지 않을 정도로 아주 미세하다. 그런 MOSFET 속을 전자들이 이리저리 오가면서, 어떨 때는 전자들이 잘 흘러가기도 하고 어떨 때는 잘 흘러가지 못하고 맴돌기도 하는 가운데, 반도체는 온갖 계산을 하기도 하고 음악을 들려주기도 하고 사람의 얼굴 사진에 필터를 걸어 매끈하게 매만져 주거나 한국어를 다른 나라 말로 번역해 주는 인공지능 기능을 수행하기도 하고 한 나라의 운명을 결정할 선거 결과를 집계하기도 하고 아무짝에도 쓸모없는 무의미한 악한 댓글을 전송하기도 한다. 이렇게 보면, 전자의 움직임 때문에 생긴 전기가 복잡하게 연결된 곳들을 이리저리 흘러 다닌다는 점에서 사람의 두뇌와 반도체는 비슷해 보인다.

전자는 이 세계의 비밀을 알고 있다

전자 제품처럼 이름만 들어도 전자와 관련이 있음을 쉽게 알 수 있는 것 외에도, 전자는 세상의 다양한 일들과 깊은 관계를 맺고 있다. 예를 들어, 번개가 치는 이유 역시 전자 때문이다. 『삼국유사』에는 신라 시대에 용왕의 아들이 함부로 행동하자 하늘에서 천사를 보내 번개로 공격해 벌을 주려고 시도했다는 전설이 실려 있다. 『고려사절요』를 보면 948년 고려의 정종 임금이 궁중 행사 도중 갑자기 번개가 사람에게 떨어지는 모습을 보고 너무 충격을 받은 후 시름시름 앓다가 세상을 떠났다는 이야기도 있다. 번개는 그리스로마 신화에서도 제우스 신의 무기로 등장한다. 옛사람들이 하늘의 뜻이라고 생각한 그 엄청난 현상인 번개는 사실 전자가 공기에서 떨어져 나와 움직이면서 전기를 전달하며 일으키는 현상이다.

그 밖에도 우리가 주변에서 마주치는 평범한 물질의 성질이라고 부르는 온갖 특징들도 따지고 보면 전자와 관련이 있는 경우가 엄청나게 많다. 예를 들어 숯은 쉽게 부스러진다. 그에 비해 철 덩어리는 훨씬 단단하다. 이런 차이는 왜 생겼을까? 그 이유는 전자 때문이다. 어떤 물질이 덩어리져서 붙어 있다면, 그렇게 덩어리져서 붙어 있도록 해 주는 힘 중에서 매우 많은 부분을 차지하는 것이 공유결합(covalent bond)의 힘이다. 공유결합의 힘이란 전자가 돌아다니면서 물질을 서로 붙어 있도록 엮어 주는 활동을 하는 것을 말한다. 조금 더 파고 들어가 보면 이때에도 전자가 가진 음전기의 힘으로 물질을 서로 붙어있게 한다. 그러니까 철 덩어리는 철이라는 물질의 내부를, 많은 전자가 이리저리 돌아다니면서 전기의 힘을 많이 발휘해 철을 서로 들러붙게 만든다. 그러므로 튼튼하게 붙어 있다. 때려도 잘 분해되지 않고 강하다. 그에 비해 숯 속에는 몇 안 되는 전자들이 전기의 힘을 덜 발휘하는 형태로 돌아다니고 있다. 그러므로 때리면 잘 부스러진다.

어떤 물질은 불이 잘 붙어 활활 타오르고, 어떤 물질에는 불이 잘 붙지 않는다는 등등의 성질 차이도 역시 전자 때문이다. 지구에서 보통 불이 붙어서 탄다는 말의 뜻은 그 물질에 빠른 속도로 공기 중의 산소 기체가 달라붙으며 변질을 일으키고 있다는 뜻이다. 산소 기체가 달라붙는 반응이기에 불타는 반응을 빠른 산화(oxidation) 반응이라고 부르기도 한다.

도시가스에 불을 붙이면 빠른 속도로 불타는데, 그 말은 공기 중의 산소 기체가 도시가스를 이루고 있는 물질 속에 아주 빠르게 달라붙으며 변질시킨다는 뜻이다. 그 달라붙는 속력이 매우 빠르고 격렬하다. 그렇기 때문에 강한 열이 생기고 심지어 빛도 생긴다. 이런 현상을 예로부터 사람들은 불이라고 불렀다.

옛날 사람들은 흔히 물과 불이 반대라고 생각했다. 그런데 불이 무엇인지 과학의 발전으로 정확히 알게 되면서 사람들은 물과 불이 반대라는 생각이 완전히 잘못되었다는 사실을 알게 되었다. 물은 물이라는 한 가지 물질을 부르는 이름이다. 하시만, 불은 한 가지 물질을 부르는 이름이 아니다. 불은 동작, 모습, 변화하는 방식을 부르는 말이다. 불이란 무슨 물질이 되었든 간에 공기 중의 산소와 달라붙는 활동을 벌이며 빛을 내뿜는 것이다. 비교하자면, 물이 김연아 선수 같은 성격의 말이라면 불은 스키 점프와 같은 성격의 말이다. 뭔가 서로 어울리지 않는다는 느낌이 있다고는 할 수 있겠지만, 정확히 반대는 아니다. 즉, 물과 불은 같은 선에서 서로 반대 성격을 가진 말이 아니라 서로 다른 분야에 있는 것을 부르는 말이다. 물과 불이 반대라고 생각한 것은 그냥 대충 겉모습만 보고 적당히 넘겨짚어서 내린 결론일 뿐이다.

그렇다면 왜 어떤 물질에는 공기 중의 산소 기체가 그렇게 빠르게 달라붙으며 빠른 변질을 일으킬까? 답은 전자 때문이다. 공기 속의 산소 기체는 전자를 약간 빨아들이고 싶어 하는 성질을 갖고 있다. 그렇기 때문에 산소 기체는 물체에 닿으면 전자를 끌어당긴다. 산소 기체가 물체에 달라붙어 그 속의 전자를 아예 뜯어내 버리기도 한다. 이런 일이 벌어지면 그 물체는 원래 모습을 유지하지 못한다. 물질의 모습도 바뀌고 성질도 바뀐다. 이런 현상이 물체가 불타면서 재로 변하는 현상이다. 이렇게 보면 불탄다는 것은 산소 기체가 땔감 속에 들어 있는 전자를 빠르게 뜯어 가는 일이라고 볼 수 있다. 그러면 전자가 잘 떨어져 나가는 물질은 쉽게 불타는 모습을 보일 것이다. 반대로 전자가 쉽게 뜯겨 나가지 않는 물질은 불에 잘 타지 않을 것이다. 대표적으로 그런 구조를 가진 물질이 바로 물이다.

산소 기체가 빠르게 반응하는 현상이 불이라면 그와 다르게 산소 기체가 천천히 반응하는 현상으로 알려진 것이 물체가 녹스는 현상이다. 그래서 공기 속에서 물체가 서서히 녹슬거나 낡아가는 현상 중에도 산화 반응이 많다. 어떤 물질은 금방 녹이 슬고, 어떤 물질은 오래 지나도 변질하지 않는다. 그 성질의 차이도 결국은 전자가 어디에서 잘 떨어지고 어디에 잘 들러붙느냐는 문제다.

사람이 나이가 들어 늙는 이유 중에 최근까지도 자주 지적되는 원인 물질 중에 하나로 활성 산소(reactive oxygen species)가 있다. 활성 산소 역시 사람 몸 이곳저곳에서 일어나면 산화 반응을 일으켜 쓸데없이 몸속 물질을 변질시킬 수 있다. 그러므로 활성 산소가 사람을 쇠약하게 만들고 늙게 할 가능성이 있다고 경계하는 사람들이 있다. 활성 산소 역시 결국은 전자를 아주 잘 뜯어내는 형태가 되어 돌아다니는 산소를 말한다. 그러므로 사람이 세월에 따라 늙어 가는 문제도 어느 정도는 전자 때문이다. 만약 전자가 뜯겨 나가지 않고 제자리에 잘 붙어서 버틸 수 있다면 활성 산소 때문에 늙는 일은 생기지 않을 것이다. 그러니 긴 세월 동안 수많은 부자와 왕들이 풀기 위해 매달렸던 불로불사(不老不死)의 비밀도 전자에 달려 있다고 볼 수 있다.

산소와 관련된 것 말고도 세상의 온갖 화학 반응이 일어나느냐 마느냐 하는 문제 대부분은 전자에 달려 있다. 전자가 어느 물질 쪽에서 어느 물질로 잘 건너가느냐 건너가지 못하느냐에 따라 물질은 폭발하기도 하고 아무 변화를 일으키지 않고 가만히 있기도 한다. 그래서 화학 강의 시간에는 "이 물질의 이쪽에 있는 전자가 이쪽을 친다"라는 식으로 말하는 교수의 설명을 자주 접할 수 있다.

사람이 어떤 음식을 먹었는데, 그것이 몸에 좋은 화학 반응을 일으킬지, 몸에 해를 입히는 독이 될지도 결국은 전자가 어디에서 떨어져 나와서 어디에 붙으면서 어떤 물질을 어떻게 변질시키는지에 달려 있다. 사람 몸에 꼭 그대로 잘 보존되어야 하는 소중한 물질 속의 전자를 뜯어 가거나 반대로 그곳에 쓸데없는 전자를 끼워 넣어버리는 물질이 있다면 그 물질은 사람에게 해를 끼치는 독이다. 어떤 동물이 무슨 음식을 먹으면 그것을 소화할 수 있는지 없는지도 결국 그 동물 몸속의 소화 효소가 전자를 어디에서 어떻게 떼어 내거나 붙이면서 화학 반응을 일으키는지에 달려 있다. 어떤 물질이 사람의 코에 닿았을 때 어떤 냄새를 느끼게 하는지, 심지어 여러 색깔을 가진 물체가 어떤 빛을 내는지도 결국은 전자 문제일 때가 많다.

사람 몸속의 DNA가 이런저런 화학 반응을 일으켜 그 사람의 살과 근육을 어떻게 발달시켜 어떤 모습이 되게 하는지 또한 DNA가 화학 반응을 일으키면서 어디에서 전자를 끌어당기고 어떤 전자가 떨어져 어디에 붙는지에 따라 정해지는 일이다. 그렇게 보면 누구는 그 얼굴이 보기 싫고 어떤 사람은 사랑스러운 얼굴로 아름다운 미소를 짓는다는 문제조차도 결국은 전자에 달려 있다.

나는 고등학교 때까지만 해도 내가 과학을 전공하게 될지 몰랐다. 그래서 대학에 들어와서 이런 사실을 화학 강의에서 처음 배웠다. 내가 화학을 배우면서 처음으로 가장 충격받고 놀랐던 일이 바로 전자가 화학 반응의 핵심이라는 이야기였다. 양전기와 음전기가 서로 끌어당기는 힘과 음전기와 음전기가 밀어내는 힘에 따라 전자가 얼마큼 전기의 힘을 받아 어디로 움직이느냐에 따라 서로 다른 온갖 화학 반응이 일어난다.

나는 전자라고 하면 전자 회로, 반도체나 전자공학 같은 분야와 관련된 물질이라고만 생각했다. 그런데 사실 전자는 그런 분야뿐만 아니라 모든 화학 반응의 핵심이었다. 사람 몸속에서 화학 반응을 일으켜 근육과 뇌를 잘 움직여서 노래와 춤을 잘 추는 일에서부터 화학 공장에서 온갖 특별한 물질이나 약품을 생산해 내는 그 모든 사업이 모두 전자 놀음이다. 조금 더 나아가 상상해 보자면, 만약 누가 전기의 힘을 정교하게 자유자재로 다룰 수 있게 된다면, 음전기를 띤 전자를 전기의 힘으로 이리저리 밀고 당겨서 온갖 일을 할 수 있을 것이다.

영화《그렘린2》에서는 그렘린이라는 괴물이 이상한 약을 마신 후 전기의 힘을 발휘하는 초능력을 갖게 되는 장면이 등장한다. 일반적으로 영화에서 전기를 다루는 초능력은 누군가를 감전시키거나 벼락을 떨어뜨리는 모습으로 표현된다.《그렘린2》도 이러한 전형적인 요소를 그대로 보여준다.

그런데 만약 그렘린이 정말 어떤 전기든 마음대로 원하는 만큼 움직일 수 있는 초능력을 갖고 있다면 사실은 훨씬 더 많은 일을 할 수 있을 것이다. 전기 초능력으로 자유롭게 양전기를 내뿜는다면 음전기를 띤 전자를 잘 골라서 끌어당길 수 있을 것이다. 그런 식으로 전기의 초능력으로 전자 하나하나를 뜻대로 정교하게 조종할 수 있다면 물질의 온갖 성질을 마음대로 바꾸는 것도 가능하다. 전자를 살짝 움직여 어떤 물질을 갑자기 분해하거나, 갑자기 어떤 물질을 불타게 하거나, 사람 뇌세포 속에 전기를 일으킬 수 있는 두뇌 속 전자를 움직인다면 사람의 생각을 조종할 수도 있다. 많은 전자를 한 번에 움직이는 일만 생각하면 감전시키는 정도가 전기가 할 수 있는 일의 전부겠지만, 전자 하나하나의 움직임을 전기로 조절할 수 있다고 생각해 보면 전기의 힘으로 별별 일을 다 할 수 있

다. 전자가 이렇게 온갖 곳에서 다양한 역할을 하는 이유는 전자는 음전기를 띠고 있으면서도 무게가 아주 가볍기 때문이다. 그래서 전자는 가볍게 튕겨 다니며 여기 붙었다 저기 붙었다 활발히 움직일 수 있다. 그렇게 전자는 이곳 저곳을 돌아다니며 전기의 힘을 이렇게 발휘하기도 하고 저렇게 발휘하기도 한다.

전자 하나의 무게를 과학자들은 대략 9.1094×10^{-31} 킬로그램이라고 표시하고 9.1094 곱하기 10의 마이너스 31승 킬로그램이라고 읽는다. 이것은 0.000000000000000000000000000091094킬로그램이라는 말이다. 10의 마이너스 31승은 소수로 썼을 때 91094 앞에 0이 총 31개가 적혀 있다고 보면 된다. 정말 작은 크기다. 미터법에서는 0.0000000000000000000000000001그램을 론토그램(rg)이라는 단위로 부르는데, 이렇게 보면 전자 하나의 무게는 0.9 론토그램이다. 이렇게까지 가볍고 작은 물질이기 때문에 전자는 조건만 잘 맞으면 우수수 쉽게 떨어지기도 하고 어디인가로 우르르 흘러가기도 쉽다.

전자는 우리가 일상생활에서 흔히 보는 보통 물질 속에는 어디든 듬뿍 들어 있다. 예를 들어 숯의 성분인 탄소 덩어리가 있다고 한다면 전체 무게의 대략 3천 분의 1 정도가 그 속에 들어 있는 전자의 무게다. 생물의 몸에 탄소가 많이 들어 있는 편이므로 사람 몸도 대체로 탄소로 되어 있다고 치고 어림짐작해 보자면, 몸무게 80킬로그램인 사람은 대략 그 몸속에 30그램 정도의 전자가 들어 있을 것이다. 전자 하나는 0.9론토그램이니 30그램치의 전자는 개수가 엄청나게 많을 것이다. 그리고 그 몸속의 많은 전자들이 어디에 붙어 있는지, 어디서 떨어져 나와 어디로 가는지에 따라 사람은 움직이기도 하고 잠들기도 하고 울기도 하고 웃기도 하고 미워하기도 하고 사랑하기도 한다.

세상 사람들이 전자라는 물질이 있다는 사실을 처음 알아낸 것은 1897년 전후의 일이다. 1800년 무렵, 이탈리아의 화학자 볼타는 최초로 전지를 만들어 내는 데 성공했다. 전지 역시 따지고 보면 서로 성질이 다른 물질을 교묘하게 연결해 놓아서 한쪽에서 끊임없이 전자가 튀어나오는 화학 반응이 일어나도록 해 놓은 장치다. 볼타의 발명 덕택에 사람들은 꾸준히 흐르는 전기를 만들어 여러 가지 전기 실험을 해볼 수 있게 되었다. 그리고 그때부터 사람들은 전기의 힘을 이용해 온갖 도구들을 만드는 일에 도전했다. 전기를 이용한 통신 장치, 전기로 음악을 녹음하는 기술, 전등 등등이 급격하게 발전한 것도 바로 1800년에서 1900년에 이르는 100년 사이의 일이다.

이렇게 전기가 인기 있는 기술이 되자 화학자들은 온갖 물질에 이런저런 방식으로 전기를 흘려 보면서 어떤 현상이 일어나는지 관찰하는 데 관심을 갖게 되었다. 당연히 초창기에는 손에 잡히는 흔한 물질에 전기가 잘 흐르는지 안 흐르는지 따지는 실험을 많이 했을 것이다. 철은 전기가 잘 흐르는 물질이고, 구리나 은은 그보다도 더 전기가 잘 흐르는 물질이고, 나무토막이나 고무는 전기가 잘 흐르지 않는 물질이고, 탄소는 애매하게 전기가 흐르는 듯 마는 듯이 하는 물질이라 잘만 하면 반도체라고 부를 만한 상태가 될 수 있다는 등등의 사실을 그 시절 화학자들이 알아냈다. 화학자들은 머지않아 각종 국물, 약물, 액체 종류에도 전기를 흘려 보았다. 실험 결과, 물은 전기가 약하게 통하는 물질이지만, 소금물은 훨씬 더 전기가 잘 통하는 물질이라는 사실을 알 수 있었다. 그리고 조금 더 참신한 실험을 하려고 했던 화학자들은 기체에 전기를 흘려 보는 실험에도 도전해 보기로 했다. 예를 들어 공기에 전기를 흘려 보면 어떻게 될까?

공기는 전기가 잘 통하지 않는 물질이다. 그런데 아주 센 전기를 흘려 보면 그때도 전기가 정말 전혀 흐르지 않을까? 공기의 성분을 살펴보면 질소 기체도 있고, 산소 기체도 있고, 이산화탄소도 있다. 공기에서 순수한 질소 기체, 산소 기체, 이산화탄소 기체를 각각 뽑아내서, 그 성분별로 전기를 흘려 보면 어떤 일이 벌어질까? 그 외에 수많은 화학 실험을 통해서 발견된 온갖 연기에 전기를 흘려 본다면 어떤 현상이 발생할까? 혹시 그중에는 아주 독특한 현상을 일으키는 기체 물질도 있을까? 이런 다양한 실험을 하기 위해서 꼭 필요한 도구는 튼튼하고 정교한 유리관이다. 그래야 그 유리관 속에 순수한 한 가지 기체만을 원하는 만큼 넣어서 밀봉하여 정확한 실험을 해 볼 수 있기 때문이다. 수소 기체만 유리관 속에 넣어서 전기를 흘리면 어떤 일이 일어나는지 실험을 해 보고 싶은데 만약 유리관을 정확하게 만들어 놓지 않았다면 유리관에 있는 틈으로 공기가 점점 들어오면서 실험에 오류가 생길 것이다. 그 틈으로 수소가 슬며시 빠져나가 버리면 실험을 시작조차 못 할 수도 있다.

세상을 바꾼 유리 장수의 업적

때문에 1800년대 후반의 화학자들은 유리관을 원하는 모양으로 정확하게 잘 만들 수 있는 사람에게 실험 기구를 주문해 만들어서 썼다. 그중에서 특히 독일의 유리 제품 만드는 사람인 하인리히 가이슬러(Heinrich Geissler)라는 사람이 성능이 좋고 실험을 하기에 유리한 유리관을 잘 만들었다. 그래서 그가 만든 유리관을 가이슬러관(Geissler tube)이라고 불렀다.

그 덕분에 독일 과학자들은 가이슬러관에 다양한 기체를 넣어 놓고 그 속에 전기를 흘러가며 무슨 일이 일어나는지 보는 실험을 잘할 수 있었다. 그중 몇몇은 가이슬러관에 네온을 집어넣고 강한 전기를 흘리면 불그스름한 빛이 뿜어져 나온다는 사실도 알아냈다. 이것을 프랑스의 조르주 클로드(Georges Claude)가 보고 아예 붉은 빛을 내뿜는 장식품으로 개발한 것이 네온사인이다.

가이슬러관으로 수행한 여러 실험에 많은 과학자가 신기해하고 있을 무렵, 몇몇 과학자들은 공기를 빼고 아무것도 없는 유리관 속에다가 강한 전기를 내뿜어 보는 실험도 해 보았다. 그리고 실험 결과 과학자들은 전기 회로의 음극(-) 쪽에서 눈에 잘 보이지는 않지만, 꼭 빛으로 된 무슨 광선 같은 느낌으로 튀어나오는 무엇인가가 있다는 사실을 알게 되었다. 그래서 사람들은 그 광선 같은 것을 음극선(cathode ray)이라고 불렀다.

음극선에 관해 연구하던 과학자 중에서 영국의 J. J. 톰슨(Thomson)은 음극선이 빛과는 다른 물질이라는 사실을 알아냈다. 또 음극선이 음전기를 띤 아주 작은 물질이 연달아 줄지어 튀어나오는 듯한 모습이라는 사실도 알아냈다. 마치 기관총으로 총알을 쏘는 것처럼, 전기 회로 한쪽에서 아주 작은 어떤 알갱이 같은 것들이 빠르게 튀어나오는 느낌이라고 그는 생각했다. J. J. 톰슨은 음극선 속 그 알갱이 하나의 무게와 음전기가 대략 어느 정도 되는지 그 비율까지 측정하는 데 성공했다.

결국, 그 음극선을 이루고 있는 물질을 우리는 전자라고 부르게 되었다. 톰슨이라는 성은 영국에서는 흔한 성이기 때문에 전자를 발견한 톰슨을 다른 톰슨과 구분하기 위하여 그의 이름인 조셉 존(Joseph John)의 약자를 따서 흔히 이 과학자를 J. J. 톰슨이라고 부른다. 조셉 톰슨이나 조셉 존 톰슨이라고 불러도 될 텐데, J가 두 번이나 나오는 것이 재미있기 때문인지 세계 대부분의 나라에서 전자를 발견한 톰슨을 제이제이 톰슨이라고 부른다. 한국의 과학책들도 마찬가지다.

유리관 실험에서 전자가 발견된 이유는 유리관 내부의 공기를 거의 완전히 빼놓았기 때문이다. 전자가 튀어나오는 실험을 했다고 하더라도 만약 유리관 안에 공기가 들어 있었다면 전자가 튀어나온 지 얼마 되지 않아 공기를 이루고 있는 물질과 어떤 식으로 반응을 하면서 그 물질 속에 달라붙었을 가능성이 크다. 그런데 가이슬러가 좋은 가이슬러관을 개발해 정확한 실험을 할 수 있었기 때문에, 공기를 거의 완전히 빼놓은 유리관을 실험에 사용할 수 있었다. 그 덕택에 장비에서 튀어나온 전자들이 아무 방해 없이 줄지어서 유리관 속을 마치 한 줄기 빛처럼 줄지어 날아가는 현상을 관찰할 수 있었다.

나는 가이슬러관에서 이어진 이런 이야기들을 돌아보면서, 과학에 더욱 많은 사람들이 관심을 두는 일과 과학에 보다 많은 사람들이 참여하는 일의 가치에 대해 생각해 보곤 한다. 어떻게 보면 가이슬러는 그냥 독일에서 유리 장사하는 사람이라고 볼 수도 있다. 그런데 그의 작업이 지닌 가치가 특별한 과학 실험을 할 수 있는 단초가 되었고 그 덕택에 그 유리 장수의 작품이 과학 발전을 큰 폭으로 이끌었다. 세상 모든 물질의 재료와 원리를 밝히는 입자 이론(particle theory)의 시작은 전자를 찾아낸 실험 장비를 만든 유리 장수로부터 시작되었다.

요즘 회사나 어떤 연구 기관이 운영되는 모습을 보다 보면, 어느 정도까지 학교 공부를 마치지 않은 사람이라면 과학에 대해 생각할 자격이 없어서 그냥 시키는 대로 단순 노동만 해야 한다고 보거나, 사람별로 할 수 있는 일의 영역을 엄격히 나누어 놓는 곳들이 있다. 간혹 과학자는 아주 순수한 과학 연구만 해야 하고 반대로 기술자는 돈 되는 작업만 해야 한다는 식의 생각을 접하게 될 때도 있다. 일하기 위해서 어쩔 수 없이 그런 구분이 어느 정도는 필요할 때도 있을 것이다. 그러나 나는 그런 장벽을 허물기 위한 노력이 조금 더 필요하다고 생각한다.

기술을 이용해 작업하는 사람이라면 누구든 그 기술과 연관된 과학에 대해 여러 가지 방향에서 생각에 빠져 보면 궁리해 볼 수 있는 세상이 되기를 나는 바란다. 그리고 그 생각을 토대로 누구든 어떻게 더 좋은 일, 더 새로운 일을 해 볼 수 있을지, 자기 의견을 좀 더 자유롭게 나눌 수 있게 되면 좋겠다. 그래서 공장 기계 작업대에서 휴대전화 부품을 조립하는 일을 하는 노동자가 떠올린 생각이 신형 반도체의 원리를 연구하는 화학자에게도 전달될 수 있다면 좋겠다. 나는 그것이 참신한 방향으로 과학 발전을 이룰 수 있는 한 가지 방법이 될 수 있다고 생각한다.

가이슬러에서 J. J. 톰슨까지 이어진 과학 연구는 사람들이 전자와 같은 아주아주 작은 알갱이에 대해 관심을 갖게 했다. 이렇게 전자만큼 작은 크기의 알갱이들을 흔히 과학에서는 입자(particle)라고 부른다.

그리고 얼마 후 세상 온갖 일을 다 일으키는 전자같이 아주 작은 입자의 움직임을 입자 하나하나에 대해 각기 정밀하게 따져 보기 위해서는 양자 이론(quantum theory)이라고 하는 아주 독특하고 특이한 계산 방법을 사용해야 한다는 사실도 사람들은 알게 되었다. 그러니까 어떤 사람 두뇌 속의 전자 움직임을 누군가 조종하여 그 사람의 생각과 마음을 바꾸고 싶다면 두뇌 속의 전자를 어떻게 하면 얼마나 바뀌게 되는지를 계산하기 위해 양자 이론이라는 계산 방법을 사용해야 한다는 이야기다.

전자라는 입자에 대해 알게 되면서 우리는 세상에서 우리가 음전기를 활용할 때는 대부분 전자 때문에 그 음전기를 쓸 수 있게 되었다는 사실을 알게 되었다. 생각하는 사람의 뇌세포 속에 있는 미세한 전기든, 발전기에서 고압선으로 보내는 막강한 전기든 음전기라면 어느 것이든 그 속의 전자가 내뿜고 있는 전기다.

그렇다면 과연 음전기의 반대인 양전기는 어디서 오는 것일까? 당연히 사람들은 그 문제의 답도 밝히고 싶어 했다. 의외로 양전기는 음전기와는 전혀 다른 곳에서 오고 있었다.

위 쿼크 upquark
우리 주변 물체 속에 양전기를 만들어 주는 물질

바위를 녹이는 산성의 위력

1700년대 후반에 활발히 활동한 조선의 학자 정약용의 책 중에서는 역시 『목민심서』가 가장 유명하다. 『목민심서』에는 한 고을을 다스리는 사또가 어떻게 일을 하면 좋을지에 대해 정약용이 고민한 내용이 정리되어 있다. 그렇기 때문에 책 내용을 보면 세금을 걷는 일에서부터, 범죄를 수사하는 일까지 조선시대의 사또가 해야 하는 온갖 업무들에 관한 이야기들을 다양하게 엿볼 수 있다.

『목민심서』에는 길을 뚫는 작업에 대해 다룬 대목도 있다. 길이 없어서 사람들이 다니기 힘든 산이나 언덕이 마을 주변을 가로막고 있다면 돌을 치우고 나무를 베어내고 땅을 파고 바위를 부수는 방법으로 길을 만들고 넓히는 작업을 하면 백성들에게 도움이 된다. 정약용은 그런 일도 고을 사또가 추진해야 한다고 써두었다. 뿐만 아니라 그는 길을 내는 공사를 할 때 사용할 만한 몇 가지 기술도 『목민심서』에서 소개했다. 그중에 재미난 것이 바위를 부수거나 돌을 치우는 공사를 할 때 적절하게 식초 성분을 사용하면 좋다는 언급이다. 아마 이런 내용을 『목민심서』에서 처음 읽은 조선시대 사람들은 황당하다고 생각했을 것이다. 아니 무슨 바위로 겉절이를 만들어 먹을 것도 아닌데 거기에 식초를 왜 뿌

신맛이 나는 과일

린단 말인가? 그러나 현대의 독자들은 조금만 깊이 생각해 보면 정약용이 식초를 바위를 다루는 공사를 할 때 활용할 수 있다고 지적한 이유가 무엇인지 알 수 있다. 식초는 산성 물질이고 산성 물질은 금속을 비롯한 여러 가지 물질을 녹이는 성질을 갖고 있다. 그러므로 독하고 강한 식초를 만들 수만 있다면 그 식초를 바위에 발라 바위의 결정적인 몇몇 부분을 녹여 내는 방식으로 바위를 망가지게 하고 파괴할 수 있다. 이런 기술을 개발해 놓으면 분명히 길을 뚫는 공사를 잘할 수 있을 것이다.

우리가 음식을 먹을 때 사용하는 식초는 대체로 아세트산(acetic acid)이라는 물질이 주성분이다. 그런데 산성 물질은 꼭 식초가 아니라도 여러 종류가 있다. 염산도 있고, 질산도 있으며, 황산도 있고, 신맛이 나는 과일도 산성 물질이다. 이런 물질은 다들 금속을 비롯한 여러 가지 물질을 녹게 만드는 성질을 갖고 있다. 그래서 그 모두를 합해서 산성 물질이라고 부른다. 아마 현대의 화학자가 타임머신을 타고 조선시대로 가서 정약용에게 황산이나 질산을 갖다 준다면, 정약용은 그 물질을 보고 반가워하면서 전국의 마을에 보급하여 바위 부수는 공사를 더 효율적으로 해냈을 것이다.

그렇다면 산성 물질은 도대체 어떤 공통점을 갖고 있기에 다들 비슷한 성질을 나타내는 것일까?

가장 쉬운 대답은 우리가 흔히 산성 물질이라고 부르는 물질은 물에 넣어서 섞어 놓았을 때 양전기를 띤 수소가 많이 생긴다는 점이다. 이렇게 양전기를 띠고 있는 수소를 과학자들은 수소 이온 또는 수소 양이온(anion)이라고 부른다. 흔히 산성 물질이란 곧 수소 이온이 많이 들어 있는 물질, 수소 이온 농도가 높은 물질이라고 말한다.

그래서 요즘에는 수소 이온이 물속에 얼마나 많이 들어 있는지 표시하기 위해 과학자들은 "pH"라는 수치를 측정해서 비교하곤 한다. 업계에서는 흔히 "피 에이치"라고 읽기도 하고 독일어 식으로 "페하"라고 읽는 경우도 많다. 그런데 사람 헷갈리게도 pH 수치는 그 숫자가 적을수록 수소 이온이 물속에 많이 들어 있다는 뜻이다. 그 말은 pH 측정 실험을 했는데 숫자가 적게 나오면 그만큼 산성이 센 물질이라는 뜻이다.

요즘 시중에는 간단한 막대기 모양의 pH 측정 장치도 나와 있어서 그 막대기를 어떤 액체 담그면 그 액체의 pH를 측정해 바로 화면에 숫자를 보여 준다. 이런 장치로 측정해 보면 우리가 마시는 평범한 맹물은 pH가 7 정도이고, 오렌지 주스는 4에서 5 정도다. 그리고 식초의 pH는 3에서 4 정도, 염산은 1에서 2 정도가 된다.

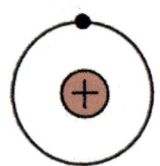

그 말은 맹물에는 양전기를 띤 수소가 별로 안 들어 있고, 오렌지 주스에는 양전기를 띤 수소가 좀 더 많이 들어 있고, 식초나 염산에는 그보다 훨씬 더 많은 양전기를 띤 수소가 들어 있다는 뜻이다. 한국의 환경 당국에서는

pH 숫자가 5.8 보다 작으면 사람이 먹는 물로 쓰기는 어렵다는 규정도 만들어 놓았다.

조금 더 정확하게 말하면 산성 물질을 물에 섞어 놓으면 양전기를 띠고 있는 수소가 물에 달라붙어서 옥소늄(oxonium) 이온을 이루고 있다고 더 어렵게 이야기할 수도 있다. 그런데 그때에도 산성이라는 성질을 낼 때 중요한 역할을 하는 것은 옥소늄 이온이라는 물질을 이루는 부분 중 양전기를 띤 수소 부분이다. 그러므로 산성 물질 속에는 양전기를 띤 수소가 많이 들어 있다는 말은 여전히 아주 틀린 말은 아니다. 물속에 양전기를 띤 수소가 있다면 그 양전기는 음전기를 끌어당길 수 있고 음전기를 띤 전자를 끌어당길 수도 있다. 그러므로 양전기를 띤 수소는 다른 물질 속으로 파고들어서 전자를 끌어당겨서 원래 있던 위치에서 어긋나게 할 수 있다. 혹은 아예 전자를 자기 쪽으로 당기다가 원래 있던 곳에서 떼어내는 현상을 일으킬 수도 있다. 이런 일이 아주 많이 빨리 일어나면 전자를 빼앗긴 물질도 급박하게 성질이 바뀔 것이다. 그러므로 산성 물질을 만난 여러 가지 물질은 견디지 못하고 망가지고 결국 녹아내린다. 그것이 산성 물질이 다른 물질을 녹이는 원리다.

이렇게 보면 산성 물질이 갖고 있는 녹이는 힘은 결국 양전기를 띤 수소가 갖고 있는 전기의 힘이다. 양전기를 띤 수소를 다른 말로 양성자(proton)라고 부른다. 언뜻 들으면 양씨 성을 가진 한국의 나이 지긋한 여성 이름처럼 들리기도 하는데, 진짜 뜻은 양전기를 띠고 있는 아주 작은 알갱이, 입자라는 뜻이다. 가끔 외국책을 그냥 대충 번역해 놓은 책을 보면, 양성자를 "양자"라고 써 놓은 책도 있다. 그런데 이럴 때 쓰는 양자라는 말은 양자론, 양자 역학, 양자 이론, 양자컴퓨터라는 말을 할 때 쓰는 양자라는 말과는 한자가 다르다. 양자 이론이라는 말을 쓸 때의 양자는 분량이라는 뜻을 지닌 양자(量子)다. 그와 달리 양성자라는 말 대신 양자라는 말을 썼다면 그때는 양의 전기라는 뜻인 양자(陽子)라는 한자어다. 그런 혼동이 생길 수 있기 때문에 한국에서는 양전기를 띤 수소 알갱이를 양자라고 부르지 않고 양성자라고 부른다.

양성자 하나의 무게는 전자 하나 무게의 1700배가량이다. 전자 하나의 무게가 나비 한 마리 정도의 무게라고 친다면, 양성자 하나의 무게는 작은 집토끼 정도의 무게다. 양성자는 전자보다는 훨씬 무거운 편이다. 그러나 전자가 매우 가벼운 만큼, 양성자 하나의 무게는 1673론토그램에 불과하다는 점을 고려하면, 물질을 이루고 있는 여러 가지 재료 중에서 양성자는 상대적으로 가벼운 편에 속한다. 계산해 보면 1킬로그램의 식초 속에는 대략 6천경 개의 전기를 띤 양성자가 들어 있다고 볼 수 있다. 많은 것 같아도 양성자 하나의 무게가 얼마 안 되기 때문에 1킬로그램의 식초 속에 들어 있는 전기를 띤 양성자의 무게는 다 합해 봐야 10만 분의 1그램 정도다. 그런데도 그 10만 분의 1그램이 양전기를 띠고 있다는 성질 때문에 이렇게 신맛을 낼 수도 있고 돌을 녹일 수도 있다.

《고스트 버스터즈》영화를 보면 주인공들이 사용하는 광선총 같은 무기를 프로톤 건(proton gun), 또는 양성사 총이라고 부른다. 말뜻 그대로를 옮겨 말한다면 바로 양전기를 띤 수소 알갱이를 마치 기관총 쏘듯이 줄줄이 뿜어내는 장치라는 뜻이다. 실제로 양성자는 전기를 띠고 있기 때문에 전기 장치와 전자 회로를 잘 꾸며 놓으면 이리저리 움직임을 조작하기가 쉬운 편이다. 그리고 무게가 가볍기 때문에 잘만 하면 영화처럼 아주 빠르게 앞으로 발사하는 일도 해낼 수 있다. 실제로 과학자들은 정말로 일종의 양성자 대포라고 할 수 있는 양성자 가속기(proton accelerator)라는 장치를 만들어 실험용으로 사용하기도 한다. 물론 유령을 잡는 용도로 쓰는 것이 아니고 아주 작은 물질과 입자의 성질을 살펴보는 도구로 사용한다.

양성자의 힘을 이용하는 산성 물질은 현대의 산업계에서도 갖가지 작업을 하는 데 활용되고 있다. 온갖 특이한 물질과 재미난 성질을 지닌 재료를 만들어 내는데 산성 물질은 널리 쓰인다. 각종 전자 부품이나 사람을 치료하는 약품까지 온갖 물질까지 별별 제품을 만들 때도 양성자의 힘을 발휘하는 각종 산성 물질이 널리 쓰인다. 하다못해 요즘 장난감으로 널리 팔리는 액체 괴물을 만들 때도 붕산이라는 산성 물질을 사용하는데, 그렇다는 말은 붕산에서 나온 양성자가 양전기의 힘을 발휘해서 액체 괴물 재료에 반응을 일으켰기에 그 쫄깃한 질감이 나타났다는 뜻이다. 게다가 여전히 옛날 정약용이 말한 것과 비슷하게 돌을 녹이는 작업에 산성 물질을 쓰기도 한다. 요즘은 훌륭한 중장비들이 많이 나와 있으므로 길을 뚫는 공사를 하는데 산성 물질을 쓰지는 않는다. 대신 돌을 녹여서 그 돌 속에 들어 있는 값진 물질을 뽑아낼 때 산성 물질을 사용하곤 한다.

그 가장 대표적인 사업이 아연을 생산하는 일이다. 아연은 보통 여러 다른 물질과 함께 돌 속에 박혀 있다. 그중에서 순수한 아연만 돌에서 잘 뽑아낼 수 있다면 여러 가지로 쓸모가 많다. 아연은 볼타가 처음 전지를 만들 때 썼던 재료이기도 하고 철과 잘 섞어 놓으면 녹이 잘 슬지 않는 재질을 만들 수 있으므로 유용하게 쓰이는 물질이다. 건물 지붕 재료로도 아연을 많이 쓰는데, 1800년대 파리에서 도시를 재정비하면서 지붕을 아연으로 덮는 사업을 펼쳤다는 이야기도 잘 알려진 편이다. 현대의 한국에서도 옛날 한옥 기와집을 개량할 때 흔히 기와 모양으로 만든 쇳덩어리로 지붕을 덮곤 하는데, 그런 금속제 기와를 만들 때 강철과 아연을 재료로 사용한다. 그렇게 하면 녹슬지 않고 오래가면서도 튼튼하기 때문이다.

한국에는 세계에서 가장 많은 양의 아연을 생산하는 공장이 있다. 한국에 큰 아연 생산 공장이 있는 이유는 한반도에 아연이 박힌 돌이 많이 묻혀 있어서가 아니다. 한국은 아연을 뽑아낼 수 있는 돌을 주로 외국에서 수입해 가져온다. 그것도 페루와 칠레처럼 남아메리카 지역 등 지구상에서 한국과 가장 멀리 떨어진 지역에서 아연이 든 돌을 사 온다. 그렇게 먼 곳에서 돌을 사와서 한국에서 작업해도 이익이 남는 이유는 그만큼 한국 공장과 그 공장에서 일하는 노동자들의 기술이 뛰어나기 때문이다. 아연이 들어 있는 돌에서 순수한 아연만을 뽑아내기 위해 노동자들은 돌을 여러 가지 약품으로 처리하고 다양한 방식으로 가공하는 복잡한 작업을 한다. 그 과정을 거쳐야만 그 속에서 순수한 아연만을 골라낼 수 있다. 그리고 그 여러 과정 중에 각별히 중요한 과정이 황산을 이용해서 돌을 녹이는 일이다. 황산 속의 양성자가 지닌 양전기의 힘 때문에 돌이 파괴되어 죽처럼 변하고 나아가 육수처럼 변하면 그것을 다시 가공해서 그 속에서 원하는 물질 만을 뽑아낸다. 이런 작업을 효과적으로 대량으로 해내면서, 그 많은 황산을 안전하고 깨끗하게 관리하자면 더욱 수준 높은 기술이 필요하다. 한국의 기업은 그 모든 일에 성공했기 때문에 매년 60만 톤에 달하는 아연을 돌 속에서 뽑아내 전 세계로 팔고 있고, 그 탄탄한 사업 덕택에 주식 시장에서 이 공장을 가진 회사가 여러 일로 화젯거리에 오르기도 한다.

양성자의 힘

그렇다면 양성자는 도대체 어디에서, 어떻게 탄생하는 것일까? 양성자는 양전기를 띤 수소이므로 일단 양성자의 재료는 수소다. 수소는 우주에서 가장 풍부한 물질이므로 양성자의 재료는 우주에 널렸다고 볼 수 있다.

매일 낮 하늘에서 빛을 내뿜는 거대한 태양은 거의 수소 덩어리라고 할 수 있을 정도로 수소를 많이 품고 있다. 목성, 토성 같은 커다란 행성 속에도 수소가 굉장히 많이 포함되어 있다. 우리가 사는 지구는 수소 덩어리가 많은 곳은 아니다. 하지만 지구에 풍부한 물이 수소와 산소가 붙어 있는 덩어리다. 그래서 물을 H_2O라고 표시한다는 사실도 널리 알려져 있다. 그러므로 지구에서도 물이 수소를 품고 있으므로 수소가 나올 곳은 풍부하다.

그런데 어느 수소든 보통의 수소는 전기를 띠고 있지 않다. 안정된 상태에 있는 보통 수소는 양전기를 띠고 있는 것도 아니고 음전기를 띠고 있는 것도 아니라는 뜻이다. 그런데 만약 그런 수소 속에서 전자가 떨어져 나와 어디인가로 떠나가 버린다면 어떻게 될까? 전자는 음전기를 띠고 있는데 그것이 날아가 버렸으므로 남아 있는 수소는 그만큼 음전기가 부족해서 양전기를 띠게 된다. 이것이 바로 양전기를 띤 수소이며, 수소 이온, 수소 양이온이라고 하는 상태다.

이 이야기를 반대로 설명해 보면, 평범한 수소라는 것은 양성자와 전자가 서로 어울려서 엮여 있는 상태라고 말해 볼 수도 있다. 양성자는 양전기를 띠고 있고, 전자는 음전기를 띠고 있으므로, 두 물질은 서로 끌어당겨서 엮여 있기 좋다. 그런 상태인 보통의 수소는 양전기와 음전기가 서로의 힘을 없애 주고 있기 때문에 전기를 띠지 않는다. 그러다 만약 거기에서 전자가 떨어져서 떠나가 버리면 홀로 남은 양성자는 양전기를 드러낸다. 그리고 이런 물질이 물속에 많이 녹아 있으면 산성 용액이 된다.

그렇다면 보통 수소에서 전자는 얼마나 잘 떨어져 나올까? 수소에서 전자가 잘 떨어지는 정도는 얼마만큼일까? 현대의 화학자들은 모든 물질이 원자(atom)라는 아주 작은 알갱이가 모여서 만들어져 있다고 생각하고 있다. 철 덩어리가 한 조각 있다고 생각해 보자. 이 철 덩어리를 쪼개고 쪼개어 아주 작게 만들고 그것을 빻고 갈아서 아주 작은 가루로 만들어 보자. 그렇게 계속해서 가장 작은 철 조각을 만든다면 어디까지 작게 만들 수 있을까? 삼국시대의 학자 중에 중국에서 음양오행을 배운 사람들은 이런 식으로 철을 가공하다 보면, 음양오행의 신비로운 이치에 따라 언젠가는 쇠가 물이나 나무나 불로 바뀔 수도 있다고 막연히 상상했다. 그러나 실제로 과학자들이 살펴본 바로는 그렇지 않았다.

철은 대략 천만 분의 1밀리미터 단위로 따져야 하는 아주 작은 한계 크기까지 작게 빻은 가루로 만들고 나면 그 이상 더 작은 철가루로 만들 수는 없다. 핵반응(nuclear reaciton)이라고 부르는 무척 어려운 특수한 방법을 활용해서 애를 쓰면 그보다 더 작게 쪼개는 일을 시도해 볼 수는 있다. 그러나 그렇게 쪼개는 순간 더 이상 철은 철이 아니게 되며, 다른 물질로 바뀌어 버린다. 그러므로 철을 철이라고 부를 수 있는 그 가장 작은 조각 하나를 철 원자라고 부른다. 원자라는 용어는 고대 그리스어에서 유래된 것으로, 더 이상 나눌 수 없는 것을 의미한다. 이것은 다른 물질도 마찬가지다. 금을 쪼개고 또 쪼개고 빻고 또 빻아서 더 작게 만들 수 없을 정도로 작은 금가루로 만들면 그것이 금 원자다. 아연을 쪼개고 쪼개고 빻고 또 빻으면 아연 원자가 된다. 금 원자를 그보다 더 작게 부수는 것은 매우 어렵다. 설령 더 작게 부수는데 성공해도 그때부터는 금이 아닌 다른 물질이 된다. 아연 원자 역시 그보다 더 작게 부수기란 힘들며 더 작게 부수면 아연이 아닌 다른 물질이 된다. 그런 식으로 세상에는 여러 가지 다양한 더 이상 분해하기 어려운 원자들이 많이 있고 그 원자들이 이리저리 아주 많은 숫자로 모여 있는 것이 우리가 흔히 볼 수 있는 보통의 물체들이다.

현대의 과학자들은 세상에 총 118종류의 원자가 있다는 사실을 발견했다. 그러므로 우리가 아는 세상의 모든 보통 물체들은 이 118종류의 원자가 이리저리 조합되어 만들어진 것이다. 돌도 흙도 물도 공기도 나무도 동물도 사람도 마찬가지다. 그 118종 중에서도 정말 많이 쓰이는 것은 대략 40종에서 50종 정도다. 물질 중에는 철 덩어리나 금덩어리처럼 한 가지 원자만 굉장히 많은 숫자로 모여 있는 것 말고, 몇 가지 다른 원자들이 규칙적으로 덩어리져 있는 것들도 있다. 예를 들어 물이라는 물질은 수소 원자 덩어리도 아니고 산소 원자 덩어리도 아니다. 그렇다고 물 원자가 따로 있는 것도 아니다. 물은 산소 원자 하나 주변에 수소 원자 둘이 양쪽에 붙어 있는 모양의 덩어리다. 그런 덩어리가 대단히 많은 숫자로 모여 있으면 우리 눈에 물방울이나 생수나 강물처럼 보인다. 마찬가지로 사람의 살은 탄소, 수소, 산소, 질소 등의 원자가 주성분이 되어 다른 몇 가지 원자와 함께 일정한 규칙에 따라 덩어리져 모여 있는 것이다.

그렇다면 애초에 철 원자와 금 원자는 도대체 무엇이 다르기에 서로 다른 성질을 갖게 된 것일까? 올림픽 경기를 보면 금메달을 딴 수상자들이 장난스럽게 금메달을 깨무는 듯한 동작을 취하며 사진을 찍는 모습을 본 적이 있을 것이다. 그런 사진을 처음 찍기 시작한 이유는 그 행동이 금메달이 순금인지 아닌지 확인하는 모습이기 때문이다. 철과 비교하면 금은 물렁물렁한 성질을 갖고 있다. 그런 차이가 있으므로 순금일 경우에는 이빨로 씹어 보면 자국이 잘 생기는 편이라서 씹어 보면 그게 순금인지 대략 짐작해 볼 수가 있다. 물론 요즘 올림픽 금메달은 순금이 아니라 다른 재료에 금을 살짝 입혀서 만들 뿐이기 때문에 농담 삼아 선수들이 그런 행동을 하는 것뿐이지 실제 의미가 있는 일은 아니다. 그에 비해 철 덩어리는 그렇게 물렁물렁하지 않다.

철 원자와 금 원자가 성질이 다른 이유는 역시 그 속에 들어 있는 전자가 다르기 때문이다. 어떻게 다르냐면 철 원자에는 원자 하나마다 전자가 26개가 들어 있고, 금 원자에는 원자 하나에 전자 79개가 들어 있다. 당연히 서로 다른 개수의 전자가 들어 있으므로 그 전자가 이리저리 돌아다니며 활동하는 방식도 달라질 수밖에 없다. 그래서 철은 단단하고 금은 그보다 물렁물렁하다.

그렇다면 왜 철 원자에는 전자가 26개가 들어 있고, 금 원자에는 전자가 79개가 들어 있을까? 그 이유는 철 원자에는 양성자가 26개가 들어 있고, 금 원자에는 양성자가 79개가 들어 있기 때문이다. 철 원자 속에는 26개의 양성자가 있고 그것들이 양전기와 음전기 사이의 끌어당기는 힘으로 26개의 전자를 끌어당길 수 있으므로 철 원자에는 전자도 26개가 들어 있는 것이 기본이다. 마찬가지로 금 원자에는 양성자가 79개 들어 있으므로 그것이 79개의 전자를 끌어당기는 힘을 갖고 있고 그래서 금 원자에는 79개의 전자가 들어 있는 상태가 기본이다. 가장 흔하고 가장 단순한 수소는 그 원자 속에 단 하나의 양성자밖에 없다. 그러므로 수소 원자에는 전자가 하나밖에 없고, 그 전자가 떨어져 나오면 수소 원자는 양성자 그 자체가 되는 것이다.

세계의 과학자들은 아주 예전부터 원자를 확대해 보면 동그란 공 모양일 거라는 상상을 자주 하곤 했다. 꼭 그럴 거라는 증거는 없었지만 그렇게 생각하는 게 계산하기 편했기 때문이다. 재미있는 것은 수백 년 전부터 지금까지 전 세계의 수많은 과학자가 원자가 공 모양이라고 할 때, 하필이면 수많은 공 중에서도 당구공에 비유하는 일이 많았다는 점이다. 심지어 서로 다른 원자를 서로 다른 색깔의 당구공 모양으로 표현하는 일도 정말 많다. 지금까지도 아주 많은 교과서에서 수소는 흰색 당구공 모양으로, 탄소는 검은색이나 짙은 회색 당구공 모양으로, 산소는 빨간색 당구공 모양으로, 질소는 파란색 당구공 모양으로, 황은 노란색 당구공 모양으로 그림을 그려 나타내는 것이 거의 규칙이라고 할 정도로 자주 나타난다.

왜일까? 화학을 연구하는 과학자들은 대부분 당구를 좋아하는 무슨 특이한 유행이라도 있었기 때문일까? 그 이유는 원자는 서로 붙었다가 떨어지기도 하고, 서로 돌아다니다가 부딪히면 튕겨 내기도 하는데 그런 모습이 당구를 칠 때 당구공이 서로 가까이 모여 있기도 하고 흩어지기도 하고 부딪히면 튕겨 내기도 하는 모습과 비슷하다는 느낌을 주기 때문일 것이다.

전자가 발견된 후 원자에 대해서 좀 더 세밀하게 연구해 보니, 원자는 단순히 아주 작은 당구공 모양이 아니었다. 일단 원자 속에는 양전기를 띤 양성자가 모여 있고, 양성자의 양전기에 이끌려 붙어 있는 음전기를 띤 전자가 들어 있다.

J. J. 톰슨이 전자를 발견한 지 얼마 지나지 않은 시절에는 사람들이 원자 하나를 확대해서 보면 양전기를 띤 푸딩에 조그마한 자두 알갱이가 박혀 있는 자두 푸딩(plum pudding)과 비슷한 모양일 거라고 생각했던 시절도 있었다.

양성자가 많이 모여 있는 원자일수록 양전기가 세기 때문에 주변을 돌아다니는 전자를 많이 끌어당길 것이다. 이것이 기본 상태의 원자가 가진 전자의 개수가 원자 종류마다 서로 다른 이유다. 그리고 이렇게 서로 다른 원자에 각기 다른 개수의 전자가 붙어 있으니 원자들은 서로 다른 성질을 나타낼 수밖에 없다. 전자는 온갖 성질의 원인인 만큼 어떻게든 전자가 달라지면 물질의 성질도 달라진다.

그리고 이런 성질의 차이는 대단히 절묘하다. 얼핏 생각하면 전자가 많이 붙어 있는 원자는 전자가 주렁주렁 많이 붙어 있어서 전자가 넘쳐나니까 전자가 잘 떨어지는 물질이 아닐까 생각할 수도 있다. 그러나 그런 원자일수록 그 전자를 끌어당기는 양성자도 많다. 많은 양성자와 많은 전자 사이에 생기는 양전기와 음전기의 강하게 끌어당기는 힘 때문에 오히려 전자가 훨씬 안 떨어지는 경우도 있다. 그런가 하면 또 다른 힘도 있다. 전자 개수가 많은 원자는 그 원자 속의 같은 전자들끼리 서로 주고받는 힘이 크다. 전자들은 모두 음전기를 띠고 있으므로 음전기와 음전기 사이의 밀어내는 힘 때문에 서로를 튕겨 내려고 한다.

이런 서로 다른 밀고 당기는 힘의 묘한 균형 때문에 원자들의 종류마다 어떨 때 전자가 잘 떨어져 나오고 어떨 때 전자가 잘 붙는가 하는 성질이 특별하게 달라진다. 이런 복잡한 상황에서 어느 정도의 힘을 받으면 전자가 얼마나 움직이게 되는 지는 역시 양자 이론을 이용해 계산해 볼 수 있다. 그리고 바로 그 힘과 움직임의 정도 차이 덕분에 물질의 성질 차이가 나타난다. 원자에 양성자가 하나 들어 있는 물질인 수소는 물속에서 녹으면 산성을 나타내기 쉽고 둘씩 달라붙어 수소 기체가 되면 불이 잘 붙는다. 그에 비해 원자 속에 양성자가 둘씩 들어 있는 물질을 우리는 '헬륨'이라고 부른다. 헬륨은 기체인데 거의 아무런 반응도 일으키지 않는 대단히 안정적이고 조용한 물질이다. 원자 속에 양성자가 세 개씩 들어 있는 물질을 우리는 리튬이라고 부른다. 리튬은 금속 덩어리로 배터리를 만드는 재료로 쓸 수 있다.

　이런 식으로 원자에 양성자가 몇 개 있느냐는 차이는 조금밖에 나지 않아도 물질의 성질은 극적으로 달라진다. 양성자가 갖고 있는 양전기와 그것 때문에 달라붙는 전자들의 음전기 사이에 생기는 힘이 복잡하고 절묘하기 때문이다. 돌덩어리의 주재료인 규소와 황금의 차이도 따지고 보면 그 원자 속에 양성자가 몇 개 들어 있느냐의 차이뿐이다. 양성자 14개가 들어 있는 원자는 돌의 주재료인 규소이고, 양성자 79개가 들어 있는 원자는 황금이다. 별 대단한 차이는 없다. 만약에 규소 원자 속에 무슨 수로든 양성자 65개를 쑤셔 넣어 덧붙일 수만 있다면 규소는 황금으로 변할 것이다. 그러므로 고려 시대 최영 장군 가문의 가훈이었다는 "황금 보기를 돌같이 하라"는 말은 원자의 성질과 양성자 개수의 관계를 나타내는 말로도 적당하다.

　과학이 더욱 발전하면서 1960년대와 1970년대를 거치는 동안, 과학자들은 양성자 역시 하나의 작은 알갱이가 아니라 다른 더 작은 물질이 모여서 만들어진 물질이라는 사실을 알아냈다. 그래서 현대의 과학자들은 하나의 양성자가 위 쿼크라는 알갱이 두 개와 아래 쿼크라는 알갱이 하나가 합쳐진 물질이라고 보고 있다.

　EXID 노래 중에, 〈위 아래〉라는 곡이 있는데, 이 노래의 후렴에 나오는 가사가 "위 아래 위 위 아래"다. 나는 이 후렴 부분의 춤을 양성자 춤이라고 부르는데, 이 후렴구에서 앞에서 셋을 고르면 그것이 양성자에 어떤 쿼크가 들어 있는지와 맞아 떨어지기 때문이다. 다시 말해 EXID 노래에 "위 아래 위"라는 말이 나오듯이, 양성자는 위 쿼크 두 개와 아래 쿼크 하나로 이루어져 있다. 위 쿼크와 아래 쿼크 중에 양전기를 띠고 있는 것은 위 쿼크다. 사실 양성자가 지닌 가장 선명한 특징인 그 양전기의 힘은 본래 위 쿼크에서 나오는 힘이라고 봐도 좋을 것이다. 사실 EXID 노래 후렴구는 뒤에서부터 세 개를 딴다고 해도, "위 위 아래"가 되므로 양성자를 나타내기에 아주 적합하다.

〈수소 원자〉

　쿼크도 부수어 보면 더 작은 물질로 되어 있을까? 현대의 과학자들은 쿼크는 그보다 더 작은 것이 모여서 된 물질은 아니라고 보고 있다. 그러니 무엇인가를 당구공처럼 그려서 표현한다면 원자나 양성자보다는 쿼크를 당구공처럼 그려서 표현하는 것이 더 옳을 것이다. 전자 역시 그보다 더 작은 것이 모여서 된 물질은 아니라고 보고 있으므로 마찬가지로 당구공처럼 그려도 될 만한 물질이다. 전자나 쿼크처럼 더 작은 물질로 분해하는 것이 불가능할 정도로 가장 작고 가장 기본이 되는 아주 작은 크기의 알갱이를 기본 입자(elementary particle)라고 부른다.
　예전에는 기본 입자라는 말 대신 같은 뜻을 갖고 있는 소립자(素粒子)라는 말도 많이 썼다. 그런데 소립자라고 하니 사람들이 작을 소(小)자를 써서 크기가 작은 입자라는 뜻으로 착각하는 경우가 많았다. 그러나 소립자는 단지 크기가 작은 입자라는 의미가 아니고, 원소(元素), 소재(素材)라는 단어에 나오는 소(素)자를 써서 만든 말이다. 즉 모든 물질의 가장 기본 재료가 되는 작은 알갱이 물질이라는 뜻을 가진 말이 소립자였다. 그래서 요즘에는 아예 혼란이 없도록 소립자 대신 기본 입자라는 말을 더 많이 쓰는 추세다.
　이렇게 정리하면, 세상의 모든 물질은 음전기를 띠고 있는 전자와 양전기

41

를 띠고 있는 양성자로 되어 있고, 양성자의 양전기는 양성자 속의 위 쿼크에서 나온다고 볼 수 있으므로, 세상 수많은 물질의 성질을 깔끔하게 양전기와 음전기의 조합으로 정리할 수 있게 된다.

그런데 세상은 그렇게 단순하지가 않았다. 1911년 뉴질랜드 출신으로 영국에서 공부하고 캐나다에서 활동한 과학자 어니스트 러더포드(Ernest Rutherford)는 학생들과 함께 실험하다가 놀라운 결과 하나를 얻었다. 원자핵(nuclear)의 발견이라고 부르는 이 실험에 대해 러더포드는 종잇장에 대포알을 쏘았는데 그 대포알이 종잇장을 맞고 튀어 나와서 자기 쪽으로 날아오는 것을 보았을 때 정도의 충격이라고 이야기한 적이 있다. 정말로 종잇장에 대포알을 쏘았다가 튕겨 나오는 모습을 보면 더 많은 사람이 훨씬 더 많이 놀랐을 것이기 때문에, 그런 표현은 자기 연구의 놀라움을 옛날 과학자답게 과장해 표현한 것이라고 할 수 있다.

그러나 확실히 실험 결과가 다른 수많은 과학 연구로 빠르게 이어지는 충격을 주기는 했다. J. J. 톰슨의 시대에는 건포도 박힌 푸딩처럼 양성자와 전자가 섞여 있을 거라고 생각했지만 러더포드의 실험 결과에 따르면 원자 구조는 다음과 같다. 우선 양성자는 원자 중심의 아주 좁은 공간에 하나의 작은 핵을 이루며 모두 모여 있다. 그리고 전자는 원자 겉면 쪽으로 나왔다가 원자 안쪽으로 들어갔다가 돌아다니면서 원자 이곳저곳을 날아다니고 있다. 즉 러더포드 연구팀은 원자에 핵이 있다는 것을 발견했다. 원자에서 양전기를 띠는 부분은 모두 중앙의 아주 작은 공간에 다 모여 있고, 음전기를 띠는 전자는 껍데기쯤 되는 지역을 이리저리 드나들고 있다. 그리고 그사이에는 빈 공간이 있을 뿐이라는 이야기다. 마치 우리나라의 빵집에서 파는 공갈빵을 연상케 한다. 이것은 중앙의 아주 작은 핵을 빼면 마치 공갈빵과 같은 모습으로 원자가 이루어져 있다는 뜻이다. 그리고 원자의 모습이 이렇다는 말은 그 원자가 이루고 있는 세상의 보통 물체들 대부분은 텅 빈 공간이라는 뜻이다. 그보다 더 골치 아픈 문제는 핵이라는 너무 좁은 곳에 양성자들이 다들 모여 있다는 점이다. 양성자는 양전기를 띠고 있는데, 양전기와 양전기는 서로서로 밀어내는 힘을 준다. 이 힘은 가까이 다가갈수록 더욱 세진다. 그러므로 이렇게 좁은 핵에 양성자들 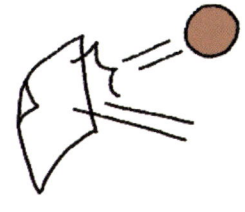 이 모두 모여 있다면 미는 힘 때문에 퉁겨져 나오려는 정도도 대단히 강력할 것이다. 양성자들은 서로를 밀어내며 모두 하나씩 떨어져 분해 될 것이다. 만약 정말 그런 일이 일어난다면, 철, 탄소, 규소, 금 등등 여러 개의 양성자가 있는 물질들은 모두 해체될 것이다. 지구를 비롯한 온 우주는 양성자 하나짜리 물질인 수소밖에 없는 곳으로 변해버릴 것이다.

만약 그 퉁겨 내는 힘을 붙잡아 줄 어떤 다른 힘이 없다면 세상의 모든 물체들은 전부 갈가리 찢겨 나가며 연기처럼 흩어져 버리고 말 것이다.

아래 쿼크 downquark
우리 주변 물체 속에 중성을 만들어 주는 물질

결정적 단서, 탄소

『삼국사기』에는 기원전 18년 한반도 중부에 온조라는 사람이 나타나 백제라는 나라를 만들었다고 되어 있다. 온조는 자신의 나라를 더욱 강하게 키웠고, 나라를 세운 지 얼마 지나지 않아 마한을 멸망시키는 데 성공했다고 한다. 그랬기 때문에 그 후손들은 더욱 세력을 키워서 삼국시대 한반도의 강국 중 하나로 백제를 성장시킬 수 있었다고 한다.

그런데 정말 온조는 정말 기원전 18년에 단숨에 마한을 멸망시켰을까? 마한은 상당히 강한 나라였다. 온조가 마한을 멸망시켰다는 기록은 세월이 흐르는 사이에 기록이 왜곡되거나 과장되어 변형된 것은 아닐까? 아니면 다른 시대에 있었던 일이 잘못 기록된 것은 아닐까? 삼국시대 초기의 사건에 대해 남아 있는 자료는 많지가 않다. 그래서 어떤 기록이 얼마나 정확한지, 어떤 기록은 얼마나 믿기 어려운지 따져 볼 확실한 근거도 적다. 그래서 이런 문제는 한국 역사를 연구할 때 자주 논쟁거리가 된다.

백제의 옛 역사에 대해서 또 한 가지 많은 논쟁이 있었던 문제는 온조가 백제를 건설했을 때 어디를 수도로 삼았느냐 하는 문제다.『삼국사기』에는 백제의 수도를 위례성이라는 곳에 세웠다는 기록이 있다. 그렇기에 조선시대 학자 중에는 위례라는 지명이 있는 지금의 충청남도 천안시 직산 지역이 옛 백제의 초기 수도라고 생각한 적도 있었다. 현대에 들어와서는 경기도 하남시

탄소

가 위례성 자리라는 의견도 있었다. 서울의 송파구 지역이라는 의견도 자주 나온 편이다. 그러면 과연 이런 여러 지역 중에 어디가 진짜 백제의 수도였을까? 어떤 방법으로 2천 년 전, 그 옛날 어디에 온조와 그 부하들이 살고 있었는지 확인해 볼 수가 있을까? 이 문제를 해결하기 위해 현대의 고고학자들은 원자의 미세한 성질 차이를 따져 가며 물질을 정밀 분석하는 과학을 활용했다.

지구의 모든 생물은 탄소 원자를 중요한 몸의 주요 성분으로 아주 많이 활용한다. 나무토막을 불에 잘 구우면 숯덩이가 되는데 숯덩이가 바로 탄소 덩어리다. 그러니 나무만 하더라도 탄소 원자가 아주 많이 포함된 재질로 되어 있다고 봐야 한다.

사람의 몸 역시 수분을 뺀 나머지 성분을 따진다면 가장 많은 원소는 탄소다. 다른 동물, 식물도 상황은 비슷하다. 이런 이유로 SF 영화를 보면 외계인들이 지구의 생물을 "탄소 기반 생명체"라는 식으로 부르는 장면이 나온다. 《화성 침공》 같은 영화에는 지구인들이 화성에서 온 외계인들을 보면서 "저

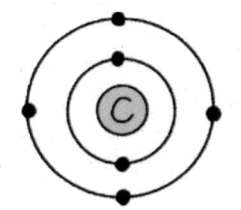

들도 탄소 기반 생명체일까?"라고 궁금해 하는 장면이 나온다.

그러면 사람, 동물, 식물의 몸을 이루고 있는 그 탄소는 어디에서 왔을까? 우선 식물은 공기 중의 이산화탄소를 흡수해서 그 이산화탄소를 재료로 자기 몸에 필요한 성분을 만들어 낼 수 있다. 식물의 몸에는 빨아들인 이산화탄소라는 덩어리를 원자들로 분해한 뒤 그 원자들을 이리저리 재조립하는 반응을 햇빛의 힘을 이용해 일으킬 수 있는 부위가 있다. 그런 식으로 바깥에서 빨아들인 탄소와 다른 원자들을 이용해 식물은 포도당 같은 물질을 만들어 낼 수 있다. 이 과정을 광합성이라고 부른다.

그러고 나면 식물은 다시 그 포도당을 재료로 식물 자신의 몸을 이루는 재료인 섬유소나 리그닌 같은 물질도 만들어 낼 수 있다. 그러니까 식물의 몸을 이루고 있는 탄소는 거슬러 올라가 보면 공기 중의 이산화탄소에서 넘어온 것이다.

동물은 식물을 먹고 산다. 그러므로 동물의 몸을 이루고 있는 탄소도 거슬러 올라가 보면 식물이 공기 중의 이산화탄소를 빨아 먹어서 몸에 쌓아 놓은 것을 동물이 집어 먹은 것이다. 그리고 동물은 그렇게 먹은 물질을 다시 분해하고 재조립해서 자신의 몸을 만드는 데 사용한다. 육식 동물은 초식 동물 몸을 먹기 때문에, 육식 동물 몸을 이루고 있는 탄소는 초식 동물에서 건너온 것이고 그 초식 동물 몸을 이루는 탄소 성분은 마찬가지로 식물에서 건너 건너 온 것이다. 그러니 역시 그 뿌리는 공기 속의 이산화탄소에서 넘어온 것이라고 볼 수 있다. 사람 역시 마찬가지다. 그러니 동물과 식물의 몸을 이루고 있는 탄소는 모두 공기 속의 이산화탄소에서 이리저리 넘어온 것이다.

동물이 목숨을 다해서 세상을 떠나면 몸이 부패하고 서서히 분해된다. 이때에는 반대로 몸속 탄소 성분들이 이산화탄소로 변한다. 그리고 그 이산화탄소들은 다시 공기 중으로 흩어진다. 흔히 사람이 세상을 떠났을 때 흙에서 와서 흙으로 돌아갔다는 말을 많이 하는데, 과학적으로 측정해 보자면 사실은 이산화탄소에서 와서 이산화탄소로 간다고 해야 조금 더 정확하다는 게 내 생각이다. 좀 더 문학적인 표현을 쓴다면 사람은 바람에서 와서 바람으로 간다고 해도 좋겠다.

그런데 지구의 공기 속에 있는 이산화탄소를 이루는 탄소에는 한 가지 특이한 점이 있다.

20세기 중반, 과학자들은 탄소 중 아주 일부가 좀 이상해 보인다는 사실을 발견했다. 그 이상한 새로 발견한 탄소 역시 탄소라고 부를 수 있는 물질이기는 하다. 여러 가지 화학 실험을 해 보아도 보통 탄소와 새로 발견한 이 특이한 탄소 사이에 아무 차이가 없다. 그 말은 둘 다 똑같이 각기 6개의 전자를 갖고 있다는 뜻이다. 그리고 그 전자들이 언제, 얼마나 떨어져 나가는지, 어떨 때 전자가 원자에 들러붙는가 하는 성질에도 차이가 없다. 그러므로 보통 탄소와 새로 발견한 이상한 탄소 원자는 원자 속에 들어 있는 양성자의 숫자도 6개로 같다.

그런데 보통 탄소와 새로 발견한 이상한 탄소 사이에는 한 가지 차이가 있다. 바로 새로 발견한 이 이상한 탄소는 보통 탄소보다 살짝 더 무겁다는 것이다. 보통 탄소 원자 하나의 무게가 12 정도라면, 새로 발견한 특이한 탄소 원자 하나의 무게는 14 정도다. 그래서 보통 탄소를 C-12, 특이한 탄소를 C-14라는 기호로 표시하기도 한다. 탄소를 원소기호 C로 나타내기 때문이다. 세상에는 역시 드물긴 하지만 C-12와 C-14의 중간 무게를 지닌 탄소인 C-13도 있다.

거의 같은 성질을 갖고 있어서 이름도 탄소로 똑같은 원자인데 왜 어떤 것은 무게가 12 정도이고, 왜 극소수의 일부는 14 정도로 좀 더 무거울까? 공기 중의 이런 이상한 무거운 탄소는 아주 드물다. 어지간히 정밀한 장비를 사용

47

하지 않으면 찾아내기도 힘들다. 커다란 트럭에 들어 있는 탱크에 이산화탄소 10t을 모아 꽉꽉 채워 놓았다고 상상해 보자. 그렇게 많은 이산화탄소를 모아 놓아도 그중에 고작 0.00001그램이라는 극히 적은 양의 이산화탄소 속에 무거운 이상한 탄소인 C-14가 들어 있다.

이렇게 드물고 보통 탄소와 별 성질 차이도 없는 물질이 도대체 그 옛날 백제의 역사를 밝히는 일과 무슨 상관이 있을까?

과학자들은 이렇게 무게만 무거운 탄소가 있다면 탄소의 원자핵 속에 양성자 말고 또 다른 물질이 뭔가 더 붙어 있어서 무게를 더해 주고 있을 거라고 생각했다. 그렇다면 이렇게 추가로 더 붙어 있는 물질은 전기를 띠고 있으면 절대 안 된다고 짐작해 볼 수 있다.

왜냐하면, 만약에 원자에 추가로 붙어 있는 물질이 양전기를 띠고 있다면 그 추가된 양전기의 힘이 전자에 영향을 미칠 것이기 때문이다. 전자에 변화가 생기면 물질의 성질이 완전히 바뀌어 버린다. 전자가 6개가 아니라 더 많이 붙어 있게 될 수도 있다. 반대로 음전기를 띠고 있는 물질이 원자에 추가로 붙어 있다고 해도 전자를 덜 끌어당겨서 물질의 성질이 완전히 바뀔 것이다. 그런데 보통 탄소인 C-12와 C-14는 무게만 다를 뿐 기본 성질은 같다. 그렇다는 말은 전기의 차이는 없어야 한다는 뜻이다.

그래서 추가로 더 붙어 있으면서 무게만 더 늘려 줄 뿐, 전기는 띠지 않는 물질을 중성의 작은 알갱이라고 해서 중성자(neutron)라고 부르게 되었다. 그리고 이렇게 보통 원자에 중성자가 군더더기처럼 더 붙어 있는 물질이 바로 C-14다. 중성자는 가끔 그중 일부가 방사선을 내뿜고 양성자로 변화하는 현상을 일으킨다. C-14 역시 이런 성질을 갖고 있다.

이 말은 공기 중의 아주 평범한 이산화탄소 속에도 아주 조금은 방사능을 띤 것이 있다는 뜻이다. C-14로 이산화탄소 1리터를 만들어 놓고 5730년 정도를 기다리면 전체 1리터 중 약 0.5리터는 방사선을 내뿜고 변질하여 버린다고 할 정도의 속도로 천천히 방사선을 내뿜으며 변화한다.

만약 그렇게 해서 C-14의 원자 속에 들어 있는 중성자가 양성자로 변해 버리면 그때부터는 그 원자는 당연히 더 많은 양전기를 갖게 된다. 그러면 그 덕에 더 많은 전자를 끌어당겨서 붙이고 다닐 것이다. 그리고 전자 개수가 달라지면 성질이 완전히 달라진다. 이런 원자는 아예 탄소와는 다른 원자라고 할 수 있다.

그러므로 원자가 이런 방식으로 방사선을 뿜고 나면 다른 성질을 가진 다른 원자로 변해 버린다. 원래는 탄소라는 양성자 6개를 가진 원소였는데 중성자가 변화하는 바람에 방사선을 내뿜으면서 중성자는 하나 사라지고 양성자 하나가 더 생긴다고 치자. 그러면 양성자 7개짜리 물질이 되는데 이런 물질을 질소라고 부른다. 다시 말해 탄소 중에 극히 일부인 이상한 탄소는 그냥 가만히 놓아두면 천천히 방사선을 내뿜고 질소로 변해 버린다는 이야기다.

시계보다 정확한 방사능 물질

방사선을 내뿜는 방사능 물질 중에는 이런 식으로 변화하면서 방사선을 내뿜는 물질들이 꽤 많다. 이런 과정을 영어로는 물질이 "썩는다(decay)"고 말한다. 번역해서 전문 용어로 말할 때는 물질이 "붕괴한다"고 말하기도 한다. 그러므로 탄소 중에서도 C-14라는 이상한 탄소는 아주 천천히 썩으면서 방사선을 내뿜고 질소로 변한다고 말할 수 있다. C-14가 질소로 붕괴한다고 말하면 더 정확하다.

방사능 물질이 이런 식으로 방사선을 내뿜으며 변화하는 현상을 막을 수 있는 현실적인 방법은 없다. 방사능 물질을 뜨겁게 달구든, 차갑게 식히든, 방사능 물질을 이리저리 흔들든, 가만히 깊은 곳에 묻어 두든, 시간이 흐르면 정해 놓은 확률에 따라 방사능 물질은 무조건 방사선을 내뿜으면서 변화한다. 방사능 물질을 가늘게 가루로 만들어 두던 커다란 덩어리로 만들어 두던, 한국에 두던 미국에 두던 아무런 차이 없이 방사능 물질은 언제나 자신이 변화하는 확률을 지키며 방사선을 내뿜고 변화한다. 따라서 방사능 물질은 아무도 돌아가는 것을 방해할 수 없는 아주 튼튼한 시계와 같다. 국방부 시계는 언제나 흘러간다는 말이 있지만, 국방부 시계보다도 훨씬 더 정확하게 시간의 흐름에 따라 변화하는 것이 방사능 시계다. 이런 이상한 사실을 밝혀서 1800년대 말에 큰 공을 세워서 수많은 과학자들을 신비감의 도가니에 빠뜨린 인물이 바로 폴란드 출신의 화학자 마리아 스크워도프스카 퀴리(Maria Skłodowska Curie)다. 퀴리 부부 중에 부인 퀴리로 유명한 바로 그 과학자다. 애초에 방사능이라는 말을 처음 만들어 쓴 사람 또한 퀴리다.

시간이 흘러 20세기 중반이 되자, 이 모든 방사능 물질의 특성을 활용해서 과학자들은 생물로 만든 물체가 땅에 묻힌 지 시간이 얼마나 흘렀는지 시간을 알아내는 방법을 개발했다. 《스타게이트》같은 영화를 보면 "방사성탄소(radiocarbon)" 연대 측정법을 써서 이집트에서 먼 옛날에 발견된 유물이 얼마나 오래된 것인지를 측정한다는 대사가 나오는데, 그게 바로 이 방법이다. 그 구체적인 내용은 다음과 같다.

공기 속 이산화탄소 안의 C-14의 비율은 정해져 있고 잘 바뀌지 않는다. 애초에 C-14는 우주에서 지구로 내려오는 방사선의 충격 때문에 생겨난다. 그러므로 C-14는 일정한 양이 항상 조금씩 생겨난다. 그리고 시간이 흐르면 그 C-14 중 일부는 조금씩 방사선을 내뿜고 질소로 바뀌며 사라진다. 조금씩 생겨나고 조금씩 사라지기에 그 양은 일정한 수준이다.

공기 중의 이산화탄소를 빨아들여서 광합성을 하면서 자라나는 나무의 성분을 살펴보면, 그 속에도 방사능을 띤 탄소인 C-14가 딱 공기 속 이산화탄소 안의 C-14만큼의 비율로 아주 약간 들어 있다. 나무나 풀 속에 방사능을 띤 물질이 있다고 생각하면 겁이 나거나 이상하다고 생각할 수도 있는데, 지구상의 모든 생물의 몸속에는 이런 식으로 항상 방사능 물질이 아주 조금씩 들어 있다. 식물을 먹고 사는 동물도 마찬가지고 사람의 몸도 마찬가지다.

좀 더 넓게 보면 탄소뿐만 아니라 다른 원자도 이런 식으로 방사능을 띠는 경우가 있다. 때문에 다른 이유로 사람 몸이 방사능 물질을 품고 있는 경우도 많다. 예를 들어 칼륨이라고도 부르는 포타슘 중에는 방사능을 띤 포타슘 성분이 꽤나 많이 들어 있는 편이다. 그 말은 아주 정밀한 방사선 감지기에 칼륨 성분이 많이 포함된 음식을 갖다 대면 꽤 활발하게 그 음식에서 나오는 방사선을 감지할 수도 있다는 뜻이다. 신선하고 깨끗한 음식이라도 마찬가지다. 오히려 신선하고 깨끗한 음식일수록 방사능이 조금 더 강할 수 있다.

아무리 그렇다고는 해도 보통은 그런 방사능 물질의 양이 너무나 적기 때문에 거기서 나오는 방사선은 매우 약해서 그닥 위험하지는 않다. 그래서 생물의 몸속에도 방사능 물질이 들어 있다는 이야기를 자주 꺼내지 않을 뿐이다. 하지만 생물 몸에서도 방사능 물질이 이것저것 아주 조금 섞여 있다는 것은 분명한 사실이다.

만약 어떤 사람을 만나서 그 사람 몸속에 방사능 성분이 얼마나 들어 있는지를 정밀하게 측정해 보았는데, 전혀 방사선이 감지되지 않는다면 그 사람이야말로 굉장히 수상한 사람이다. 지구에 사는 사람이라면 밥을 먹고 반찬을 먹고 살면서 공기 속 이산화탄소에 들어 있던 C-14가 몸에 들어올 수밖에 없기 때문이다. 혹시라도 지구의 보통 사람이나 동물보다 C-14가 너무 적거나 너무 많이 포함된 사람이 돌아다니고 있다면, 그 사람은 C-14가 지구보다 유난히 적게 생기거나 더 많이 생기는 동네에서 생활하던 사람이라는 뜻이다. 그렇다면 그 사람은 아마도 지구와는 다른 곳에서 태어난 사람이 아닐까? 어쩌면 태양이 아닌 다른 별 근처에서 사는 외계인이 변장을 하고 나타난 것일지도 모른다.

다른 상황도 한번 생각해 보자. 만약 광합성을 하면서 잘 자라나고 있던 나무를 어느 날 나무꾼이 베어냈다고 해 보자. 그 나무꾼이 그 나무의 생명을 빼앗아서 그 나무를 집 짓는데, 기둥으로 쓰기로 했다고 치자. 그러면 생명을 잃은 나무는 더 이상 광합성을 하지 못한다. 바깥에서 새로운 이산화탄소를 빨아들일 수 없다는 뜻이다. 기둥을 이루고 있는 나무는 죽은 상태이므로 그 속의 탄소 원자는 새롭게 보충되거나 교체되지 않고 그대로 머물러 있게 된다는 뜻이다.

그러면, 그때부터 기둥 속의 탄소 원자 중 방사능을 띤 C-14는 천천히 방사선을 내뿜으면서 줄어들기만 할 것이다. 나무가 살아 있다면 광합성을 하면서 공기 속 이산화탄소에 들어 있는 C-14를 빨아들여 C-14를 더 보충해 줄 텐데 그런 일은 일어나지 않는다. 그리고 기둥 속에 들어 있는 C-14 성분이 줄어드는 속도는 일정하다. 원래 그 나무가 살아 있을 때 몸속에 방사능을 띤 C-14가 10억분의 1그램, 다른 말로 1나노그램 정도 있었다고 친다면, 5730년이 지났을 때 나무 속의 C-14는 원래의 절반인 0.5 나노그램 정도로 줄어든다. 1만 1,460년이 지난 시점이 되면 나무 속의 C-14는 다시 그 절반인 0.25 나노그램 정도만 남을 정도로 줄어들 것이다. 이것은 나무가 아니라 다른 식물도 마찬가지고 꾸준히 동물이나 식물을 먹으면서 살아가야 하는 다른 동물들도 마찬가지다.

환상소설이나 영화에서는 가끔 동식물들이 신비한 생명의 에너지를 내뿜는다거나, 생명의 기를 내뿜는다는 식의 이야기가 나온다. 내가 생각하기에 지구에 있는 살아 있는 동식물이 모두 공통으로 일정하게 내뿜는 생명력의 기운이라는 것과 가장 비슷하다고 할만한 진짜 과학 현상은 동물과 식물이 C-14 때문에 내뿜는 방사선이다. 방사선이라고 하니 꺼림칙하게 느껴질 수도 있는데 사실이 그렇다. C-14의 방사선이야말로 지구상에 사는 모든 생명체가 공통으로 내뿜는 신비로운 에너지에 가장 가깝다.

이 책을 읽고 있는 독자께서 만약 몸무게 70kg 정도의 평범한 사람이라면

3000베크렐 정도의 미약한 방사능으로 방사선을 내뿜고 있다. 이 정도면 매우 적은 양이라서 무슨 문제가 되는 방사선이라고는 말하지 않는다. 오히려 만약 어떤 생물이 생명을 잃으면 그 후로 내뿜는 방사선의 양은 계속해서 더욱더 줄어들기만 한다.

  바로 이 원리를 이용하여 우리는 아주 오래된 나무 조각, 풀 조각, 동물 가죽 등을 통해 그것들이 언제까지 살아 있었는지, 그리고 사람에게 잡혀 생명을 잃은 후 얼마나 시간이 흘렀는지를 알 수 있다. 그 물질을 이루고 있는 탄소 성분 중에 C-14가 얼마나 들어 있는지를 정밀하게 측정해서 C-14가 얼마나 많은가 적은가를 보면 되기 때문이다. 만약 C-14가 꽤 많으면 아직 세상을 떠난 지 얼마 안 되었다는 뜻이다. 그만큼 음식을 먹거나 공기 속의 이산화탄소를 흡수하면서 자연스럽게 섞여 있는 C-14도 빨아들였을 것이기 때문이다. 반대로 몸속에 C-14가 별로 없는 생물의 몸체는 생명을 잃어서 광합성을 하거나 무엇인가를 먹는 일 없이 긴 세월이 흘렀고 그동안 몸속에 있던 C-14가 방사선을 내뿜고 질소로 변해 버렸다는 뜻이다. 그래서 이 방법을 탄소 동위원소 분석법이라고 부른다.

  2012년 국립문화재연구소의 송지애는 바로 이 방법으로 서울 송파구에 있던 풍납토성 근처에서 발견된 불탄 건물 부스러기를 조사했다. 오래된 잿더미 한 조각일 뿐이었지만 그 숯덩이를 이루는 탄소 속에 C-14의 양은 확인할 수 있었다. 그 양은 적은 편이었다. 살아 있는 나무 속의 C-14보다 한참 적었다. 계산해 보니 C-14가 방사선을 내뿜으며 그 정도로 줄어들기까지는 대략 1800년 정도의 시간이 걸릴 거라는 결론이 나왔다.

  그 말은 1800년 전, 송파구 근처에 살던 누가 살아 있던 나무를 잘라서 그 나무로 집을 만든 지 1800년 동안 서서히 방사선을 내뿜으며 C-14가 줄어든 후에 2012년이 되어 국립문화재연구소에 들어왔다는 뜻이다. 그러므로 이 실험은 약 1800년 전, 풍납토성이라는 곳에 집을 짓고 사람들이 살았다는 추리에 대한 증거가 될 만하다.

바로 이런 방식으로 중성자 두 개가 더 달려 있어서 무게가 조금 더 무거워진 탄소를 구분해 내는 기술 덕택에 백제 역사의 초기에 서울 송파구 지역에 발달된 거주지가 있었다는 주장이 우리에게 믿을 만한 역사의 진실로 가까워진 것이다.

중성자에는 백제의 역사를 밝히는 것 말고도 다른 아주 중요한 역할이 있다. 바로 양성자들 여러 개를 서로 붙여 줄 수 있는 접착제 같은 역할이다.

탄소 원자는 여섯 개의 전자를 갖고 있다. 그러므로 탄소 원자핵에는 양성자도 여섯 개가 있어야 음전기, 양전기 한쪽으로 기울어지지 않고 전기를 띠지 않을 것이다. 전자들이 원자 속에서 이곳저곳을 돌아다니고 있는 것과 다르게 양성자 여섯 개는 대단히 좁은 공간에 옹기종기 달라붙어 모여 있다. 그 좁디좁은 원자의 중심부 지역이 과학자들이 원자의 핵이라고 부르는 곳이다. 그런데 양성자들은 다들 양전기를 갖고 있으니 양전기끼리 밀어내려는 힘으로 강하게 서로를 밀쳐 낸다. 그러므로 이렇게 여섯 개나 되는 양성자가 한 군데 모여 있기가 쉽지 않다. 금방 밀려나 흩어지기 십상이기 때문이다. 그러면 도대체 무슨 힘으로 양성자들이 서로 붙어 있을까? 과학자들은 거기에 같이 붙어 있는 중성자라는 물질이 접착제 역할을 하고 있다고 보았다.

그런 성질이 있다면 설령 양성자들이 양전기의 힘으로 서로를 떨어뜨려 밀어내려고 하다가도 같이 붙어 있는 중성자가 양성자를 끌어당겨 주기에 붙어 있을 수 있다. 이렇게 중성자와 양성자, 중성자와 중성자가 서로 끌어당기는 힘을 과학자들은 핵력(nuclear force)이라고 이름 붙였다. 핵력은 양성자들이 흩어지지 않도록 붙여 주는 접착력이다. 만약 양전기로 밀어내며 튕겨 나가려고 하는 전기의 힘보다도 접착력인 핵력이 충분히 더 강력하다면 양성자들과 중성자들은 좁은 공간에 붙어 있을 수 있다.

과학자들은 양성자와 양성자 사이에도 서로 끌어당기는 힘인 핵력은 있다고 보고 있다. 그렇지만 양성자와 양성자 사이에는 양전기의 힘으로 서로를 밀어내려는 힘이 너무 세다. 따라서 양성자끼리만 모여 있으면 핵력이 있기는 있어도 달라붙는 데는 별 도움이 안 된다.

그러나 중성자는 다르다. 중성자는 전기를 띠고 있지 않다. 그러므로 전기를 띠지 않는 물질인 중성자가 여럿 있다고 해도 서로 밀어내는 일은 없다. 대신 갖고 있는 핵력만 잘 발휘해 주면 중성자는 서로를 끌어당기는 핵력만 더해 준다. 그런 중성자의 역할 덕택에 원자핵이라는 좁은 공간에 여러 개의 양성자, 중성자들이 모두 하나의 덩어리를 이루며 달라붙어 있을 수 있는 것이다. 그러므로 중성자는 꼭 필요한 물질이다. 중성자는 방사능과 별 상관없는 물질에도 들어 있다. 원자의 핵 속에 두 개 이상 양성자가 있는 물질에는 거의 항상 중성자가 같이 있다. 그렇게 해서 중성자들이 양성자들을 붙여 주는 역할을 해야 한다. 안 그러면 양성자들은 모여 있지 못하고 흩어진다. 원자는 깨져 버릴 것이다. 그래서 중성자는 곳곳에 꽤나 많이 들어 있다. 어림짐작해 보자면, 몸무게 70kg의 사람 몸속에서 중성자가 차지하는 무게가 약 30kg 정도는 될 것이다.

탄소를 예로 들어 보자면, 방사능과 아무 상관없는 보통 탄소 원자라고 하더라도 그 속에는 중성자가 여러 개 들어 있어야 한다. 탄소 원자의 핵 속에 들어 있는 6개의 양성자가 한 덩어리가 되어 붙어 있도록 그 양성자들에게 접착력을 주는 중성자도 같이 있어야 한다. 그래서 탄소 원자의 핵 속에는 중성자 6개가 같이 붙어 있다.

즉, 탄소의 원자핵은 잘 달라붙지 않는 보리 알 여섯 개와 잘 달라붙는 찹쌀밥알 여섯 개가 전체적으로 밥알 열두 개 짜리 주먹밥이 되어 서로 달라붙어 있는 듯한 모양이다. C-14라는 더 무겁고 이상한 탄소는 탄소 원자마다 중성자가 8개 달라붙어 있는 상태를 말한다. 그래서 양성자 6개, 중성자 8개, 합이 밥알 14개짜리 주먹밥 같은 모양의 탄소라고 해서 C-14라는 이름을 많이 쓰는 것이다.

다른 원자들도 다들 마찬가지다. 탄소까지 안 가더라도 양성자 딱 두 개로 되어 있는 굉장히 가볍고 간단한 원자인 헬륨에도 중성자는 필요하다. 양성자 두 개가 흩어지지 않고 붙어 있도록 하기 위해서는 중성자가 몇 개가 그 사이에 같이 붙어 있어야 한다. 실제로 헬륨 원자핵은 양성자 두 개와 중성자 두 개가 붙어 있는 덩어리로 되어 있다. 그래서 헬륨과 수소를 비교해 보면, 헬륨 속에 들어 있는 전자의 개수는 수소의 두 배밖에 안 된다. 하지만 헬륨의 무게는 수소 보다 네 배쯤 된다. 수소에는 중성자가 없지만, 헬륨에는 중성자가 있어서 무게를 더해 주고 있기 때문이다.

알파선(alpha ray)이라는 방사선을 적당한 물질 쪽으로 강하게 쪼여 주면 그 물질에서 중성자가 떨어져 나온다. 1930년대 초에 이런 실험을 유행시킨 사람 중 대표로 꼽을 수 있을 만한 인물이 이렌 퀴리(Irène Joliot-Curie)다. 다름 아닌 마리아 스크워도프스카 퀴리의 큰 딸이다. 이렌 퀴리는 자기 어머니와 아버지가 부부로 동시에 노벨상과 받은 것과 똑같이 자신도 남편과 함께 노벨상을 받는 놀라운 기록을 세운 인물이다.

1932년 무렵 이렌 퀴리 같은 사람들이 진행했던 여러 실험에서 확인되는 물질이 바로 중성자라는 사실을 명확히 밝히고 그 사실을 널리 알린 인물로는 영국의 과학자 제임스 채드윅(James Chadwick)이 손꼽힌다. 채드윅은 러더포드의 제자 뻘 되는 과학자였다. 러더포드는 양성자가 핵에 가까이 모여 있는 것이 너무나 신기해 보인다는 사실을 알아냈다. 어떻게 양성자가 저렇게 좁은 공간에 모여 있는데 서로 밀쳐 내면서 분해되지 않을까? 생각하면서 채드윅은 그렇게 신기할 정도로 가까이 모여 있는 양성자가 흩어지지 않도록 접착력을 발휘해 주는 중성자를 발견했다. 바로 중성자의 접착력 때문에 양성자들은 같이 달라붙어 있다. 말하자면 스승 러더포드가 발견한 문제를 제자인 채드윅이 풀어낸 셈이다.

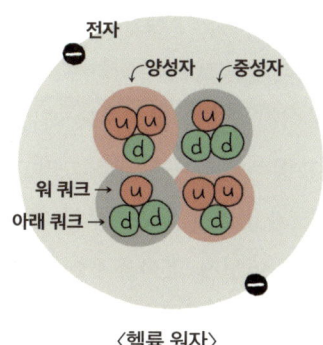

〈헬륨 원자〉

　한참 나중의 일이지만, 이후 1960년대와 1970년대를 거쳐 그 중성자조차도 더 확대해서 보면 그 내부는 위 쿼크와 아래 쿼크라는 더 작은 물질이 모여서 되어 있다는 사실을 알아냈다. 위 쿼크는 양전기를 띠고 있다. 그러므로 중성자가 전기를 띠지 않기 위해서는 음전기를 띤 쿼크도 같이 모여 있어야 한다. 그것이 음전기를 띤 아래 쿼크다.

　조금 더 자세히 살펴보면, 양성자와 중성자는 각기 세 개의 쿼크가 모여서 만들어지는 물질이다. 양성자는 위 쿼크 두 개, 아래 쿼크 하나의 조합으로 되어 있다. 그에 비해 중성자는 아래 쿼크 두 개, 위 쿼크 하나의 조합으로 되어 있다. 그러니까 양성자는 위 쿼크가 많이 있는 물질이고 중성자는 아래 쿼크가 많이 있는 물질이다. 마침 위 쿼크의 양전기 세기는 아래 쿼크의 음전기 세기의 딱 두 배다. 그렇기 때문에, 중성자는 양전기와 음전기가 정확히 같아져서 전기를 띠지 않는다. 그리고 양성자는 양전기가 남아돌아 전체적으로도 양전기를 띤다. 즉 중성자가 전기를 띠지 않는 이유는 바로 아래 쿼크가 많기 때문이다.

　그러나 1930년대만 하더라도 중성자가 그보다 더 작은 물질로 되어 있다는 등의 복잡한 생각을 하는 과학자들은 드물었다. 그래서 몇몇 과학자들은 그때까지 알고 있는 지식만으로도 이 세상의 모든 물질을 이루는 기본 재료를 다 알아낸 것 같다고 생각했던 것 같다.

1930년대 과학자들은 이런 생각을 했다. 세상에는 음전기를 띠고 있는 전자가 있고, 양전기를 띠고 있는 양성자가 있다. 그리고 거기에 더해 전기를 띠지 않는 중성자가 있다. 그리고 그게 세상 전부였다. 양이 있고, 음이 있고, 그 중간에 영이 있다는 말이니, 어쩐지 그 말을 들어 보면 대충 느낌만으로도 예로부터 철학자들이 생각해 오던 세상의 균형이라든가 조화에도 굉장히 잘 어울리는 것 같은 그럴싸한 모양이라는 생각이 들 만했다. 그러니 더욱더 세상의 모든 물질은 전자, 양성자, 중성자를 조합해서 만들 수 있다고 생각할 만했다. 마침내 세상 모든 일의 가장 밑바닥에 깔린 지식을 깨닫는데 거의 도달한 것 같다는 숭고한 꿈을 꾸어볼 만한 순간이었다.

그런데 얼마 후 세상은 전혀 그렇게 깔끔한 모습이 아니라는 사실이 드러나고 말았다.

기묘 쿼크 strangequark
특이한 우주 방사선의 재료

장희빈의 한이 만든 우주 괴물?

『조선왕조실록』 1701년 음력 11월 3일 기록을 보면, 그 당시 부산 사람들이 하늘에서 아주 이상한 것을 목격했다는 신기한 내용이 있다. 너무나 이상한 것이 하늘에 나타났기 때문에 동래부라는 관청에서 그 내용에 대한 보고서를 써서 서울의 궁궐에 보냈다.

기록에 따르면 그 현상이 목격된 것은 음력 10월 18일로 오후 5시 무렵에서 7시 무렵 사이였다고 한다. 가을이 깊어진 시기였으니 아마도 해 질 녘과 멀지 않은 초저녁 즈음이었을 것이다. 그 어슴푸레한 어두운 하늘 한 편에 커다랗고 붉은 형체가 나타났다. 동래부에서 묘사한 내용에 따르면, 그 형체는 붉은빛 덩어리였는데 처음에는 커다란 그릇 같은 모습이었다고 한다. 그러다가 그 모습이 비단 천과 같은 모습으로 변했다. 얼마 후에는 그것이 일곱 굽이 구불구불거리는 모양으로 변했고 머리와 발이 있어 용과 같은 느낌을 주는 모습이 되었다고도 표현하고 있다. 그 형체는 동쪽에서 서쪽으로 향했는데 그러다 얼마 후 사라져 버렸다.

도대체 1701년 조선 사람들 앞에 나타난 것은 무엇일까? 동래부의 관리들은 그것이 아주 이상한 모양이었다는 것을 분명히 하기 위해, 그 모습이 결코 별도 아니고 구름도 아니었다고 기

오로라

록했다. 묘사된 내용만 살펴보자면 마치 하늘을 날아다니는 커다란 괴물 해파리가 너울거리며 떠다녔다는 듯한 이야기처럼 보이기도 한다. 밤하늘에 나타난 거대한 붉은 해파리 괴물 같은 것이 용처럼 생긴 촉수를 내밀었다는 느낌 아닌가? 상상력이 뛰어난 사람이라면, 1701년 한반도의 부산에 우주에서 거대한 해파리 모양의 외계인이 우주에서 내려와서 지구를 관찰하고 떠나갔다는 SF 소설 줄거리 같은 것을 떠올릴지도 모르겠다. 아닌게 아니라 《놉》 같은 영화를 보면 이 비슷한 너울거리는 우주의 괴물이 지구에 나타나는 장면이 나온다. 2022년 개봉된 《놉》 영화에 나온 우주 괴물은 흰색이기는 하다. 그렇지만, 색깔만 붉은색으로 바꾸면 1701년 조선 사람들이 실제로 본 현상의 목격담과 상당히 비슷하다.

그런데 냉정하게 살펴보면 한반도 사람들이 옛 역사 속에서 하늘에 나타난 너울거리는 붉은 빛에 대해 기록해 놓은 사례는 1701년 가을 말고도 꽤 많다. 그리고 학자들은 그런 사례에 대해서 어느 정도 합의된 결론을 내려놓은 상태다. 나는 그런 연구들에 대해 알아본 뒤, 1701년 부산에 등장한 우주 괴물 같은 형체에 대해 짤막한 논문을 쓴 적이 있다. 내가 생각한 그 형체의 정체는 바로 극광, 즉 오로라(aurora)다.

오로라는 주로 북극이나 남극에 가까운 지방에서 자주 볼 수 있는 신비한 빛 덩어리다. 유럽이나 미국에서는 오로라를 보고 흔히 커튼이 일렁거리는 모습과 비슷하다고 말하는데, 한국 옛 기록에서는 비단이 펼쳐진 모습과 비슷하다는 기록이 자주 보인다.

한국은 북극에서는 어느 정도 멀리 떨어져 있는 지역이므로 오로라를 자주 볼 수는 없다. 그렇지만 아주 가끔 오로라가 발생하기도 한다. 실제로 정식으로 과학적인 관측이 진행된 후에도 한반도에서 오로라가 나타난 사례가 있다. 최초 사례는 2003년이었고, 2024년에도 강원도 화천에서 오로라가 촬영된 적이 있다.

상상하는 김에 조금 더 과감한 상상을 해 보자면, 나는 1701년 오로라를 본 조선 사람들이 더욱 놀랄 만한 이유가 더 있었을 거라는 생각도 해 본다. 1701년 가을은 조선 후기 역사에 굉장히 곡절이 많은 사연을 남긴 인물인 장희빈이 비참하게 최후를 맞이했던 때와 겹친다. 요즘 사극에서는 임금님의 사랑싸움 정도로 장희빈에 얽힌 사연을 다루곤 한다. 하지만 1701년 당시에는 조정의 많은 정치인이 장희빈을 어떻게 대해야 하느냐를 두고 서로 파벌이 나뉘어 목숨을 걸고 싸우며 온 나라를 혼란스럽게 할 정도로 큰 정치 문제였다.

그러니 어쩌면 1701년의 조정 사람들은 부산 하늘에 나타난 붉은 괴물 같은 형체가 장희빈에 관해 하늘이 보여 준 어떤 징조였다고 생각했을 가능성은 충분하다. 말하기 좋아하는 사람들은 장희빈의 한(恨)이 붉은 괴물로 변해서 하늘을 휘젓고 있다거나, 반대로 장희빈 때문에 너무 화가 나서 하늘이 괴물을 내려보내 벌을 주려고 한다는 따위의 소문을 만들었을지도 모른다.

장희빈 문제는 이후 18세기 경종과 영조 시대에 계속 그늘을 남기며 조선

정치판에 오랜 세월 동안 여러 사람이 목숨을 걸 문제를 많이 만들었다. 그렇다면 조금 넘겨짚는 추측이기는 하지만, 어쩌면 그때 오로라를 괴물이나 하늘의 징조라고 보고 많은 사람이 놀랐기 때문에 조선에서 장희빈 문제를 더욱 심각하게 여겼던 것은 아닐까? 그렇게 생각해 보면 조선의 역사를 오로라가 바꾸었을지도 모를 일이다.

물론 장희빈의 한이 우주 괴물을 만들어 내지는 못한다. 오로라를 만들지도 못한다. 오로라가 생기는 이유는 우주에서 지구로 내려오는 우주 방사선(cosmic ray) 때문이다. 과거에는 우주 방사선을 우주선이라고 부르기도 했는데 그렇게 말하면 우주를 날아다니는 비행 물체를 일컫는 단어와 헷갈리기 때문에 요즘에는 우주 방사선이라는 말을 많이 쓰는 추세다.

우주 방사선 중에 대부분을 차지하는 태양에서 날아오는 우주 방사선이 지구에 닿을 때 지구의 공기와 격렬하게 반응을 일으킬 수 있을 만큼 조건이 잘 맞아떨어지면 그때 신비로운 빛이 생길 수 있는데 그것이 바로 오로라다. 방사선에 대한 지식을 알아낸 초창기 과학자들은 뢴트겐(Röntgen), 베크렐(Becquerel) 같은 19세기 말의 인물들이다. 그리고 마리아 스크워도프스카 퀴리는 방사선을 내뿜는 방사능 물질에 대해서도 굉장히 많은 지식을 알아냈다. 그런데 과학자들은 그러고 나서도 한동안 우주에서 지구로 저절로 방사선이 쏟아지고 있을 거라는 생각은 잘하지 못했다.

정밀한 방사능 측정 도구를 이용하면 그 시절에도 허공에서도 어디선가 날아오는 방사선을 감지할 수 있었다. 그렇지만 그때는 그런 방사선도 땅에서 나오는 방사선의 일부라고 생각했다. 땅에는 방사능 물질인 우라늄, 토륨 따위가 이곳저곳에 상당히 흔하게 묻혀 있다. 그러니 그런 곳에서 나오는 방사선이 공중으로 올라오다가 우연히 포착되는 일이 생긴다고 보았을 뿐 그 이상을 상상하는 사람들은 드물었다.

그런데 라이트 형제가 비행기를 발명한 이후 사람들은 점차 하늘을 나는

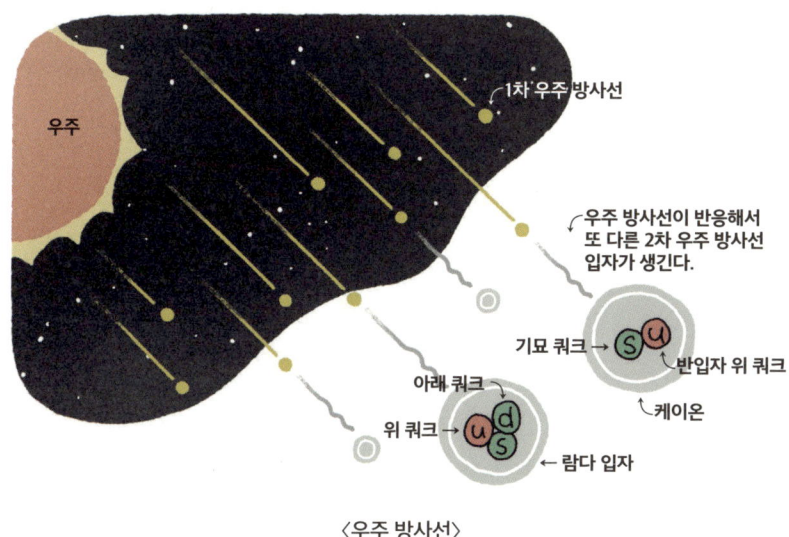

〈우주 방사선〉

일에 익숙해지게 되었다. 그러면서 상황이 조금씩 바뀌었다. 비행기뿐만 아니라 수소 같은 가벼운 기체를 넣어 하늘을 올라가는 비행선이나 그 비슷한 부류의 장치도 점점 개량되고 있었다. 1914년에 발발한 제1차 세계대전 중에는 군대에서는 많은 숫자의 비행기를 만들어 전투용으로 활용했다. 독일군은 체펠린(Zeppelin)이라고 하는 특유의 커다란 비행선을 만들어 바다를 건너 영국에 대규모 공중 폭격을 가하는 놀라운 작전을 수행하기도 했다.

바로 그런 기술 발전 덕택에 오스트리아의 과학자 빅토르 헤스(Victor Hess)는 하늘 높은 곳에 가서 방사선을 측정해 보면 어떤 결과가 나올지 확인해 보기로 했다. 1912년에 그는 직접 비행선과 같은 원리로 하늘을 날아가는 장치를 타고 5천 미터 높이까지 올라가면서 방사선을 측정해 보았다. 지금이야 누구든 여행을 위해 비행기를 타면 1만 미터 높이까지도 가볍게 올라가는 세상이다. 하지만 1912년에 헤스가 5천 미터 높이로 올라가 보는 도전을 했다는 것은 굉장한 모험이었다. 그리고 그 대모험의 결과로 헤스는 당시 사람들의 생각과 달리 어느 정도 높게 올라가면 그때부터는 하늘로 높이 올라갈수록 방사선이 더 강해진다는 충격적인 사실을 알아냈다.

그 말은 우주 바깥과 하늘 높은 곳에서 지구의 땅을 향해 방사선이 계속 내려오고 있다는 뜻이다. 이 방사선은 상당히 강력하다. 하지만 그 정체를 살펴보면 대부분은 전기를 띠고 있는 작은 물질의 알갱이가 엄청난 속도로 지구로 내려꽂히는 현상이다. 이런 물질들은 하늘에서 땅까지 내려오다 보면 공기 성분과 반응하면서 힘을 잃기 쉽다. 예를 들어 우주 방사선이 양전기를 띠고 있다면 음전기를 띤 공기 성분 속 전자에 이끌려 속력이 느려질 것이다. 그러므로 우리가 사는 지상까지 우주 방사선이 많이 내려 오지는 못한다.

게다가 우주 방사선 중에는 전기를 띠고 있는 물질이 많다 보니 지구가 내뿜고 있는 자기장과 반응하여 곧잘 튕겨 나가기도 한다. 나침반을 보면 항상 지구가 내뿜는 자기장 때문에 바늘이 남과 북을 가리킨다. 그런데 가만 보면 지구 자기장은 나침반으로 방향을 알려 주는 목적보다도 우주 방사선을 막아 주는 역할로 우리에게 훨씬 더 오랫동안 많은 도움을 주었다.

만약 지구에 자기장이 없었다면, 강력한 우주 방사선이 지구 바닥에 마구 쏟아졌을 것이다. 그러면 모든 지상의 생명체들이 그 방사선 피해를 받는 바람에 훨씬 더 살기가 어려워졌을 것이다. 지구의 자기장이 없었다면 대부분의 생명체는 방사선을 피해 바닷속에만 살고 지상에는 풀 한 포기 나무 한 그루도 없어서 대부분 사막이 되었을지도 모른다. 지구는 사람 대신 인어가 사는 행성이 되었을 수도 있다.

우주 방사선을 방어하라!

그렇기에 우주 방사선은 우리의 생활과도 무척 관계가 깊다. 나아가 한국 같은 나라에서는 산업과도 관계가 깊다. 대표적인 것이 우주 방사선이 항공사 승무원들에게 끼치는 영향이다. 지금, 이 순간에도 지구의 자기장과 공기는 마치 우주 방사선 방어막 같은 역할을 하며 우주 방사선을 막아 주고 있다. 그러므로 지상에서 살아가는 우리는 우주 방사선 때문에 몸이 해로울 정도의 피해를 입는 일은 거의 없다. 그렇지만 하늘에서 오래 활동해야 하는 비행기 조종사들이나 승무원들은 상황이 조금 다르다.

오늘날의 비행기 승무원들은 1912년 헤스가 우주 방사선을 측정하기 위해 올라갔던 높이보다 훨씬 더 높은 곳으로 자주 비행하며 일하고 있다. 물론 비행기 몸체는 일정 정도 우주 방사선을 차단할 수 있으며, 우주 방사선의 양이 항상 인체에 해로울 정도로 많지는 않다. 따라서 승무원들은 일반적으로 우주 방사선의 영향을 대부분 피할 수 있다. 그러나 만약 비행기가 북극 근처를 날아가게 된다면 상황은 여기에서 조금 더 나빠질 수 있다. 전기를 띤 우주 방사선과 지구 자기장의 반응을 계산해 보면 자기장은 N극에서 나와 S극으로 들어가기 때문에 남극, 북극 근처에서는 우주 방사선의 피해가 좀 더 커진다는 분석이 나온다. 이것은 오로라가 북극 근처에서 더 잘 보이는 이유와도 비슷한 원리다. 마침 한국의 항공편 중에 아메리카 북부 지역으로 가는 비행편 중에는 상당히 북극 가까이 다가가면서 날아가는 때가 있다. 게다가 하필 그때 우주에서 무슨 일이 생겨서 우주 방사선이 더 많이 쏟아진다면 그때 북극 근처 하늘을 나는 비행기 속에는 평소보다 더 많은 우주 방사선이 들어올 것이다. 이런 식으로 안 좋은 조건이 겹치면 그때는 문제가 생길 가능성을 생각해 보아야 한다. 그래서 한국천문연구원의 황정아는 2010년대에 한국에서 북극 근처를 지나 미국으로 가는 비행편의 일부 승무원들이 반복해서 너무 많이 일한다면 건강 문제가 생길 가능성이 커질 수 있다는 의견

을 발표한 적이 있다. 나아가 2023년에는 항공사 승무원이 우주 방사선 피해를 입은 일이 산업재해로 근로복지공단에서 인정된 사례가 나오기도 했다.

한국은 국제 교류와 수출, 수입이 굉장히 활발한 나라이고 한국인들이 외국에 갈 때는 대부분 비행기를 이용한다. 그러므로 세계적으로 한국은 비행기를 굉장히 많이 이용하는 나라다. 그래서 항공 교통과 우주 방사선의 이런 관계 문제는 다른 어떤 나라보다도 한국에서 특히 더 중요한 문제다.

우주 방사선은 비행기와 관련해서 더욱 이상한 문제를 일으킨 적도 있었다. 2008년 10월 7일 호주에서 운항하던 한 여객기가 갑자기 아무런 이유 없이 너무 빠르게 너무 낮은 높이로 내려오는 바람에 조종사와 승객들이 매우 놀란 일이 있었다. 이 일은 도저히 그 원인을 밝힐 수 없어 한동안 굉장히 이상한 사건으로 취급되었다. 《환상특급》영화판을 보면, 비행기 날개에 그렘린(gremlin) 이야기 속에 나오는 마귀 같은 것이 달라붙어 비행기 고장을 일으키려고 하는 이야기가 나온다. 마치 하늘에 그런 마귀가 나타나서 비행기를 괴롭히다가 사라졌다는 듯한 느낌을 주는 사건이었다. 그런데 이 사건의 원인에 대해 지금은 많은 사람들이 우주 방사선과 관련이 있을 거라는 이야기를 하고 있다.

우리가 방사선이라고 부르는 현상 중 다수는 물질과 반응하면 그 물질이 전기를 띠게 하는 역할을 한다. 예를 들면 물질 속의 전자는 작고 가볍기에 방사선을 맞으면 종종 그 힘에 튕겨 날아가 버린다. 그러면 그 전자가 물질 속에서 하던 역할을 하지 못하게 되고, 전자가 부족해진 물질이 엉뚱한 화학 반응을 일으키기도 한다. 방사선을 너무 많이 맞으면 몸에 해롭다는 것도 이런 일일 때가 많다.

그런 만큼 우주 방사선이 잘못해서 컴퓨터에 사용하는 반도체에 우연히도 교묘하게 명중하게 되면, 반도체를 흘러 다니던 전자를 날려 보낼 수 있다. 그리고 하필이면 그 전자가 반도체를 이용해 어떤 판단을 하는 과정에서 중요한 역할을 하고 있었다면 그 반도체를 사용하는 컴퓨터의 결과에도 오류가 생길 것이다.

보통 이렇게 생긴 오류는 기계를 한번 껐다가 켜면 다시 새로운 전자가 새로 흘러가면서 저절로 문제가 회복되곤 한다. 그래서 이런 문제를 부드러운 오류라는 뜻으로 소프트 에러(soft error)라고 부른다. 이름은 부드럽다고 하니 큰 문제가 아닐 것 같기도 하다. 그러나 2008년 10월 7일 하늘을 날아가고 있던 어느 비행기의 컴퓨터 또는 조종 회로 속의 반도체에 우연히도 강한 우주 방사선이 날아와 절묘하게 맞아 들어서 중요한 전자 하나를 잘못 날려 보냈고 그 때문에 소프트 에러를 일으켰다면 그 탓에 컴퓨터 오류가 생겨서 비행기는 잠깐 아주 엉뚱한 방향으로 갑작스레 빠르게 움직였을 것이다.

별 생각 없이 반도체를 만든다면 소프트 에러 문제는 모든 전자제품과 컴퓨터에서 발생할 수 있다. 아주 가끔이라서 큰 문제가 안 되기는 할 것이다. 하지만, 우주 방사선은 땅 위의 모든 곳에 항상 조금씩은 내려오고 있으므로 굉장히 중요하고 정밀한 컴퓨터라면 이런 문제에 대해서도 어느 정도 대비를 해 놓아야 한다. 아닌 게 아니라 아예 지구 바깥에 우주 방사선이 득실거리는 곳으로 보내야 하는 인공위성은 이런 대비를 잘하는 것이 특히 중요하다. 방사선이 많은 곳에서 작동되어야만 하는 원자력 발전소에서 쓰는 특수 장비에도 이런 문제에 대한 대책을 갖추어 두고 있다.

앞으로 점점 더 반도체가 작아지고 정밀해지면서 사소한 작은 문제 때문에 큰 오류가 발생할 가능성이 커지고 있다. 또 앞으로 인공지능 기술이 발전하면 세상의 수많은 자동차를 컴퓨터가 모두 운전하게 되는 시대도 올 텐데 그럴 때 컴퓨터에 들어가는 정밀한 반도체가 우주 방사선을 맞아 가끔 오류를 일으킨다면 무슨 사고가 생길지도 모른다.

어디까지나 SF 영화 속 이야기 같은 상상이긴 하지만, 《터미네이터》 영화에 나오는 것처럼 모든 무기를 인공지능 컴퓨터에 연결해 두고 "언제나 인류를 방어하라!"라고 명령을 내렸는데 우주 방사선이 우연히 떨어져 아주 작은 소프트 에러가 발생해 그 명령이 문득 "언제나 인류를 공격해라!"라고 바뀐다면 어떻게 될까? 이런 일이 일어난다고 해서 하늘에서 내려온 우주 방사선이 컴퓨터를 그렇게 바꾸어 놓았으니 그저 하늘의 뜻이라고 체념할 수는 없다.

그래서 근래에 들어 점차 우주 방사선 문제에 잘 견디는 반도체를 개발하고, 정말로 우주 방사선을 잘 견딜 수 있는지 실험하는 일이 점점 더 중요해지고 있다. 2024년 11월에는 경주에서 경주 양성자 가속기라는 장비를 활용해 인공적으로 만든 방사선으로 이런저런 시험을 해 보는 사람 중에 40%는 한국의 대형 반도체 업체라는 소식이 언론을 통해 보도되기도 했다. 2023년 2월에는 한 한국 기업에서 반도체의 소프트 에러 시험용 장비를 개발했다는 소식이 들려와 주식 시장에서 큰 화제가 된 일도 있었다.

우주에서 하늘로 내려오는 방사선 입자에 대한 과학이라면 그야말로 뜬구름 잡는 아주 순수한 학문 탐구의 문제일 뿐이라고 짐작할 수도 있다. 언뜻 우리 삶에서 직접 느낄 수 있을 만한 일이나 돈 버는 문제와는 거리가 있는 주제라고 생각하기도 쉽다. 그러나 사실 조금만 과학이 뻗어 나간 연결 관계를 살펴보면 우주 방사선은 이미 산업과 경제에 깊이 연결돼 있다. 나는 이런 사례를 이해하는 것이 더 넓은 분야의 과학 연구에 우리가 투자해야 하는 이유를 설명할 때에도 도움을 줄 수 있다고 생각한다.

헤스의 발견 이후, 과학자들은 점점 더 높은 곳에 올라가서 더욱더 세밀하게 우주 방사선을 연구하기 위해 노력했다. 2천 미터, 4천 미터 높이의 산 위에 올라가서 우주 방사선을 관찰하는 실험을 하는 과학자들이 전 세계 곳곳에서 나타났다.

그러고 보면 네팔에는 8천 미터가 넘는 봉우리들이 있으므로, 만약 네팔에서 근대 과학이 빨리 발달했다면, 오스트리아의 헤스 보다도 훨씬 더 먼저 네팔 과학자들이 우주 방사선을 관찰했을지도 모른다. 옛날 신라의 혜륜, 혜업,

현각, 현태와 같은 사람들은 불교에 대한 지식을 얻기 위해 인도까지 간 적이 있다. 이들 역시 지금의 네팔 지역을 지나 인도에 갔을 가능성이 있으므로, 이상한 생각이기는 하지만 만약 신라의 과학 기술이 방사선을 측정할 수 있을 정도로 발달했다면 신라 사람들이 우주 방사선을 발견했을지도 모른다.

20세기 과학자들의 연구 결과, 우주 방사선은 생각보다 다양한 형태로 이상한 일을 많이 일으킨다는 사실이 드러났다. 특히 우주에서 지구로 직접 떨어진 우주 방사선이 지구의 하늘 높은 곳에서 다시 한번 반응을 일으키면서 또 다른 방사선을 만들어 내는 일도 많다. 이렇게 우주 방사선 때문에 생긴 또 다른 방사선을 '2차 우주 방사선'이라는 이름으로 부르기도 한다.

이후 이 2차 우주 방사선 중에 정체를 알 수 없는 것들이 자주 관찰되었다. 특히 1930년대 후반 이후 대략 20여 년 간 다양하고 이상한 여러 가지 우주 방사선의 발견은 절정에 달했다. 그전까지만 해도 과학자들은 양전기를 띤 양성자, 음전기를 띤 전자, 전기를 띠지 않는 중성자, 세 가지 물질이면 세상 모든 물질의 재료로 충분하다고 보았다. 심지어 1920년대 독일의 베르너 하이젠베르크(Werner Heisenberg) 같은 과학자는 세 가지도 많다고 생각했다. 그는 중성자는 딱히 근본적인 물질이 아니며 그저 어떤 이유로 양성자와 전자가 섞여 있는 상태일 뿐이라고 보았다. 양성자는 양전기를 띠고 있고 전자는 음전기를 띠고 있으니 두 가지가 섞일 수 있다면 자연히 그 결과는 전기가 없는 상태가 될 것이고 그러면 중성자와 비슷할 것이다.

하이젠베르크의 생각에 따르면 온 세상의 기본 재료는 음전기를 띤 전자, 양전기를 띤 양성자라는 둘밖에 없게 된다. 그러면 여러 가지 설명이 굉장히 간단해진다. 중성자가 많아지면 불안해져서 방사능을 띠는 이유도 전자와 양성자가 억지로 섞여 있다 보니 뭔가가 불안해서 도로 떨어져 나오고 싶어 해서 변화하고 싶어서라고 말하면 꽤 그럴듯하게 들린다. 나는 요즘에도 원자력 공학에 대해 강의하는 교수님들 중에서도 쉬운 이해를 위해서 중성자는 양성자와 전자가 섞여 있는 모양과 비슷하다고 가르치시는 분들을 본 적이 있다.

고대 중국에서는 음양의 조화로 모든 것이 설명된다는 음양오행설이 있고, 고대 페르시아의 조로아스터교 계통의 종교에서도 선과 악, 빛과 어둠의 대립으로 세상 모든 것을 설명하는 학설이 유행한 적이 있다. 그렇기에 음전기와 양전기, 전자와 양성자, 둘의 짝으로 세상 모든 것이 설명된다는 발상은 예로부터 내려오는 사상과 철학의 아름다움과도 닮은 느낌이 있다. 원자의 성질을 깊이 연구했던 과학자 중에서도 많은 존경을 받았던 닐스 보어(Niels Bohr) 같은 인물은 정말로 음양에 관한 중국 고대 철학에 관심이 많았다고 한다. 그는 심지어 음양의 조화를 나타내는 태극 무늬도 좋아했던 것 같다.

그러나 과학 발전의 역사를 살펴보면, 옛 철학자들이나 사상가들이 자신의 직관에 따라 조화롭고 균형이 맞을 것이라고 믿었던 많은 가설들이 허무하게 무너진 경우가 많았다. 수천 년 동안 고대 중국인들은 밤하늘에 다섯 개의 행성이 있으니 그 다섯이 각기 물, 쇠, 불, 나무, 흙에 해당하는 수, 금, 화, 목, 토의 다섯 가지 기운을 갖고 있다고 보았다. 그리고 그것이 바로 세상이 음양오행 중에 오행이라는 다섯 개의 기운으로 되어 있다는 사실과 정확하게 맞아든다고 믿었다. 하늘에는 다섯 개의 행성이 있듯이, 온 세상을 움직이는 기운도 다섯 가지다. 5라는 숫자는 신비로운 숫자이고 균형 잡힌 숫자다. 5라는 숫자의 원리 속에 세상 모든 기운이 담겨 있다. 등등의 이야기에 심취한 사람들이 많았다.

그러나 1781년 영국에서 활동한 독일 출신의 음악가였던 허셜 남매는 여섯 번째 행성이라고 할 수 있는 천왕성이 있다는 사실을 알아냈다. 그로부터 얼마 후 사람들은 해왕성이라는 행성이 하나 더 있다는 사실도 알아냈다. 행성의 숫자와 세상의 근원을 나타내는 다섯 가지 오행의 기운은 아무런 관계가 없었다.

세상이 전자, 양성자 그리고 그 둘을 합친 중성자로 되어 있다는 생각도 그 비슷한 운명을 맞았다. 우주 방사선 관찰을 통해 찾아낸 물질 중에는 전자나 양성자, 또는 중성자와 아무 상관이 없는 물질들이 있었기 때문이다.

우주 방사선의 성분인 작은 알갱이들을 살펴보면, 그중에는 무게가 전자와 양성자 사이의 어중간한 중간쯤 되는 것들이 있었다. 그런 입자는 양성자 무게보다 작으므로 양성자나 중성자가 여러 개 모여서 생길 수는 없는 물질이었다. 그러나 전자보다는 무거우므로 분명 전자는 아니다. 그렇다고 전자 여러 개가 뭉쳐 있다고 보기에는 음전기를 띤 전자 여러 개를 뭉쳐줄 만한 방법이 따로 있어 보이지도 않았다.

그러니 이런 관찰 결과는 저 높은 하늘 위에서 전자도 양성자도 중성자도 아닌 무엇인가 다른 물질이 내려오고 있다는 뜻이었다. 음을 상징하는 것도 아니고, 양을 상징하는 것도 아니고, 영도 아닌 무엇인가가 분명히 있다.

그나마 그런 입자가 한두 가지였으면 전자, 양성자, 중성자 말고, 무엇인가가 하나쯤 더 있다고 치고 적당히 넘어갔을 텐데, 그렇게 이상해 보이는 입자들이 너무 많았다. 뮤온(muon)이라는 이름이 붙은 입자부터 시작해 파이온(pion)이라는 입자가 추가로 발견되었고 파이온은 양전기를 띤 파이온과 음전기를 띤 파이온, 그리고 전기를 띠지 않는 파이온의 세 종류가 있다는 사실도 나중에 발견되었다. 여기에 더해 시간이 지나면서 다른 여러 실험 장비를 통해 과학자들은 케이온(kaon), 시그마(sigma) 입자, 델타(delta) 입자, 에타(eta) 입자, 에타 프라임(eta prime) 입자, 크시(xi) 입자, 오메가(omega) 입자 등등 별별 입자들을 더 발견했다. 그리고 나서도 발견된 입자들의 숫자는 계속해서 늘어나서 나중에는 과학자들이 그 이름을 붙이는 일에 헷갈릴 정도로 많은 입자가 확인되었다. 음전기를 띤 전자, 양전기를 띤 양성자, 전기를 띠지 않는 중성자, 세 가지만으로 세상 모든 것을 다 설명할 수 있다는 우아한 꿈은 완전히 깨어지고 말았다.

오죽하면, 뮤온이 발견되었다는 소식을 듣고, 미국의 과학자 이시도어 라비(Isidor Isaac Rabi)가 "도대체 이런 걸 누가 주문했단 말인가?"라고 한탄하듯 농담했다는 이야기가 있을 정도다. 전자, 양성자, 중성자 세 물질의 우아한 균형이 깨지는 것을 아쉬워했다는 이야기다. 라비는 지금도 병원에서 많이 사용하는 MRI 촬영법의 기본 원리를 발견해서 노벨상을 받은 인물이기도 한데, 과학자들의 이런 당혹감은 갈수록 심해졌다. 1955년에는 노벨상 수상자 윌리스 램(Willis Lamb)이 "예전에는 새로운 입자를 발견했다고 하면 노벨상을 받았지만, 이제는 새로운 입자를 발견했다고 주장하는 사람은 만 달러쯤 돈을 내도록 해야 한다."라고 우스갯소리를 할 정도였다.

그러던 중에 1960년대 중반 무렵이 되자 이 혼란스러운 상황을 정리해 나가면서 명성을 얻은 인물이 등장했다. 그는 미국의 머리 겔만(Murray Gell-mann)이었다. 겔만은 당시 중요한 관심의 대상이던 주요 입자들을 구분해서 체계적으로 설명하는 방법을 만들어 냈다. 재미있게도 그는 고대 인도의 철학인 불교에서 말하는 팔정도(八正道)에서 이름을 빌려 와 자신의 설명법을 팔정도(eight fold way)라고 이름 붙였다.

원래 팔정도는 불교에서 진정한 깨달음에 이르기 위한 방편으로 정견(正見), 정사유(正思惟), 정어(正語), 정업(正業), 정명(正命), 정정진(正精進), 정념(正念), 정정(正定)의 여덟 가지가 필요하다는 뜻으로 나온 이야기다. 재미 삼아 해 보는 이야기이지만, 머리 겔만이 입자들을 구분해 설명할 때 꼭 8이라는 숫자를 그렇게까지 강조할 필요가 있었을까 싶다. 그가 한 연구를 따라가 보면 어디에 강조를 두어 설명하느냐에 따라서 8 못지않게 10이나 3이라는 숫자도 중요해 보이고 보기에 따라서는 6이나 7이라는 숫자를 강조해서 말을 만들 수도 있었을 것 같기 때문이다.

그런데도 굳이 8을 내세워서 팔정도를 강조한 것은 아무래도 겔만이 워낙에 다양한 분야에 대한 지식이 많다 보니 불교 문화의 깊은 곳을 한 번 언급해 보고 싶어서 였기 때문인 듯싶다. 1960년대 후반이면 히피 문화의 전성기이던 시절이다. 미국에서는 인도인의 신비로운 정신세계와 기이한 고대 철학에서 진정한 삶의 의미를 찾는다는 등의 생각도 굉장한 인기를 끌었다. 하다못해 비틀즈도 앨범을 내다 말고 1968년에 인도에 가서 스스로를 찾는 여행을 하던 시대였다. 그러니 겔만이 세상의 근원이 되는 입자들을 정리하면서 만든 규칙에 대해 불교에서 깨달음을 얻는 방법과 같은 이름을 붙이면 그 시대에는 멋지다고 생각하는 사람들이 많았을 것이다.

그리고 겔만은 그때 개발한 이론을 발전시킨 결과, 양성자, 중성자, 파이온, 델타 입자, 시그마 입자, 오메가 입자 등등의 다양한 입자들은 사실은 세 가지 서로 다른 쿼크의 조합으로 설명할 수 있다는 생각을 하게 되었다. 양성자는 위 쿼크 두 개와 아래 쿼크 하나를 합쳐서 만든 것이고, 중성자는 위 쿼크 하나와 아래 쿼크 하나를 합쳐서 만든 것이다. 파이온은 위 쿼크 또는 아래 쿼크와 함께 거기에 더해 그 둘이 아닌 또 다른 세 번째 쿼크를 합치면 만들 수 있다. 그 세 번째 쿼크의 이름은 기묘 쿼크(strange quark)로 정해졌다.

이런 식으로 겔만의 입자 분류 기준 속에서 진정한 모든 물질을 이루고 있는 가장 작은 기본 재료가 되는 물질로 쿼크가 있다는 생각이 탄생했다. 지금까지도 전자나 쿼크보다 더 단순하고 작은 것은 없다고 보고 있다.

더 이상 작은 것을 생각하기 어려울 정도로 작은 위 쿼크나 아래 쿼크가 총 세 개가 모여 양성자나 중성자가 되고, 양성자나 중성자에 더해서 전자가 몇 개에서 몇십 개 정도 모이면 원자가 되고, 그 원자가 아주아주 많은 숫자만큼 모여 우리가 손으로 만질 수 있는 철 덩어리나 숯덩어리 같은 물질이 된다. 그리고 가끔 우주 방사선 속 물질 같은 특이한 물질을 표현하기 위해서는 기묘 쿼크라는 물질이 필요하다. 이런 식으로 우리는 머리 겔만의 쿼크 이론을 사용해 세상의 대략을 설명해 볼 수 있다.

그런데 그렇게 개발해 놓은 이론에 따라 설명하는 것이 과연 정말 맞는지 확인하려면 그런 물질들이 보여주는 움직임을 계산을 통해 예상할 수 있어야 한다. 그냥 "내가 생각하기에는 더 작은 입자들이 있고, 그게 더 근본이다"라고 주장하면서 멋있는 이름만 잘 지어 붙인다고 해서 가치 있는 과학이 되지는 않는다.

과학자들은 전자는 어떤 힘을 받으면 어디로 얼마나 움직이는지, 또 쿼크는 어떤 힘을 받았을 때 어떻게 변화하는지를 계산하는 방법을 만들어 놓으려고 했다. 그런 식으로 미리 계산해서 예상해 본 움직임이 실제로 실험해서 관찰한 움직임과 맞아떨어질 때, 그 이론이 쓸모 있는 이론이고 맞는 이론이라고 다들 믿을 수 있다. 나아가 그래야 전자와 쿼크를 이용하는 무슨 장치를 개발할 때에도 쓸모가 있을 것이니 가치를 더 인정받을 수 있다.

당연히 겔만과 다른 과학자들은 그런 일에도 도전했다. 그리고 쿼크나 전자들이 과연 얼마나 어떻게 움직이는지를 계산하기 위해서 그들은 현대 과학의 역사상 가장 많은 사람들이 가장 이상하고 가장 이해하기 어렵다고 말했던 이론을 누구보다 깊이 활용해야만 했다.

광자 photon
빛의 재료이자 전자기력의 운반자

당신은 내 삶에 한 줄기 전자파

예로부터 사람들은 어느 나라에서건 대개 빛을 신비롭고 고귀한 것이라고 생각했다. 한국인들도 마찬가지였다. 『삼국사기』에 따르면 주몽이 기원전 37년에 고구려를 건국했다고 하는데, 그 주몽은 자기 어머니가 하늘에서 내려온 신비로운 빛을 받은 뒤에 임신해서 태어난 자식이라고 되어 있다.

심지어 주몽의 어머니를 건물 안 깊은 곳의 방에 두었는데도 어디에서인지 빛이 나타나서 비추었다는 이야기까지 실려 있다. 이런 이야기 속에서 빛은 하늘의 뜻 그 자체이고 성스러운 천상 세계를 나타낸다. 그러므로 주몽은 하늘이 나라를 세우라는 운명을 내려주어 태어난 사람이라는 뜻이다.

그런데 냉정하게 생각해 보면 사람들이 빛을 이렇게까지 중요하게 생각한 진짜 이유는 따로 있다. 본래 많은 포유류 동물들은 야행성이었다. 고양이는 물론이고 소나 사슴 같은 동물을 밤에 보면 눈이 빛을 내는 듯한 모습이 자주 나타난다. 이것은 이런 동물들의 조상이 야행성으로 활동하면서 밤의 희미한 빛으로도 물체를 보기 위해 적응했다는 뜻이다.

거슬러 올라가 보면 포유류 동물들이 처음 탄생한 초창기는 중생대였고 중생대라는 시대는 공룡들의 전성기였다. 그러므로 아마 포유류 동물들이 야행성이었던 이유는 무서운 공룡들에게 사냥당하지 않기 위해 밤을 틈타 숨어다니는 습성을 가져야만 살아남을 수 있었기 때문일 것이다.

전구 불빛

　그러므로 로이 마오르(Roi Maor) 같은 학자들은 공룡이 멸종한 6600만 년 전 무렵 이후가 되어야 낮에 활발히 활동하는 포유류 동물들이 본격적으로 등장하게 된 것 같다는 연구 결과를 발표한 적이 있다. 사람이라는 종족의 먼 조상이 낮에 활동하는 습성을 갖고 태어난 것도 아마 그 무렵일 것이다. 공룡이 없다면 낮에 활개 치고 다니는 편이 훨씬 유리하고 편하다. 그러니 아마 그때부터 사람은 낮을 좋아하고 밤을 싫어하는 본능을 갖게 되었을 것이다.

　이렇게 보면 사람이 빛에 좋은 의미를 많이 갖다 붙이고 어둠을 괜히 사악한 단어라고 생각하는 이유는 멀리 보면, 6600만 년 전에 공룡이 멸종하면서 낮에 적응했기 때문이다. 현재 공룡이 멸종한 가장 결정적인 이유는 6600만 년 전에 지구에 소행성이 충돌하면서 생긴 재난 때문이라고 보고 있다. 그러니 더 말을 이어 붙여 보자면 사람이 빛의 종족이고 어둠의 힘과 맞서 싸우게 된 것은 6600만 년 전 지구에 떨어진 소행성 때문이라는 이야기도 재미 삼아 해 볼 만하다. 그러나 이런 사실을 모르던 과거의 학자들은 그저 긴 세월 빛이 깊은 신비로움을 품고 있다고 생각했다. 그리고 그 성질에 대해 굉장히 궁금해했다.

1500년대 이후 빛에 관한 연구는 더 빠르게 발전한 것 같다. 그와 함께 이 시기 유럽 사람들은 빛의 성질을 활용하는 렌즈를 이용해 망원경을 만드는 기술을 끊임없이 개량했다. 그리고 그 망원경으로 먼 곳을 보는 능력 덕분에 배를 타고 바다를 돌아다니는 항해술을 같이 발전시켜서 신항로 개척의 시대를 열었다. 유럽인들이 배를 타고 아메리카 대륙으로 건너가서 침략을 개시하고 아시아 각지에 활발히 오가며 빠르게 세력을 키웠던 것도 바로 이 시대부터였다. 그러니 유럽인들이 세계를 지배하는 기술을 얻게 된 것은 말하자면 빛의 힘을 잘 사용하는 방법 덕택이었다고 말할 수도 있겠다.

시간이 흘러 1800년대 무렵이 되자 유럽인들은 기계를 활용해 물자를 대량 생산하는 산업혁명을 일으켰다. 이때부터 유럽인들은 세계 다른 지역의 경제를 압도할 정도로 더욱 빠른 산업 성장을 이루기 시작했다. 그리고 산업혁명과 함께 수많은 공장이 건설되면서 유럽 사람들은 강철을 비롯해 다양한 금속을 대량 생산하는 기술도 매우 빠르게 발전시켰다. 그 대표적인 나라가 독일이다.

그렇다 보니 산업혁명 시기 독일 기술자들은 용광로의 뜨거운 금속이 내뿜는 빛과 그 색깔에 대해서도 궁금해하게 되었다. 철을 달구면 벌겋게 빛이 난다. 금속 온도가 높아지면 색깔은 어떻게 바뀔까? 색깔만 분석해 보고 온도를 알 수도 있을까? 뜨겁게 달군 쇠가 내뿜는 빛의 세기와 쇠의 성질 사이에 무슨 관계가 있을까? 이러한 문제들은 더 좋은 금속을 더 쉽게 생산하기 위해서도 연구해야 하는 문제였다.

바로 그런 문제들의 답을 찾는 중에 독일 과학자 막스 플랑크(Max Planck)는 그 후 과학자들이 세상을 보는 시점을 완전히 바꾸어 놓은 충격적인 이론인 양자 이론(quantum theory)을 개발해 낸다.

그 시절 과학자들은 빛의 정체에 대해 많은 사실을 알아낸 후 어느 정도는 결론을 내려놓고 있었다. 특히 스코틀랜드 출신의 과학자 제임스 맥스웰(James Maxwell)의 연구가 좋은 평가를 받았다. 그에 따르면 빛이란 전기의 힘과 자기의 힘이 엮여서 커졌다 작아졌다 하며 물결치듯 퍼져 나가는 현상이다. 지금까지도 맥스웰의 이론은 빛을 이해하기 위한 기본 이론으로 대학 교과서에 실려 있다.

맥스웰의 이론을 조금 더 정확히 설명해 보자면 빛은 전기장(electric field)과 자기장(magnetic field)이 서로 엮여서 커졌다 작아졌다 하면서 허공을 직선으로 뻗어 나가는 현상이다. 그렇기에 빛을 다른 말로 전자기파(electromagnetic wave)라고도 하고, 줄여서 전자파라고도 한다.

일상생활에서는 눈으로 보이는 전자기파만을 빛이라고 부를 때도 있다. 그런데 빛 중에는 자외선이나 적외선처럼 맨눈으로는 볼 수 없는 빛도 많으며 그렇게 보면 전자기파나 전자파나 빛은 다 같은 뜻을 지닌 말이다. 언론에서는 어쩌 좀 해로운 영향을 끼치는 경우라면 빛보다 전자파라는 말을 더 자주 쓰기는 한다. 그러나 과학적으로 보자면, 사랑하는 사람을 향해 "당신은 내 삶에 한 줄기 빛이 되었습니다"라는 말을 하든 "당신은 나에게 전자파입니다"라는 말을 하든 같은 뜻이다.

그리고 빛을 이루고 있는 전기와 자기의 힘이 세졌다가 작아졌다가 하는 정도가 얼마인지, 그러니까 자주 일어나며 출렁거리듯이 많이 바뀌는지 아니면 반대로 느긋하게 일어나며 서서히 바뀌는지를 따지는 말이 바로 주파수다.

만일 어떤 빛이 80헤르츠의 주파수를 갖고 있다고 하면, 그 빛은 1초에 80번 전기의 힘과 자기의 힘이 세졌다가 작아졌다가 하는 현상을 일으키는 빛이라는 뜻이다. 라디오 방송 등에서 사용하는 전파도 마찬가지다. 라디오 프로그램이 90메가헤르츠로 방송되고 있다고 하면, 메가라는 말이

백만 번이라는 뜻이므로 1초에 9천만 번 전기와 자기의 힘이 세졌다가 작아졌다가 하는 빛을 활용해서 방송을 내보내고 있다는 뜻이다. 즉 방송에 쓰는 전파도 전자파의 일종이고 빛의 일종이다.

사람의 눈은 주파수가 4억 메가헤르츠에서 8억 메가헤르츠 사이의 빛을 감지할 수 있는 능력이 있다. 그래서 방송에 쓰는 90메가헤르츠짜리 빛은 사람 눈에 보이지 않을 뿐이다. 결국 전파든 눈에 보이는 색깔이든 빛이란 것은 매한가지다.

말이 나온 김에 하나 짚고 넘어가 보자면, 간혹 사람들이 주파수라는 말을 어떤 신비한 힘을 나타내는 단어처럼 쓰는 때가 있다. 아마도 주파수라는 말을 눈에 보이지 않는 전파 같은 빛을 다룰 때 자주 쓰다 보니 생긴 일 같다. 그러나 사실 주파수라는 말에는 별 신비한 의미는 없다.

원래 주파수라는 말은 1초에 어떤 일이 몇 번이나 일어났는지를 나타내는 숫자일 뿐이다. 아주 단순한 뜻을 지닌 말이다. "꿀벌이 10헤르츠로 날갯짓한다"라고 하면 날개를 퍼덕이는 동작을 1초에 열 번 한다는 뜻일 뿐이다. 꿀벌의 날개가 어떤 신비한 기운을 뿜는다는 뜻이 아니다. 나는 "밥을 34.7 마이크로 헤르츠로 먹는다"라고 말하면, 밥을 먹으면서 신비의 마력을 흡입한다는 말이 아니라 그냥 하루 24시간 동안 세 끼를 먹는 꼴로 밥을 먹는다는 말일 뿐이다. 그렇기에 누가 "사람의 정신을 맑게 하는 좋은 주파수를 뿜을 수 있는 초능력이 있다"라거나, "선한 주파수의 힘을 느낄 수 있는 초능력을 갖고 있다" 등의 말을 한다면 그것은 과학적으로는 이상한 이야기다.

1800년대 말 과학자들은 사람의 눈이 느낄 수 있는 빛은 주파수가 낮을수록 빨간색으로 보이고 주파수가 높을수록 파란색으로 보인다는 사실을 알고 있었다. 또 주파수가 높은 빛일수록 점점 더 강한 위력을 전해

주고 더 많은 힘을 낼 수 있다는 사실도 알고 있었다. 그래서 조금만 더 연구를 계속하면 물체의 온도를 점점 더 높일 수 있고, 그때 물체가 달궈지면서 어떤 색깔의 빛을 내는지를 쉽게 계산하여 규칙을 찾아낼 수 있을 것이라고 생각했다. 그런데 그게 이상하게도 말처럼 쉽게 되지 않았다. 이 시절 과학자들은 주로 성질이 아주 단순하다고 가정한 물체를 대상으로 온도와 빛의 관계를 풀이하고자 했다. 흔히 그 문제를 흑체 복사(black body radiation) 문제라고 불렀다. 그런데 흑체 복사에서 온도에 따라 빛이 나오는 정도를 계산하는 방법을 간단하게 만들어 보면 온도가 올라갈수록 높은 주파수를 띤 빛이 굉장히 많이 나온다는 결론이 나왔다. 온도를 조금만 올려도 사람 눈에 보이지 않는 주파수의 빛인 자외선이 막대한 양으로 쏟아지는 것이 그 시대 과학자들의 계산 결과였다.

이런 일은 현실과는 전혀 다르다. 만약 현실이 그 시절 과학자들의 계산대로 벌어졌다면, 사람이 높은 온도로 철을 달굴 때마다 거기서 강력한 자외선이나 X선이 마구 쏟아져서 그 빛을 맞고 모두 피부가 상하고 화상을 입었을 것이다. 구식 전등 역시 온도를 높여 가며 빛을 내는 구조로 되어 있었으므로 옛 과학자들의 계산대로라면 전등불의 전등만 켜도 거기서 엄청난 양의 자외선과 X선이 쏟아져 주변을 파괴했을 것이다. 물론 실제로는 그런 일이 생기지 않는다. 그래서 이런 오류를 자외선 파탄(ultraviolet catastrophe)이라고들 불렀다.

막스 플랑크는 이 문제에 도전했다.

그리고 한동안 풀이가 쉽지 않아 많이 헤매기도 했다. 하지만 1900년, 플랑크는 놀라운 방법으로 자외선 파탄 문제를 해결했다. 그는 빛이 세지고 약해지는 정도에 일정한 단계가 있다는 아주 이상한 생각을 계산 방법에 끼워 넣었다. 그 말은 빛의 양을 따질 때 어떤 최소의 단위가 있어서 빛 한 개, 빛 두 개라고 빛을 셀 수가 있다고 치고 계산을 했다는 뜻이다.

이런 발상은 자연에 대한 그전까지 가장 기본이 될 만한 믿음을 깨뜨렸다. 소리를 예로 들어 생각해 보자. 소리는 크게 낼 수도 있고 작게 낼 수도 있다. 그 사이의 중간 크기가 되는 소리도 낼 수 있다. 동그란 볼륨 손잡이를 돌려서 소리 크기를 조절하는 라디오가 있다고 생각해 보자. 예민한 손놀림으로 손잡이를 아주 조금씩 돌려 가면서 원하는 크기의 소리를 내도록 얼마든지 조절할 수 있을 것이다. 이런 것은 매우 자연스러운 일이다. 자연스럽다. 자연답다.

그러나 리모컨이나 컴퓨터 프로그램으로 조작하는 텔레비전이나 음악 재생 프로그램은 좀 다르다. 소리를 키우는 버튼과 소리를 낮추는 버튼을 눌러서 단계식으로 소리를 조정하게 되어 있다. 이럴 때는 소리 크기가 4일 때 보다 하나 더 큰 소리 크기는 5이고, 거기에서 다시 한 칸 더 작은 소리 크기는 4다. 그 사이의 소리 크기는 없다. TV 소리를 4.3이나 4.7정도로 소리를 조절할 수는 없다. 내가 쓰는 텔레비전은 항상 소리 크기를 4로 하면 너무 작고 5로 하면 너무 커서 밤에 조용히 텔레비전을 보려고 할 때마다 고민이다.

컴퓨터 게임에서도 이 비슷한 일은 많이 생긴다. 게임 주인공의 체력이 100이라고 해 보자. 적에게 공격을 한 번 당하면 체력은 99로 줄어든다. 100과 99 사이의 체력은 없다. 체력이 줄어들거나 늘어 나는 단위는 1씩이다. 이런 일은 자연에서 벌어지는 현실과는 다른 느낌이다. 실제 세상에서 누가 피로감을 느낀다면 부드럽게 피로에 점차 젖어 드는 것이지, 100에서 99로 체력이 떨어지듯이 문득 한 칸씩, 한 칸씩, 피로가 쌓이지는 않을 것이다. 그런 것은 너무 부자연스럽다.

작은 빛 한 조각의 움직임을 따라서

그런데 막스 플랑크는 빛이 주변에 퍼져 나갈 때는 단계식으로 빛 한 조각,

빛 두 조각이라는 식으로 빛이 움직인다고 치고 계산해야 더 잘 맞는다는 사실을 알게 되었다. 그렇게 치고 계산해야만 뜨거운 물체가 빛을 내뿜을 때 어떤 색깔의 빛이 나오는지를 더 정확히 예상할 수 있었다.

그 빛 하나라는 단계가 아주 작으므로 사람이 눈치챌 수 있을 정도는 아니다. 그러나 아무리 작은 단계라고 하더라도 세상이 그렇게 단계식으로 되어 있다는 사실은 아주 이상한 생각이었다. 막스 플랑크가 이 계산 방법을 개발한 1900년에 컴퓨터 게임이 없었기에 망정이지, 요즘 이런 연구 결과가 처음으로 발표되었다면 훨씬 더 많은 사람이 놀랐을 것이다. 사람들은 우리가 사는 세상은 컴퓨터 게임 속 세상이고 우리는 모두 컴퓨터 게임 속 등장인물인 것 같다는 느낌을 주는 연구 결과가 나온 것 같다면서 온 세상이 술렁술렁했지 싶다.

플랑크는 이 이론의 특징이 어떤 양(quantity)을 작은 단위의 조각으로 단계별로 주고받는 것이라고 보았다. 그래서 그 양의 작은 단위를 퀀텀(quantum) 곧 양자라고 불렀다. 그 덕택에 이 이론의 이름은 양자 이론(quantum theory)이 되었다. 그리고 나중에 양자 이론에 등장한 빛을 이루고 있는 가장 작은 빛 한 조각을 광자(photon)라는 이름으로 부르게 되었다. 그러니까 빛과 빛을 이루고 있는 작은 조각인 광자가 과학자들이 생각한 첫 번째 양자 물질이고 퍼스트 퀀텀이다.

하늘에서 밝은 빛이 내려오면 어마어마하게 많은 숫자의 광자들이 폭포처럼 빛의 속도로 쏟아지고 있다고 생각하면 된다. 어지간한 가정용 전등 하나가 빛을 뿜고 있으면 거기서 1억 분의 1초 동안 1조 개 정도의 광자가 사방으로 튀어나온다. 와이파이 신호를 잡아 인터넷을 할 때도 눈에 보이지는 않지만, 전파라는 빛을 이루고 있는 광자가 전화기, 컴퓨터, 여러 안테나 사이를 바삐 날아다니고 있다고 보면 된다.

플랑크는 정작 자신이 양자 이론을 개발해 놓고도 정말로 빛이 광자라는 작은 조각으로 되어 있다는 생각을 쉽사리 받아들이지는 못했다. 너무 충격적일 정도로 이상한 생각이었기 때문이다. 자신이 개발한 이론이기는 했지만 그래도 더 파헤쳐 보면 진짜 실상은 뭔가 다를 거라고 생각했다. 분명히 교과서에는 빛이란 전기장과 자기장이 엮여서 커졌다 작아졌다는 하는 물결 모양 같은 성질을 갖고 있다고 했다.

그런데 이제는 빛이 광자라는 조각이라면 날아다니는 모습이라면 도대체 무엇이 어떤 식으로 전기장과 자기장이 커졌다 작아졌다는 느낌을 줄 수 있단 말인가? 조그마한 빛의 조각인 광자가 변화하는 전기장과 자기장까지 나타낼 수 있다면 빛의 성질을 설명하는 이론은 아주 복잡해질 뿐만 아니라 더욱 이해하기도 어려워질 것이다.

그러나 세월이 흐를수록 빛이 정말로 광자로 되어 있다는 듯한 증거는 계속해서 등장했다. 결국, 1920년대 중반이 되자 과학자들은 이 모든 상황을 다 고려하면서 빛의 움직임과 빛이 지닌 힘을 계산하기 위해 복잡하고 이해하기 어려운 계산 방법을 개발해야 했다. 그래서 과학자들은 이리저리 날아다니는 작은 알갱이의 움직임을 나타내면서도 그 알갱이의 속력이나 위치를 계산할 때는 부드러운 물결의 움직임이나 소리의 높낮이 또는 물체의 떨림을 계산할 때 쓰던 방식을 가져 와서 활용하는 방법을 개발했다. 이 방법은 아주 특이한 계산 방법이었다. 이런 계산 방법을 파동 함수(wave function)를 다루는 파동 방정식(wave equation)이라고 한다.

파동 함수로 양자 이론을 풀이하는 데 결정적인 공을 세운 인물로는 오스트리아의 과학자 에어빈 슈뢰딩거(Erwin Shrodinger)를 자주 꼽는다. 그래서 그가 파동 함수 이론을 만든 1925년을 기준으로 삼는 사람들이 2025년은 양자 역학(quantum mechanics) 100주년이라는 말을 하는 것이다.

파동 함수를 활용해 물체의 움직임을 계산해 보면 물체의 움직임은 무엇하나 간단하게 따질 수 있는 것이 없다. 시속 100킬로미터로 움직이는 물체가 2

시간 동안 직진하면 몇 킬로미터나 움직였을까? 당연히 200킬로미터다. 그러나 양자 이론을 이용한 물체의 움직임에 대한 계산은 대부분 이렇게 간단하지가 않다. 그저 물체의 위치와 움직임에 대한 확률을 계산할 수 있을 뿐이다.

더욱더 충격적인 것은 파동 함수를 이용해 계산해 보면 물체가 어디인가에 있다든가 없다든가 하는 아주 단순한 문제조차 자꾸 헷갈리게 만드는 결과 또한 자주 나온다. 예를 들어 양자 이론을 이용한 물체의 움직임 계산에서는 한 물체가 동시에 두 군데에 있을 수도 있다고 치고 계산을 해야만 옳은 결과가 나올 때도 많다.

만약 내 친구가 어제 백화점에서 나를 봤다고 하는데 나는 온종일 집에 있었다고 한다면 둘 중 하나는 거짓말을 하거나 뭘 잘못 본 것이다. 사람이 동시에 두 군데에 있을 수는 없기 때문이다. 사람이 아니라 무슨 물체든 마찬가지다. 이런 식으로 거짓을 밝히고 사실을 증명하는 것은 너무나 믿을 만한 당연한 생각이다. 그러므로 추리소설에서는 아예 알리바이라는 말이 있을 정도다. 한 물체가 동시에 두 군데에 있을 수 없다는 것은 평소에는 그런 게 무슨 과학의 원리라고도 생각하지 않는 상식 중의 상식이다.

그런데 파동 함수를 이용해 광자의 움직임을 계산하다 보면, 동시에 두 군데, 세 군데, 여러 군데에 물체가 있을 수도 있다고 치고 계산을 하게 될 때가 자주 생긴다. 이것은 내가 어제 백화점에도 있었고 동시에 온종일 집에 있기도 했다는 듯한 이상한 이야기다. 과학을 배우는 학생들은 교과서에서 이중 슬릿(double slit) 회절 무늬(refration pattern) 실험이라는 것을 설명하는 대목에서 정말로 이 비슷한 일이 벌어진다는 사실을 배우기도 한다.

파동 함수를 계산하다 보면 이런 이상한 느낌을 주는 대목이 많다. 그렇기 때문에, 사람들은 양자 이론은 이해하기가 어렵다든가 양자 이론이 신비로운 현상을 나타낸다든가 하는 이야기를 많이 하는 편이다. 양자 이론은 너무나 이상한 이론이라서 세상에 아무도 이해할 수 없는 사람이 없다거나 하는 이야기가 그렇게 많이 퍼진 것도 바로 계산 과정에서 이렇게 너무나 당연하게 생각했던 상식을 초월하는 기이한 상황을 자꾸 생각하게 만들기 때문이다.

과학자들은 빛뿐만 아니라 전자 같은 다른 아주 작은 물질의 움직임을 예상할 때에도 파동 함수를 활용해서 물결치는 현상을 계산할 때 쓰는 특이한 방식으로 계산하는 것이 더 정확하다는 사실도 밝혀냈다. 현대의 과학자들은 전자뿐만 아니라 쿼크와 같은 모든 작은 알갱이들의 움직임 역시 양자 이론에 바탕을 둔 계산 방법으로 풀이한다. 따라서 기본 입자들이 모여 형성된 세상의 모든 물체는 사실상 이러한 특이한 현상을 조금씩 경험하고 있다.

재미난 것이, 그래도 막상 전자가 돌아다니며 움직여야 하는 전자제품이나 그 밖의 각종 첨단 장비를 만들기 위해 양자 이론을 활용한 계산을 해 보면 계산 결과로 나온 숫자가 그렇게까지 헷갈릴 일은 드물다. 계산해 보니 이번에 만든 장치가 내뿜는 빛은 어떤 정도의 색깔을 띠는 경향이 나타날 것이고 그 빛이 얼마나 밝을 거라는 식으로 유용한 결과를 곧잘 얻을 수 있다. 양자 이론이 신비한 이론이라고만 이야기하기에는 막상 사용해 보면 실용적인 결과를 얻어서 이곳저곳에 활용하기에도 좋다.

그렇게 결과는 실용적이고 이해하기 쉽지만, 그 결과를 얻기 위한 계산 과정에서 왜 그런 계산을 해야 했는지를 굳이 고민하다 보면 갖가지 신기한 생각이 깃들어 있다. 그래서 세상에는 양자 이론의 원리를 이용해 별별 놀라운 일을 할 수 있다는 사기꾼들이 잊을 만하면 한 번씩 등장하는 것 같다. 그리고 그런 사기꾼 중에는 양자 이론을 잘 이용하면 정신력만으로 물체를 멀리서 움직일 수 있다거나 공간 이동을 할 수 있다거나 머나먼 우주의 외계인들이 사람의 마음속으로 신비로운 지식을 불어 넣어 준다는 따위의 이야기를 늘어놓는 사람들이 있다.

1900년대 초에서 1910년 사이에는 광전 효과(photoelectric effect)라는 현상에 관한 연구가 진행되며 양자 이론이 더욱 굳건히 자리 잡았다. 광전 효과는

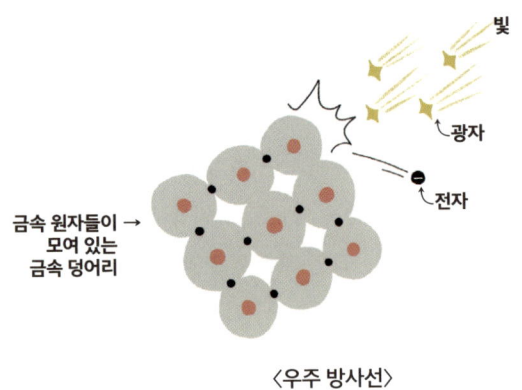

〈우주 방사선〉

주파수가 높은 빛을 금속에 쬐여 주었을 때 금속에서 전자가 튀어나오는 현상을 말한다. 그런데 이 광전 효과라는 현상이 언제 얼마나 잘 일어나는지를 정확히 계산해 내려면 빛이 광자라는 작은 조각으로 되어 있어서 그것이 우수수 금속에 떨어진다고 치고 따져야 훨씬 명쾌하게 계산 방법을 만들 수 있다.

독일의 과학자 헤르츠(Hertz)가 바로 이 현상을 관찰해 연구한 초기 인물이다. 헤르츠의 이름이 빛의 주파수 단위로 쓰이게 되었으니 정말 자기 이름에 어울리는 연구 업적을 남긴 인물이라고 할만하다.

그리고 빛이 광자로 되어 있고 그 광자가 양자 이론에 따른 현상을 일으켜 광전 효과가 생긴다는 현상은 헤르츠의 발견 이후 백 수십 년이 지난 지금도 산업계에서 굉장히 널리 쓰인다. 기본적으로 빛을 감지해 작동하는 많은 감지기가 대부분 광전 효과를 이용한다. 빛이 왔을 때 전자가 튀어나오고 그 전자가 음전기를 띠고 있는 채로 전자 회로에 닿으면 전자 회로는 그 전기를 감지해서 빛이 왔다는 사실을 컴퓨터에 알릴 수 있다.

캐서린 제타 존스가 주인공으로 나온 《엔트랩먼트》같은 영화를 보면 특수 금고나 비밀 무기가 설치된 시설을 경비하기 위해 적외선 감지 장치나 레이저 감지 경보기가 복잡한 모양으로 작동하는 모습이 자주 나온다. 그러면 거기에 침투하기 위해 주인공이 재미난 기술을 사용해서 그 사이를 빠져나가는 장면도 이어서 나오곤 한다.

그때 영화 속에 나오는 빛을 감지하는 경보기가 대체로 광전 효과로 작동하는 장치다. 경보기가 빛을 받고 있을 때는 기계 속에 들어 있는 금속판에서 그 빛 때문에 계속 광전 효과가 생겨서 전자가 튀어나올 테니 그 튀어나온 전자를 전자 회로가 감지하여 "지금은 별문제가 없구나"라고 판단한다. 그런데 주인공 캐서린 제타 존스가 만약 실수로 빛을 가린다면 빛이 없으니 광전 효과는 사라진다. 감지기 속의 금속판에서 전자가 튀어나오지 않는다. 전자는 더 이상 감지되지 않는다. 컴퓨터는 "누구인가 건드렸다"고 판단해 경보를 울린다. 그러므로 적외선 감지 장치를 통과하는 영화 속 캐서린 제타 존스는 광전 효과와 싸움을 벌였고 양자 현상과 싸웠다고 볼 수 있다.

한국 산업계에서 광전 효과를 적극적으로 활용해서 만드는 제품으로는 디지털카메라에 들어가는 이미지 센서(image censor)라는 부품도 있다. 사진을 찍을 때 렌즈를 통해 들어 오는 영상의 빛이 이미지 센서에 닿으면 거기에 장치된 조그마한 금속 조각들이 저마다 그 빛에 반응하며 수많은 전자를 뿜어낸다. 그러면 전자들이 어디에서 얼마나 뿜어져 나왔는지를 전자 회로가 감지해서 카메라에 무슨 장면이 찍혔는지 사진을 만들어 내는 것이 디지털카메라의 기본 원리다. 요즘 스마트폰 만드는 회사들은 카메라의 성능을 두고 서로 격렬히 경쟁하고 있다. 그러므로 스마트폰 회사의 경쟁력을 떠받치고 있는 기술 중 하나가 광전 효과를 어떻게 잘 다루느냐 하는 기술인 셈이다.

다른 예로는 요즘 중국 회사들이 그렇게 잘 만든다는 태양광 패널도 있다. 태양광 패널은 아예 광전 효과 그 자체라고 봐야 한다. 햇빛을 받아 전기를 만들어 내려면 광전 효과가 최대한 많이, 강하게 일어나고 그렇게 튀어나온 전자가 최대한 강한 전류를 만들면서 흘러가도록 만들어 놓은 기구를 만들면 된다. 그렇게 해야 태양에서 쏟아지는 같은 양의 광자로 더 많은 전기를 쓸 수 있기 때문이다. 이렇게 생각하면, 에너지 위기와 이산화탄소, 기후변화 문제를 해결할 수 있는 기술이 바로 양자 이론에 기반하고 있다는 것을 알 수 있다.

양자 이론을 멀게만 본다면 어려운 문제가 많은 복잡한 이론이라고 말할 수 있다. 관찰자의 관점과 실재와 인식과 결정론과 비결정론과 관측 문제와 상자 속에 갇힌 고양이의 삶과 죽음에 관해 알 수 없는 별별 이야기들을 계속 늘어놓을 수도 있다. 그러다 보면 양자 이론이 영원히 알 수 없는 신비의 대상처럼 느껴질 수도 있다.

그러나 정작 양자 이론이 자리 잡는 데 결정적인 역할을 한 핵심인 광전 효과를 현실 속에서 찾아보면 한국과 중국 회사 간의 경쟁과 협력과 경제 성장이라는 현실 문제, 산업 문제, 경제 문제에 밀착된 과학 기술 분야다. 양자 이론을 가깝게 본다면 빛, 전파, 레이저, 전자제품과 물질 속 전자들의 움직임을 계산하는 방법이다. 그렇기에 가능한 한 많은 사람이 잘 익혀 사용해야 할 현장의 지식이다. 그 정도로 양자 이론은 우리 곁에 가까이 있는 실용적인 도구다.

1920년대에 파동 함수를 계산하는 방법이 출현하고 1940년대를 지나 양자 이론이 성숙하는 시대가 되자, 사람들은 광자의 다양한 움직임과 반응을 계산할 수 있는 양자전기역학(quantum electrodynamics)라는 기술까지 개발해 내는 데 성공했다. 그리고 양자전기역학을 활용해 광자가 일으킬 수 있는 여러 가지 현상을 분석하다 보니 광자가 충분히 센 힘을 갖고 있기만 하다면 광자는 전자를 비롯한 다른 물질로 변할 수도 있다는 결론도 나왔다. 그 말은 빛이 손에 쥘 수 있는 물질로 바뀔 수도 있다는 뜻이다. 이런 일은 양자전기역학이 개발되기 전에도 이미 실험실에서 관찰된 적이 있었다.

영화나 만화에서는 주인공이 손을 들고 마법의 주문을 외면 빛이 번쩍거리고 그 빛 덩어리가 주인공의 칼이나 도끼 따위로 점차 변하는 장면이 자주 나온다. 그런데 양자전기역학에 따라 계산해 보면 그 비슷한 일이 현실에서도 벌어질 약간의 가능성이 있다. 물론 사람 손에 잡히는 칼 같은 크기의 물체를 만들어 내려면 굉장히 막대한 힘을 지닌 엄청나게 강한 빛이 있어야 할 것이다. 거기다가 그렇게 강한 빛 덕택에 생겨 나는 물질들이 우리가 원하는 대로 칼이나 도끼 같은 모양을 이루며 달라붙어 덩어리가 되어야 한다. 이런 일이 벌어지기란 극히 어렵다.

하지만 빛이 번쩍이는 와중에 물질 중에 전자 정도쯤 되는 물질이 한두 개씩 생겨나는 현상 정도라면 실제로도 상당히 흔하게 일어난다. 미국의 칼 앤더슨(Carl Anderson)이라는 과학자가 양자전기역학이 개발되기도 한참 전인 1932년에 우주 방사선을 관찰하다가 하늘 위에서 내려온 아주 주파수가 높은 빛이 쌍생성(pair production)이라는 현상을 일으키는 것을 관찰했다. 그가 관찰한 쌍생성이 바로 빛이 전자를 만들어 내는 현상이었다.

그러므로 상상해 보자면, 정말로 어디에선가 내려온 빛이 고구려를 세운 주몽의 어머니 유화의 몸속에 아기가 생기게 하는 일도 아주 불가능하지는 않다. 사람의 수정란 세포 하나의 무게를 0.03그램 정도라고 치면, 이 정도 무게의 물질을 만들어 내는 데 필요한 최소한의 빛은 대략 100만 메가와트시 단위로 에너지를 따져야 할 정도의 강한 빛이다. 대충 계산해 보자면 서울 시민 전체가 사용하는 전기를 총동원해 그것을 100% 빛으로 바꾸어 한 곳에 집중해서 내뿜는다고 치고, 그런 빛을 3분에서 5분 동안 연속으로 쪼여 주면 0.03g짜리 사람 수정란 세포 하나 분량쯤 되는 물질 재료를 만들어 낼 수 있을 것이다.

그 후에 빛으로 만들어 내는 전자 같은 작은 물질들을 정확하게 한 데 모으고 갖다 붙여서 사람 세포 모양으로 만드는 것은 그만한 빛을 구하는 것보다도 훨씬 더 어려운 일이기는 하다. 그러나 만약 그 모든 일이 정말로 벌어진다면 빛으로 수정란 세포 하나를 정말로 만들 수도 있다. 그리고 그 수정란이 점점 자라나서 태아가 되고 아기가 되어 주몽처럼 태어날 거라는 상상은 해 볼 수 있겠다.

그뿐만 아니라 양자전기역학은 빛을 뿜어서 사람을 만들 수 있다는 것보다도 더욱 놀라운 지식 하나를 더 품고 있다. 양자전기역학에서 광자는 그저 우리가 빛을 느끼게 하는 원인일 뿐만 아니라 전기의 힘과 자기의 힘을 나타내는 수단이다.

음전기를 띤 물체와 음전기를 띤 물체가 서로 밀어낸다거나 양전기를 띤 물체와 음전기를 띤 물체가 끌어당기는 전기의 힘이 발휘된다고 치자. 어떻게 서로 멀리 떨어져 있는 물체들이 서로를 알고 느끼며 힘을 주고받으며 밀어내거나 당길 수 있을 것인가? 전자 하나가 다른 전자 하나의 냄새를 맡은 뒤에 마법의 기운을 내뿜어 "밀려나라!"라고 한다는 것일까? 양자전기역학에서는 전기를 띤 두 물체가 서로 간에 광자를 서로 주고받는다고 치고 따져 보는 방법을 제안한다. 그렇다고 치고 계산해 보면 어느 정도의 힘이 어떨 때 얼마나 발휘되는지 잘 계산할 수 있다. 그래서 사람들은 광자가 전자기력을 운반하는 역할, 즉 운반자(carrier) 역할을 맡고 있다고 말하기도 한다. 광자가 전자기력을 매개하는(mediating) 입자라고 말할 때도 있다.

그러므로 전자가 가진 전기의 힘이 세상의 수많은 일을 일으킨다면 그때 전기의 힘이란 것은 광자가 오고 가는 것과 비슷하게 표현된다. 그러므로 전기와 관련된 일이 있다면 그것은 빛의 근원인 광자와 관계가 있다고도 말해 볼 수 있다. 이렇게 보면 결국 정말로 빛이 세상에 굉장히 중요하다는 말도 맞기는 맞는 것 같다. 단순히 공룡을 피해 도망 다니며 살다가 다른 삶을 찾기로 한 포유류 동물의 본능 때문에 빛을 중시한 것 이상의 무엇인가가 있는 듯도 싶다.

세상의 물질이 움직이는 모습을 단계적인 변화로 보는 새로운 관점이 양자 이론이고, 그 양자 이론을 이용해서 물체의 움직임을 계산하기 위해 사용하는 도구가 파동 함수이고 파동 함수를 다루며 물질의 움직임이 어떻게 될지 계산해 보는 방법을 양자 역학이라고 한다. 그리고 거기에서 더 나아가 양자 이론을 활용해 빛과 전기의 힘이 어떻게 나타나는지 계산하는 방법을 만들어 놓은 것이 양자전기역학이다. 이렇게 정리해 보면 드디어 빛의 성질을 완전히 이해해 빛이 일으키는 모든 현상을 예상해 볼 수 있는 명쾌한 방법이 다 개발된 것만 같다.

그런데 조금 더 문제를 파고들어 보니 그보다는 훨씬 더 사정이 복잡했다. 실제로 양자전기역학으로 전기의 힘이 얼마 정도인지 계산을 하는 과정만 해도 복잡한 대목이 있다. 선명하게 보여야 할 빛, 그 자체가 보이지 않는다고 쳐야만 하는 아주 헷갈리는 계산을 해야만 답을 구할 수 있었기 때문이다. 이런 이상한 계산 방식이 바로 가상 입자(virtual particle)다.

글루온 gluon
원자력의 뿌리가 되는 강력의 운반자

초록색 보석의 저주

　조선시대의 이주라는 사람이 남긴 기록 중에 『금골산록』이라는 글이 있다. '금골산'이라는 산에 대한 이런저런 이야기를 써 둔 글인데, 그 내용 중에는 금골산에 나타난 이상한 신령 내지는 마귀에 대한 전설도 있다.

　조선 중기의 유명한 작가로 이름 높은 유몽인 역시 금골산의 전설을 자신의 글에서 소개했던 적이 있다. 그 글에 따르면 옛날 금골산에는 빛을 뿜는 요사스러운 마귀 같은 것이 산에 서려 있었다고 한다. 이주의 『금골산록』에는 사람들이 그 마귀 같은 것을 두려워하여 숭배하고 어려운 일이 있으면 도와달라고 기도했다고 되어 있다. 유몽인의 글에서는 근처 사람들이 그 마귀 때문에 괴로움을 당했다고 되어 있다. 짐작해 보자면, 산에서 빛을 뿜는 마귀 때문에 몇몇 사람들이 피해를 입었고 그 후로 힘이 센 신령으로 숭배하면서 기도하는 풍습도 생긴 것 아닌가 싶다.

　그러다가 1460년 무렵에서 1470년 무렵 사이에 유몽인의 조상뻘 되는 인물인 유호지라는 사람이 고을 사또가 되어 금골산이 있는 지역에 오게 되었다. 유호지는 마귀 이야기를 듣고 그 산에 돌로 된 영험한 조각상을 만들어 세웠다고 한다. 그랬더니 그 후로는 마귀가 사라졌다는 것이 전설의 결말이다. 이주는 유호지가 산과 바위와 물의 기

우라늄 광물 결정

운을 읽는 풍수지리에 능한 인물 같다고 자기 생각을 써두었고, 유몽인은 유호지가 백성을 위하는 훌륭한 관리였다면서 자랑스러워 하는 내용을 덧붙여 두었다.

이런 일이 정말로 있었을까? 도대체 실제로 무슨 일이 있었길래 이런 전설이 생겼을 것일까? 별 근거 없이 재미 삼아 만들어 본 이야기일 뿐이기는 하지만 나는 금골산의 빛 뿜는 마귀의 정체에 대해서 나름대로 생각해 본 것이 있다.

한반도 인근에서도 간혹 발견되는 광물 중에 토르버나이트(Torbernite)라는 것이 있다. 돌 속에 토르버나이트가 곱게 생겨나서 자리 잡고 있으면 신비로운 초록색 빛을 띤 꽤 아름다운 보석 같은 모양이 된다.

그러니 혹시 금골산에 자연히 토르버나이트가 어느 바위에 박혀 있었다거나 누가 어디선가 캐 놓은 토르버나이트 덩어리를 산의 어느 한 켠에 올려놓았다면 꽤 멋져 보았을 것이다. 햇빛이나 달빛의 각도가 잘 맞았을 때 토르버나이트가 보석처럼 빛을 잘 반사하면 "신비로운 빛을 뿜는 돌이 있다"는 말이 생길 만했을 것이다.

 그런데 토르버나이트는 색이 신비롭고 아름답다는 것 말고도 훨씬 더 중요한 특징 한 가지를 더 갖고 있는 보석이다. 바로 토르버나이트의 주성분이 구리와 인과 산소와 수소와 우라늄이라는 것이다. 그러므로 깔끔한 모양을 갖추고 장신구처럼 반짝거리는 토르버나이트라면 그것은 상당히 많은 우라늄이 포함된 우라늄 덩어리일 가능성이 높다. 우라늄은 대표적인 방사능 물질이다. 따라서 사람이 그 곁에 가면 항상 우라늄에서 나오는 방사선을 맞게 된다. 혹시 누가 산에 박힌 우라늄 덩어리 보석 근처에서 함부로 이리저리 떠들며 놀았다고 가정해 보자. 혹은 그 우라늄 덩어리를 조금 캐내서 집에 기념품으로 들고 갔다고 하자. 그러면 그 사람은 분명 토르버나이트 속의 우라늄이 뿜어내는 방사선을 한참 쏘였을 것이다. 근처에서 놀거나 토르버나이트를 캐는 작업을 하다가 우라늄이 섞여 있는 가루를 들이마시기라도 했다면 가루가 몸속으로 들어와 더 많은 방사선을 맞았을 것이 분명하다. 아름답고 빛나는 물질이라고 생각해 보석에 입을 맞추었다거나 핥았다거나 한다면 몸은 더욱 더 많은 방사선을 맞았을 것이다. 그러다 보면 너무 도가 지나치게 많은 방사선을 쏘여서 몸 이곳저곳이 망가져 병이 들 수도 있다.

 지금이야 우라늄이 방사능 물질이라는 것도 알고 방사능 물질에서 나오는 방사선을 너무 많이 쏘이면 몸에 좋지 않다는 것도 다들 알고 있다. 하지만, 조선시대 사람들은 이런 사실을 전혀 알지 못했을 것이다. 그저 반짝이는 아름다운 돌을 함부로 다루던 사람들은 하나 같이 다들 병들었다는 사실만을 알고 너무 이상하다고 생각하며 두려워했을 것이다. 방사선 때문에 생긴 병을 보고 증세가 특이하고 이상하다는 생각도 했을 것이다. 그것이 마력 때문에 생긴 저주라고 여겼을지도 모른다.

 그래서 그 초록색 보석 같은 물체가 사실은 사람을 괴롭히는 마귀가 깃들어 있는 마력의 덩어리라는 전설이 생긴 것 아닐까?

　방사선 때문에 사람이 병이 들었을 때 만약 그 원인을 신경 써서 조사하지 않는다면 현대에도 그 원인이 방사선 때문인지 알아내기가 어려울 때가 있다. 그냥 갑자기 알 수 없는 수수께끼 같은 병이 생겨 몸 상태가 나빠졌다고 생각하게 될 수도 있다. 반쯤 도시 전설 같은 이야기이지만, 그래서 어느 나라의 정보 조직의 암살팀에서 쥐도 새도 모르게 누군가의 목숨을 빼앗고 싶을 때 그 사람이 먹는 음식, 커피, 홍차 따위에 폴로늄 등의 방사능 물질을 몰래 집어넣는 수법을 쓴다는 말이 인터넷에 돈 적도 있다. 그러니 조선시대 때 방사능 때문에 병이 든 사람이 있었다면 이유 없이 병 들었으니 갑자기 저주를 받았다고 생각하고 두려워하기만 했을 것이다.

　그런데 유호지는 달랐다. 유호지는 토르버나이트 같은 물질이 있었던 곳 근처에 영험한 돌 조각상을 만들었다. 만약 돌 조각상을 만드는 과정에서 토르버나이트와 근처에 있는 비슷한 성분들이 든 돌을 모두 캐내서 어디인가에 멀리 버렸다면 더 이상 우라늄 성분이 모여 있는 곳이 남아 있지 않을 것이다. 그러면 자연히 사람들이 추가로 피해를 입을 리 없을 것이다. 그게 아니라고 하더라도 영험한 돌 조각상이 생겼으니 근처에는 함부로 가지 말라는 말만 해도 사람들이 근방에 가지 않았을 것이다. 가까이 가지만 않으면 방사선의 피해를 입지 않는다. 우라늄에서 나오는 방사선이 멀리까지 퍼지지는 않기 때문이다.

　정말 조선시대 사람들 중에 우라늄 덩어리를 마귀나 신령이라고 부리며 숭배했던 사람들이 있었을까? 그것은 알 수 없는 일이다. 그렇지만 적어도 현대에 비슷한 물체가 있다면 우리는 그 물체가 어떤 식으로 주변에 영향을 끼치는지 분석할 수 있고 그 원리도 충분히 이해하고 있다. 그렇기 때문에 우라늄 광석에 마귀나 신령이 깃들어 있다는 황당한 생각 대신 과학을 이용해 무슨 일이 벌어지는지 알아 낼 수 있다.

우라늄이 강한 방사선을 내뿜는 원인을 살펴보면, 그 근본적인 원인은 강력(strong force)이라는 힘이다. 조금 더 정확하게 말하면 강력의 간접 영향 때문이다. 가장 흔한 우라늄 원자 하나 속에는 그 중심의 핵 부분에 92개의 양성자와 146개의 중성자가 엉겨 붙어 있다. 총 도합 238개의 양성자와 중성자가 마치 커다란 포도송이처럼 붙어 있는 모양이라고 상상해 봐도 좋겠다. 찹쌀 쌀알처럼 생긴 중성자 146개와 보리 밥알처럼 생긴 양성자 92개가 달라붙어 주먹밥이 된 것 같은 모양이 우라늄 원자의 중심에 핵이 되어 자리 잡고 있다고 봐도 좋다.

238개의 양성자와 중성자가 이렇게 큰 덩어리로 붙어 있는 이유는 양성자와 중성자들이 서로서로 들러붙으려고 하는 핵력을 갖고 있고, 그 핵력이 접착력 같은 효과를 내기 때문이다. 그중에서도 특히 중성자들이 갖고 있는 핵력이 중요한 역할을 한다. 중성자들이 바로 핵력 덕택에 접착제처럼 양성자와 중성자들을 잔뜩 달라붙게 하기 때문이다.

그런데 아무리 핵력이 세다고 해도, 238개 중에 총 92개나 되는 양성자들이 계속 같은 양전기끼리 서로 밀어내려는 전기의 힘을 내뿜는다면, 가끔은 그 힘을 이겨 내지 못하고 쪼개져 떨어져 나올 수 있다.

이런 일이 정말로 생기면, 238개의 덩어리 중에서 일부가 떨어져 튕겨 나간다. 보통은 양성자 두 개와 중성자 두 개가 붙은 조그마한 조각이 튕겨 나온다.

그런 식으로 튀어나온 조각을 알파선(alpha ray)이라고 부르고 그것을 방사선의 일종으로 취급한다. 그리고 이렇게 알파선이 튀어나오는 현상을 알파붕괴(alpha decay)라고 부른다. 그러므로 누가 알파선이라는 방사선을 쏘였다는 이야기는 양성자 둘과 중성자 둘이 붙어 있는 알갱이 덩어리가 튀어나오는데 거기에 맞았다는 뜻이다. 이런 방사선은 C-14 같은 물질 속에서 중성자가 양성자로 바뀌며 내뿜는 방사선과는 성질이 매우 다르다.

그렇다면 금골산 마귀의 정체였을지도 모를 알파선이라는 방사선이 튀어

나오는 까닭이 핵력이 부족했기 때문이라고 본다면 그 핵력은 도대체 애초에 왜 생겼을까? 핵력은 무엇 때문에 얼마 정도 강한 힘을 내는 것일까?

그 답을 알기 위해 핵력의 근원을 거슬러 올라가 보면 강력이라는 힘이 나온다. 강력이 핵력을 만들어 낸다는 이야기다. 말하자면 핵력과 강력은 서로 동족인 힘이다. 강력이 핵력의 어머니고 핵력이 강력의 딸이라고 말할 수도 있겠다. 그러므로 우라늄이 뿜는 알파 붕괴의 방사선은 핵력 때문에 생기는 현상이고 더 깊이 보면 강력 때문에 생기는 현상이라고 할 수 있다.

강력은 말 그대로 강력하다. 그렇기 때문에 강력이 만들어 내는 핵력을 이겨 내고 튀어나오는 알파선 역시 상당히 강한 힘을 갖게 되기 마련이다. 정밀하게 관찰하면 사실 우라늄은 아주 가끔 알파선을 내뿜는다. 45억 년을 기다리고 있으면 2g의 우라늄 중에 1g 정도가 알파선을 내뿜으면서 다른 물질로 변질될 정도의 확률이다. 그런데도 다들 우라늄이 뿜어내는 방사선을 신경 쓴다.

우라늄에서 알파선이 이렇게 천천히 나오기에 망정이지 만약 한순간에 이 정도의 방사선을 갑자기 한 번에 내뿜도록 할 방법이 있다면 그 위력은 굉장할 것이다. 그러니 누가 방사능 물질이 품고 있는 힘을 짧은 순간에 빠르게 발휘하도록 할 수 있도록 만드는 방법을 찾아낸다면 엄청나게 강한 힘을 제대로 발휘시킬 수 있을 것이다.

그런 힘은 불이 타오르는 위력이나 화약이 폭발하는 힘보다도 훨씬 강할 것이다. 불을 태우는 것이나 화약 폭발이라고 해 봐야, 결국 전자가 일으키는 그저 그런 흔한 현상일 뿐이다. 평범한 화약이 아니라 TNT, C4 등 아무리 강력한 최신 특수 화약을 터뜨린다고 해도 그 힘은 그래 봐야 전자가 갖고 있는 힘, 전기의 힘, 전자기력이 간접적으로 영향을 발휘하는 현상이다.

그러나 방사능의 힘은 다르다. 방사능의 힘 중에 알파 붕괴처럼 핵력에 관계된 현상은 전자기력이 아니라 강력이 위력을 드러내는 현상이다. 강력은 전자기력과 완전히 뿌리가 다른 힘이다. 그래서 훨씬 막강하다.

방사능 물질이 동시에 빠르게 힘을 내뿜도록 하는 장치가 처음 건설된 곳은 미국의 시카고 대학이다. 이곳의 운동장에 엔리코 페르미(Enrico Fermi)의 책임 아래 1942년 세계 최초의 원자로가 건설되었다. 페르미 연구팀은 이곳에서 우라늄을 이용해서 작동시키는 원자로를 만들어서 아주 작은 양의 방사능 물질로 굉장한 열기를 뿜어내는 실험을 성공시켰다. 따져 보면 그 모든 원자로의 힘 또한 강력의 위력이다.

그리고 그 놀라운 힘을 이용해 지금도 세상의 많은 원자력 발전소들이 굉장한 양의 전기를 생산해 현대 문명을 유지시키고 있다. 한국 역시 1959년에 서울의 노원구에다 트리가마크 II(TRIGA Mark II)라는 원자로를 처음 설치했다. 페르미 일행이 강력의 힘을 처음 활용하기 시작한 지 17년 만에 한국에서도 같은 시도가 이루어져 굉장한 힘을 내는 장치가 등장한 것이다.

그리고 그 후 한국에서 원자로 그러니까 실용적인 강력 활용 장치의 숫자는 점점 더 늘어나게 되었다. 지금까지도 한국인이 사용하는 전력의 3분의 1은 원자력으로 만들고 있는 시대가 이어지고 있다. 이렇게 보면 한국인들 대부분이 강력으로 먹고 살고 있다고 해도 전혀 과장이 아니다.

강력과 방사능 때문에 생기는 현상 중에는 한국에서 특히 신경 써야 할 다른 문제로는 라돈(radon)의 위험도 있다. 라돈은 우라늄이 방사선을 내뿜으면서 변화하다 보면 생기는 물질이다. 그런데 라돈은 화학에서 말하는 비활성 기체라는 특성이 있다. 그래서 라돈은 항상 기체 상태가 되려고 한다. 바로 그 성질 탓에 라돈은 골칫거리가 되었다.

우라늄의 변신

우라늄은 의외로 돌 속에 어지간하면 아주 조금씩은 섞여 있는 물질이다.

한국처럼 화강암이 많은 나라에서는 꼭 특별한 산이 아니라고 하더라도 어디든 굴러다니는 돌 속에 아주 약간의 우라늄은 있다고 할 정도로 흔하다. 그렇지만 보통은 그 양이 너무나도 적기 때문에 일상생활에서는 사람에게 별 방사선 피해를 끼치지는 않는다.

그런데 아무리 양이 적고 피해가 대수롭지 않다고 해도 만약에 그런 돌을 이용해서 집을 짓고 그 안에서 항상 사람이 생활한다면 조금은 문제가 되지 않을까? 그 역시도 보통은 큰 문제가 되지 않는다. 돌 속에 조금 들어 있는 우라늄이 강력과 관련된 현상 때문에 알파선을 내뿜게 된다고 해도 알파선이 돌 바깥으로 나오기는 어렵기 때문이다. 만약 우라늄이 든 돌로 만든 집에 살며 굳이 벽을 자꾸 혓바닥으로 핥아 먹기라도 한다면 모를까 돌 속 우라늄에서 나와 직접 사람에게 닿는 방사선의 양은 무척 적다. 그런데 그 와중에도 우라늄은 꾸준히 방사선을 내뿜으면서 다른 물질로 변화한다. 우라늄은 토륨으로 변하고, 토륨도 다시 방사선을 내뿜으면서 프로토악티늄으로 변하고 다시 프로토악티늄이 방사선을 내뿜으면서 또 다른 물질로 바뀐다. 그러기를 반복하다 보면 그 물질이 라돈으로 변하는 때가 온다. 그리고 우라늄, 토륨, 프로토악티늄 등등과 달리 라돈은 홀로 기체가 되는 성질을 갖고 있다.

그러면 더 이상 라돈은 돌 속에 그냥 곱게 끼어 있지 않는다. 연기처럼 변해 돌 바깥으로 새어 나온다. 만약 돌로 지은 건물에 사람이 살고 있다면 건물 공기 속에 냄새도 나지 않고 보이지도 않는 라돈이 점점 새어 나와 쌓일 것이다. 만약 그 라돈을 무심코 사람이 들이마시면 라돈은 사람 몸속으로도 들어간다. 그런데 라돈 또한 강력의 힘 덕택에 생기는 알파선을 내뿜는 물질이다. 따라서 라돈을 너무 많이 들이마신다면 당연히 건강에 좋을 리 없다.

이렇게 새어 나오는 라돈의 양은 미미하다. 그러므로 이 역시 대개는 크게 걱정할 만한 수준이 못 된다. 그러나 만약 환기가 잘 안 되는 건물 안에서 몇 년 동안 살아간다고 생각하면 그럴 때 쌓이는 라돈의 양과 그 피해가 얼마나 클지는 조사해 볼 만한 문제다. 공기보다 무거운 라돈은 지하에 깔리기 마련이므로 지하 공간에서는 이 문제에 조금 더 관심을 가질 필요도 있다.

특히 21세기 들어 한국 사람들은 주로 돌과 시멘트를 섞어 콘크리트로 지은 아파트에서 살고 있다. 한국의 아파트 거주 가구 비중은 전 국민의 절반을 넘을 것으로 추정될 정도다. 그러니 한국에서는 그 많은 콘크리트 건물 속에서 새어 나오는 라돈이 혹시라도 문제가 될 수 있는 곳이 있을 확률이 다른 나라보다는 더 크다. 그렇기 때문에 한국 언론은 공기 오염에 관해 이야기할 때 잊을 만하면 한 번씩 건물 안 공기 속의 라돈을 지적한다. 2024년에는 서울시 당국에서 서울 시내 지하철 역사 331곳 전체에 라돈이 얼마나 있는지 일제 조사를 해서 그 결과를 알린 적도 있었다.

이렇게 생각하면 한국은 세계 어느 나라 이상으로 알파선과 강력에 관해 연구하고 조사할 이유가 많은 나라다. 미국이나 캐나다 사람들은 나무를 잘라서 지은 목조 건물에서 사는 인구가 많다. 다른 선진국 중에서도 그 비슷한 나라들이 흔하다. 이런 나라들은 한국보다 라돈 문제에 신경을 쓰지 않아도 된다. 그냥 다른 선진국이 어떻게 하는지 살펴보고 따라 하기만 해서는 한국이 라돈 문제를 풀 수는 없다는 뜻이다. 라돈 문제, 우라늄 문제, 핵력 문제, 강력 문제는 어느 나라보다도 바로 한국의 문제다.

한국에서 부동산이나 건설업에 투자되는 비용에 비하면 방사선 연구와 강력 연구에 대한 투자는 부족해 보인다. 한국 언론에서 라돈 문제를 다룰 때는 주로 "누구 탓이냐" "누구를 책임자로 처벌해야 하느냐?"라는 문제에 주로 관심이 많은 것 같다. 이런 문제를 풀기 위해 어떤 기술을 개발해야 하며 어떻게 관리해야 하느냐는 데 대해서는 관심이 부족할 때가 많아 보인다. 하다못해 라돈과 같은 물질이 뿜어내는 방사선을 측정하는 기기와 장비만 봐도 한국 회사 제품이 많지 않다.

다행히 최근에는 라돈을 비롯한 방사능 성분에 대한 조사가 한국에서 좀 더 촘촘히 이루어지는 추세다. 건물의 라돈을 막기 위한 대책으로 개발된 제품도 하나둘 발표되고 있다. 예를 들면 2023년에는 한국원자력연구원에서 건물 벽에 페인트 형태의 코팅을 입혀서 라돈이 벽 바깥사람이 사는 공간으로 새어 나오지 못하게 하는 기술을 상품화하겠다는 발표가 나온 적이 있다. 2024년 5월에는 페인트 업체들 사이에 비슷한 기술을 놓고 경쟁이 과열되어 제품을 팔면서 라돈을 막는 성능에 대해 과장 광고를 했다고 공정거래위원회에서 제재를 내린 일도 있었다.

다른 방향에서 이야기해 보면 한국과 강력 사이에는 다른 연결 고리도 있다. 강력을 밝히는 데 핵심적인 역할을 했던 과학자가 바로 한국 출신이었기 때문이다.

강력과 쿼크의 시대가 열리다

강력이라는 힘을 더 세밀하게 살펴보면 강력의 가장 중요한 역할은 본래 쿼크들을 서로 달라붙어 있게 만드는 것이다. 우리가 일상생활에서 접하는 물질들은 원자라는 작은 알갱이로 되어 있다. 그리고 그 원자 무게의 대부분을 차지하는 것은 원자의 중심에 있는 핵이다. 그런데 핵은 양성자와 중성자로 이루어져 있다. 그리고 그 양성자와 중성자는 위 쿼크와 아래 쿼크들이 모여서 붙어 있는 물체다. 그러므로 쿼크들이 잘 붙어 있어야 양성자와 중성자가 생길 수 있고, 그래야 핵이 있을 수 있고 핵이 있어야 원자가 있어서 세상의 모든 물체가 지금처럼 모습을 갖출 수 있다. 그런데 그렇게 쿼크를 붙여 주는 이 강력이라는 힘은 세기가 무척 강하면서도 특이한 성질을 갖고 있어야 한다.

예를 들어 강력 같은 센 힘이 거세게 무턱대고 퍼져 나가기만 해서는 곤란하다. 만약 그러면 쿼크가 세 개씩만 달라붙는 것이 아니라 수십 개, 수백 개의 쿼크가 막 달라붙어 거대한 쿼크의 떡이 탄생할 것이다. 그러면 온 세상은 해도 달도 별도 없이 그저 어마어마하게 거대한 쿼크 떡 하나만 텅 빈 우주에 떠 있는 아주 심심하고도 이상한 모양이 되어 버릴 것이다. 그러나 우리가 사는 실제 세상은 훨씬 다채롭다. 그렇기 때문에 강력은 힘의 세기가 세면서도 아무 쿼크나 막 달라붙게 하는 것이 아니라 쿼크를 세 개씩만 잘 붙일 수 있는 특이한 성질을 갖고 있어야 한다.

이런 그 복잡한 힘이 무엇인지 풀이하기 위한 핵심을 생각해 낸 사람이 바로 전기공학도 출신으로 물리학 연구를 해서 미국에서 박사 학위를 받은 한국인 과학자 한무영이었다.

쿼크라는 생각을 처음 떠올린 머리 겔만이 여러 가지 쿼크를 짜 맞추어 붙여 놓으면 원자의 핵을 이루는 양성자, 중성자와 다양한 우주 방사선을 만들 수 있다는 제안을 한 것은 1964년 경이었다. 그리고 그로부터 1년이 흐른 1965년 당시 박사 학위를 받은 지 얼마 안 된 30대 초반의 청년 과학자였던 한무영은 쿼크를 이어 붙이는 강력이 그때껏 사람들이 알지 못했던 어떤 세 가지 성질을 갖고 있을 거라는 발상을 떠올렸다.

그 세 가지 성질에 따라 강력이 발휘된다면 쿼크들이 절묘한 모양으로 서로 달라붙어서 양성자, 중성자, 각종 우주 방사선을 이루는 특이한 성질을 나타나게 할 수 있을 것 같았다. 그것이 한무영의 생각이었다. 그리고 한무영이 떠올린 그 생각은 사실로 밝혀져 지금도 우주에서 가장 강한 힘인 강력의 가장 중요하고도 특이한 성질로 연구되고 있다.

전기의 힘과 강력을 비교해 보면 그 결정적인 차이가 무엇인지 알 수 있다. 전기에는 양전기와 음전기 두 가지가 있다. 그래서 양전기와 음전기는 서로 끌어당긴다. 반대로 같은 양전기끼리 또는 음전기끼리는 서로 밀어낸다. 이런 전기의 힘 덕택에 수많은 전기 현상이 일어나고 전자가 이리저리 움직이며 여러 물질의 서로 다른 성질을 만들어 낸다.

한무영은 전기처럼 무엇인가 두 가지 다른 것이 힘을 만드는 현상뿐 아니라 무엇인가 세 가지 특성이 어울려 힘을 만들 수가 있다면 그런 힘은 강력과 같이 아주 복잡하고 특이한 힘이 될 거라는 생각을 해냈다. 이것은 힘이나 물질의 성질에 대한, 오랫동안 내려온 생각의 틀을 화끈하게 깨뜨린 놀랍고 아주 강렬한 발상이었다. 우리는 무심코 성질을 따질 때 두 가지로 구분하는 문화에 젖어 있다. 선과 악, 빛과 어둠, 흑과 백, 음과 양 등등이다. 그런데 한무영은 그 고정관념에서 벗어나 강력에는 세 가지 성질이 있다고 보았다.

나중에 이 생각은 미국 과학자들 사이에도 널리 퍼졌다. 그래서 쿼크를 개발한 머리 겔만은 그 세 가지 특성에 빨강(red), 초록(green), 파랑(blue)이라는 이름을 붙였다. 겔만이 붙인 이 이름이 이후로 지금까지도 널리 사용되고 있다.

그러니까 전기에 음, 양이 있다면, 강력에는 빨강, 초록, 파랑이 있다. 그러니까 어떤 쿼크를 조사해 보면 그 쿼크에는 빨강 성질이 있을 수도 있고 없을 수도 있고 그 반대 성질을 가질 수도 있다. 마찬가지로 그 쿼크에는 초록색 성질이 있을 수도 있고 없을 수도 있고 그 반대 성질을 가질 수도 있다. 이것은 실제로 쿼크를 눈으로 보면 어떤 색깔로 보이느냐 하는 점과는 아무런 관련이 없다. 빨강 성질을 띤 쿼크라고 해서 눈에 보기에 빨강 색깔인 것은 전혀 아니다. 그냥 무엇인가 세 가지의 서로 다른 성질을 부를 말이 필요했으니까 색깔 이름을 붙여 표현한 것뿐이다.

어차피 쿼크는 눈으로 색깔을 본다는 생각을 할 수 없을 정도로 작은 물체다. 색깔 이름을 딴 이런 쿼크의 성질을 그냥 색깔이라고 부르면 눈에 보이는 색깔과 헷갈릴 수도 있으므로 보통은 색전하(color charge)라는 말을 쓰게 되었다. 그러므로 쿼크의 색전하란 쿼크가 빨강, 초록, 파랑이라고 이름 붙인 각각의 성향에 대해 그것이 얼마나 강하게 나타나느냐 하는 정도를 말한다고 볼 수도 있다. 나는 만약 한무영이 한국에서 활동했고 한국 과학자들이 강력 연구를 주도했다면, 빨강, 초록, 파랑 대신에 천, 지, 인이라는 말을 사용했을

지도 모른다는 공상을 해 본 적이 있다.

그리고 강력은 세 물체가 빨강, 초록, 파랑 세 가지 색전하를 각기 한 가지씩 갖고 있을 때 그 세 물체를 서로 연결해서 붙이는 힘이라는 것이 한무영의 이론이었다. 전기를 따질 때 같은 음전기와 양전기가 있으면 서로 이끌려 달라붙는 것과 비슷하다. 음전기와 양전기가 같은 정도로 섞여 있으면 전기가 없는 중성이 되는 것과 비슷하게 강력도 빨강, 초록, 파랑 세 가지 색전하를 가진 물체가 있으면 이때 색전하가 없어져 중성이 된다고 본다. 빛의 삼원색인 빨강, 초록, 파랑이 섞이면 흰색이 되는 것에 비유해서 색전하가 흰색이 되면서 세 물질이 달라붙어 있게 된다고 말하기도 한다.

이런 독특한 성질이 있다고 치고 계산 방법을 만들면 강력이 일으키는 여러 특이한 현상을 훨씬 잘 풀이할 수 있었다. 강력이 쿼크를 잡아당기는 힘은 해괴하게도 가까울 때는 힘이 약해지고 멀리 떨어질수록 힘이 더 세질 때가 있다. 이런 성질을 점근적 자유도(asymptotic freedom)라고 부른다.

또 쿼크는 항상 둘씩, 셋씩, 여러 개가 붙어 있는 덩어리로만 발견될 뿐, 그 덩어리에서 쿼크 하나만을 따로 떼어내서 관찰하기는 어렵다. 이런 현상을 쿼크 속박(quark confinement)이라고 한다.

이런 것은 아주 특이한 현상이다. 전자나 광자는 그렇지 않다. 전자는 하나하나 분리되어 있는 상태가 기본이다. 광자 역시 광자 하나만 떨어져서 돌아다니는 일이 쉽게 발견된다. 그렇지만 쿼크는 보통 두 개 이상 덩어리진 상태로 발견된다.

그리고 이런 복잡한 강력의 영향 때문에 양성자와 중성자들이 서로 당기는 힘인 핵력도 탄생한다. 강력이 쿼크들을 서로 붙게 만들고 그 강력한 힘이 새어 나오면서 변하여 그것이 핵력을 만들어 낸다는 느낌이다. 굳이 조금 더 자세하게 말해 보자면 원자력 공학에서는 흔히 쿼크들끼리 끌어당기고 있는 거센 강력이 중간자(meson)라고 하는 물질을 만들어 낸다고 본다. 그리고 중간자가 양성자, 중성자 사이를 돌아다니는 것이 핵력이 발휘되는 과정이라고 치면 그 힘이 어느 정도인지 가늠해 볼 수 있다.

사실 옛날에는 그냥 양성자나 중성자들끼리 달라붙는 힘을 강력이라고 불렀다. 그러니까 요즘에는 핵력이라고 부르는 것을 옛날에는 강력이라고 불렀다. 강한 핵력(strong nuclear force), 또는 강한 상호 작용(strong nuclear interaction)이라고 부르기도 했다. 그런데 나중에 핵이나 양성자보다 더욱 작은 쿼크라는 물질이 있고 과학자들은 그 쿼크들을 달라붙게 하는 더 근본적이고 순수한 힘이 있다는 사실을 알게 되었다. 그래서 그 후로는 쿼크끼리 달라붙는 힘을 강력이라고 부르게 되었다.

그러다 보니 말에 혼란이 생겼다. 한무영은 이 문제를 지적하면서, 양성자와 중성자들끼리 달라붙는 힘을 그냥 예전처럼 강력이라고 부르고 그보다 더 작은 쿼크끼리 달라붙는 힘은 초강력(super strong force)이라고 달리 구분해서 부르자는 의견을 제안하기도 했다. 그러나 아무래도 더 근본이 되는 힘에 더 간단한 이름이 붙는 경향이 있는지 요즘은 쿼크끼리 달라붙는 원초적인 힘을 강력이라고 부르고, 그보다 큰 양성자, 중성자들이 달라붙는 힘은 핵력이라고 부르는 경우가 더 많다.

만약 강력의 복잡한 작용 덕택에 생겨나는 핵력이 어느 정도나 되는 지 계산해 본 결과, 힘이 충분히 강하고 안정되어 있다면 원자의 핵은 튼튼하게 유지될 것이다. 양성자, 중성자들을 잘 달라붙어 있을 것이기 때문이다. 반대로 그 힘이 핵을 유지하기에 부족하다면 핵이 부서지면서 양성자, 중성자 덩어리들이 쪼개져 나오며 방사선이 된다. 그 때문에 라돈 문제 같은 일이 일어난다. 그러니 쿼크, 강력, 색전하, 점근적 자유도 같은 복잡한 말이 적어도 한국인의 삶과는 굉장히 가까운 문제의 원인이다.

쿼크와 강력 이론의 개발 과정에서 결정적인 역할을 한 과학자인 한무영이 정작 한국에 덜 알려져 있고, 그의 삶에 대한 자료도 무척 부족하다는 것은 아쉬운 일이다. 한무영은 미국 듀크 대학 물리학과에서 오랜 세월 일했고 어려운 지식을 쉽게 풀이하는 강의로 유명해서 학생들에게 인기도 많은 편이었다고 한다. 학계에서 명망을 얻은 후에는 한국을 오가며 활동하기도 했기에, 작고하기 3년 전인 2013년에는 한국의 KAIST에서 겸임 교수로 일하기도 했다. 내가 최근에 전해 들은 이야기에 따르면, 한무영 생전에 후배 학자들이 강력 이론의 핵심을 한무영이 개발한 것 아니냐고 말하자 그는 한사코 강력 이론을 만든 공은 머리 겔만에게 있다고 겸손한 태도를 보였다고 한다.*

한무영의 말대로 쿼크의 창시자인 머리 겔만은 한무영의 연구를 받아들여 쿼크와 강력을 계산하는 방법을 다시 정리했다. 그리고 그 계산 방법에 직접 이름을 붙였다. 그는 강력 계산법은 색전하를 따지는 연구라고 해서 양자색역학(quantum chromodynamics, QCD)이라고 불렀다.

양자색역학이라는 계산 방법의 전체적인 방식을 살펴보면 그 전체적인 흐름은 전기의 힘을 계산할 때 쓰는 양자전기역학과 비슷하다. 즉 두 물체 사이에 힘이 있을 때 힘의 운반자가 그 두 물체 사이를 오고 간다고 치고 그 때문에 힘이 나타난다고 보면서 그 힘에 대한 계산을 해보는 방식이다.

전기의 힘을 따질 때 물체 사이를 오고 가면서 전기의 힘의 운반자가 된 것은 광자였다. 마찬가지로 양자색역학에서는 쿼크끼리 서로 글루온(gluon)이라는 운반자를 주고받는다고 치고 계산하면서 어디에 어떻게 강력이라는 힘이 얼마나 걸리는지를 알아낸다. 이때에도 물결치는 듯한 현상을 따지는 방법인 양자 이론을 적용한 방법을 사용한다.

글루온은 재미난 기본 입자다. 이름부터가 이야깃거리다. 글루온이라는 이름 역시 미국 과학자 머리 겔만이 붙인 말이다.

옛 유럽 과학자들은 용어를 만들어 쓰면서 그리스어를 활용하는 일이 많았

---

* 이 이야기는 SNS를 통해 연세대학교 박성찬 교수님께서 저에게 전해 주신 이야기입니다. 감사의 마음을 전하고자 합니다.

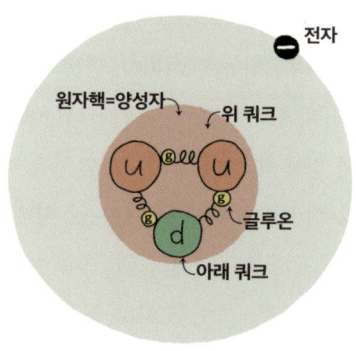

〈강력으로 쿼크가 양성자를 이루고 있는 모습〉

다. 라틴어도 자주 사용했다. 그렇기에 한동안 현대의 과학자들도 새로운 용어를 만들 때는 그리스어나 라틴어를 많이 활용했다. 그래야 무엇인가 학술적이라는 느낌이 있었기 때문일 것이다. 전자라는 뜻의 일렉트론(electron), 광자라는 뜻의 포톤(photon) 등이 모두 그런 예시다. 이런 이름들은 예로부터 유럽 학자들이 서로 다른 나라 사이에서 편지를 주고받거나 논문을 쓸 때는 흔히 그리스어나 라틴어를 사용해 이야기를 나누던 전통에서 이어지는 말이라고 볼 수도 있다.

그런데 글루온이라는 말은 그냥 영어에서 나온 말이다. 물체 두 개를 붙이는 접착제나 풀을 영어로 글루(glue)라고 하기 때문에 그 말을 변형시켜 쿼크를 서로 붙이는 물질이라는 뜻으로 만든 말이 글루온이다. 한국어로 치자면, 전자, 광자 같은 말이 진지한 한자어로 되어 있는 단어인데, 그러다가 갑자기 순우리말을 변형해 만든 "쫀득자"나 "끈끈자" 같은 말을 과학 용어로 사용하기 시작한 느낌이 있는 이름이 글루온이다. 그러고 보면 쿼크라는 말도 비슷한 느낌을 준다. 쿼크라는 말 역시 영어로 된 소설인 제임스 조이스의 소설 『피네간의 경야(Finnegans Wake)』에 등장하는 뜻이 불분명한 단어 "쿼크"를 머

107

리 겔만이 따서 쓴 것이다. 『피네간의 경야』는 난해하기로 악명 높은 글이라서 읽는 사람이 드문데, 이런 이유로 아마도 영문학계에서보다도 입자 이론 연구하는 과학자들 사이에 오히려 더 자주 언급되는 소설일 것이다.

이렇게 보면, 쿼크와 강력의 시대가 시작되면서 이제는 유럽의 전통 이상으로 미국 문화가 과학에서 중요해지는 세상으로 시대가 바뀌었다는 이야기를 글루온이라는 이름이 들려주고 있다.

혹시 미래가 되면 강력이라는 특이한 힘의 운반자인 글루온을 더 정밀하게 조작해서 특이한 장치를 만들 수도 있을까? 가끔 SF 영화나 만화를 보다 보면, 미래의 우주선이 광자 대포라든가 포톤 건(photon gun) 같은 무기를 사용하는 장면이 나온다. 《내 차 봤냐? (Dude, Where's My Car)》같은 코미디 영화에서도 외계인이 사용하는 무서운 무기의 대표로 광자 어쩌고 무기가 나올 정도다.

그런데 광자나 포톤이라는 말은 멋있게 들릴 수는 있겠지만 사실 광자 덩어리는 그냥 빛과 같은 말이다. 그러므로 광자 대포는 따지고 보면 그냥 강력한 빛을 비추는 장비일 뿐이다. 근본 바탕은 전등과 다를 바가 없다. 따지고 보면, 수십만 년 전 구석기 시대의 원시인이 처음 불을 만들어서 횃불을 들고 늑대나 호랑이가 덤벼 들려고 하면 그 불빛으로 위협하던 것도 따지고 보면 빛과 광자를 이용하는 장치다. 그러니 구석기 원시인의 횃불도 광자 대포, 포토 캐논이라고 할 수 있다.

그러나 만약 전혀 다른 성질을 지닌 힘의 운반자인 글루온을 자유롭게 조작해 사용할 수 있다면 전혀 다른 낯선 현상을 일으킬 수 있을 것이다. 환상 속의 글루온 조작 장치는 보통 물질의 원자핵을 마음대로 뒤흔들어 핵폭발시키는 기능을 갖고 있을 지도 모른다. 혹은 멀쩡한 물질을 방사능이 감돌도록 변화시키거나 반대로 방사능을 띤 물질을 방사능을 띠지 않는 상태로 바꿔 주는 무기일 지도 모른다. 〈하프라이프〉 같은 컴퓨터 게임에는 글루온 건

(gluon gun)이라는 무기가 등장하는데, 정확히 그게 어떤 원리로 무슨 일을 하는 장치인지는 모르겠지만 적어도 포톤 어쩌고 하는 무기 보다는 훨씬 더 놀랍고 강력한 장치 같은 이름이다.

강력을 계산하는 방법인 양자색역학이 발전되어 갈 무렵, 과학자들은 이런 식이면 다른 어려운 힘에 대한 계산도 잘 해낼 수 있을 것 같다고 기대하게 되었다. 그 덕택에 세상의 모든 물질과 힘이 일으키는 온갖 현상들을 모두 물결치는 듯한 현상을 계산하는 한 가지 방식으로 다룰 수 있다는 꿈을 품게 되었다.

마침 강력 이론을 개발하면서 보니 광자가 전기의 힘을 전달하는 운반자가 되어 힘을 나타내고, 글루온이 강력의 운반자가 되어 강력을 전달하듯이 항상 어떤 힘은 항상 그 운반자 입자가 있다고 치고 계산하면 잘 들어맞는 것으로 보였다. 곧 이런 식으로 물질과 힘에 대해 계산하는 방식을 양자장 이론(quantum field theory)이라고 부르게 되었다. 이렇게 보면 광자와 전기의 힘을 계산하는 양자전기역학 역시 넓게 보면 양자장 이론의 일종이다. 글루온과 강력을 계산하는 양자색역학 또한 마찬가지로 양자장 이론의 일종이다.

특히 양전닝(Yang Chen-Ning, 楊振寧)과 로버트 밀스(Robert L. Mills)는 양자장 이론 중에 양자전기역학이 전기의 힘을 잘 풀이할 수 있는 것을 보고 그 방식을 다른 힘을 계산하는 데에도 두루 써먹기 위한 방법을 연구했다. 이것을 양-밀스 게이지 이론(Yang-Mills theory gauge theory)이라고 한다. 양-밀스 게이지 이론은 강력 같은 다른 힘을 계산하는 방법을 만드는데 튼튼한 밑바탕이 되었다. 한무영 역시 양-밀스 게이지 이론을 활용해 보는 과정에서 강력 이론을 개발할 수 있었다.

그런데 힘이 얼마나 될지를 계산할 때 그 힘을 전달하는 운반자가 있다고 치고 계산하는 양자장 이론의 방식은 원래 그 운반자가 정말로 힘을 전달하며 오고 가는 모습이 무슨 현미경 같은 것으로 보였기에 개발했던 방식은 아니다. 그냥 계산을 잘하기 위해 운반자가 있다고 치고 계산하면 계산이 잘 풀리기에 그런 방법을 택한 것이다. 그래서 이렇게 힘을 계산할 때 있다고 치는 입자를 가상 입자라고 부른다.

비교해 보자면 눈으로 보이는 빛은 진짜 광자다. 실제 입자(real particle)다. 그러나 전기의 힘이 어디에 얼마나 걸리는지를 계산해 볼 때 광자가 오고 가면서 전기의 힘을 전달한다고 치고 계산할 때, 그럴 때 그렇게 있다고 치는 광자는 가상 입자다.

가상 입자는 이름부터가 딱 헷갈리기 좋을 만한 말이다. 영어 사전에서 'virtual'이라는 단어의 뜻을 찾아보면, 1번 뜻은 "실제적인"이고 2번 뜻은 "가상적인"이라고 되어 있는 책이 허다하다. 아닌 게 아니라 가상 입자들을 다룬 논문들을 보면, 어떨 때는 그저 가상 입자는 계산을 위해서 있다고 치고 계산하는 것뿐, 실제로 그런 물질이 있는 것은 아니라고 생각해야 속 편한 이야기가 있다. 반대로 또 어떨 때는 가상 입자가 정말로 실제 세상에 영향을 잠시 미치고 어디인가로 사라지는 것으로 보아야 이해가 쉬울 때도 있다. 가상 입자라는 생각과 함께 그것이 왔다 갔다 하면서 힘을 나타낸다는 발상은 사실은 심오하면서도 상상하기 어려운 점도 많은 골칫거리 같은 설명이다.

과연 이런 복잡하고도 이상한 방법을 사용해서 정말로 세상의 모든 물질의 움직임과 힘을 양-밀스 게이지 이론을 바탕으로 만든 양자장 이론이라는 한 가지 방식으로 계산할 수 있을까?

1974년 11월에 정말로 그렇다는 생각에 전 세계의 과학자들이 매혹되어 다들 굉장한 감동에 빠졌던 일이 있었다. 말하기 좋아하는 사람들은 그 한 달 동안 벌어졌던 일들을 "11월 혁명"이라고 부른다.

맵시 쿼크 charmquark
지금의 과학을 완성해 준 물질

양자장 이론과 맵시 쿼크

1968년 미국 출신의 대학원생 메리 캐서린 게일러드(Mary Katharine Gaillard)는 쉽지 않은 시절을 보내고 있었다. 게일러드는 대학 시절에 자신과 마찬가지로 여성 과학자였던 교수의 배려로 프랑스에서 잠시 실습을 하고 온 적이 있었다. 그리고 게일러드는 또 입자 이론에 대해 활발히 연구하고 있던 미국의 대표적인 과학 연구기관이던 브룩헤이븐 국립 연구소에서도 잠시 실습을 했던 적이 있었다.

그래서인지 게일러드는 대학원 시절에도 하필이면 입자 이론을 연구하기로 했고 미국에 공부하러 왔던 프랑스인 가이야르(Gaillard)와 결혼했다. 메리 캐서린의 성이 캐서린에서 게일로드로 바뀐 것은 남편인 가이야르의 성을 영어식으로 읽으면 게일러드였기 때문이다.

얼마 후 미국에서 함께 지내던 남편이 미국 생활을 정리하고 프랑스로 돌아가 취직하게 되었다. 그래서 게일러드는 남편과 같이 프랑스로 떠났다. 게일러드는 프랑스에서도 어떻게든 공부를 이어갈 방법을 찾아다녔다. 고생 끝에 지금까지도 유럽의 가장 대표적인 대형 연구기관으로 입자 이론을 연구하는 CERN에서 일하면서 파리 대학교 지도 교수의 지도로 박사 과정 대학원 공부를 하는 방법을 겨우 찾아냈다. 그리고 게일러드는 낯선 유럽 땅에서 아이 셋을 낳아 기르면서 동시에 대학원을 다니며 박사 학위 논문을 준비해야 했

미국 브룩헤이븐 국립연구소

다. 그런 형편이었으니 박사 학위를 따는 과정도 대단히 고생스러웠다. 힘들게 박사 학위를 따고 나서도 형편은 쉽게 풀리지 않았다.

요즘 기준으로 보자면 1960년대의 프랑스는 상당히 성차별이 심한 곳이었다. 그런 환경에서 그 시절에는 드물었던 여성 과학자로 일하다 보니 직장 생활에서 어려운 점이 많았다. 예를 들자면 게일러드는 아주 긴 시간 동안 CERN의 정직원이 되지 못했다. 말하자면 아르바이트생처럼 일하면서 과학 연구를 하며 지내야 했다. 만약 그 시절 게일러드가 "고작 이런 대접 받으려고, 그렇게나 어려운 공부를 왜 밤낮 고생해 가면서 했단 말인가?"라고 한탄만 하면서 실의에 빠져 청춘을 보냈다면 그 괴로운 마음을 버티기 어려웠을 거라는 생각도 해 본다.

그러다 1970년대가 되어 게일러드는 CERN에서 미국의 페르미 연구소(Fermilab)로 파견되는 직원이 될 기회를 얻게 된다. 오랫만에 고국에 갈 기회였다. 그래서 게일러드는 그 후 한동안 유럽과 미국을 오가면서 1970년대를 보내게 된다. 그리고 꺾이지 않는 마음으로 연구를 이어 나가려고 애쓰던 게 일러드는 마침 이 시기를 지나며 중요한 기회를 얻게 된다.

그 무렵 세계 과학자들의 중요한 관심사 중 하나는 맵시 쿼크(charm quark)가 과연 발견될까 하는 문제였다. 영어 단어 charm이라는 말은 매력이나 매혹이라는 뜻인데 쿼크의 종류를 말할 때는 보통 맵시라고 번역한다. 맵시 쿼크는 우리가 일상에서 흔히 접할 수 있는 물질 속에 항상 들어 있는 위 쿼크나 아래 쿼크가 아니다. 맵시 쿼크는 그런 곳에는 없다. 또 맵시 쿼크는 위 쿼크 아래 쿼크보다도 한결 무겁다.

지금은 양자장 이론이 세상의 물질과 힘에 대해 계산해 볼 수 있는 가장 정밀한 방법으로 평가받고 있다. 그래서 쿼크를 비롯한 모든 물질의 성질과 움직임을 계산해 볼 수 있는 좋은 방법으로 취급되고 있다. 그러나 1970년대 초만 하더라도 양자장 이론은 그렇게까지 많은 사람들이 가치 있게 보는 이론이 아니었다. 양자장 이론을 한물간 이상한 방식으로 여기는 사람도 있을 정도였다.

양자장 이론은 모든 물체에 대해 그 물체를 나타내는 양자장이라고 하는 어떤 장(field)이 온 세상에 퍼져 있다고 생각하고 그 장의 움직임이 곧 물체에 일어나는 변화를 나타낸다고 보고 계산하는 방식이다.

영화나 만화에는 흔히 자기장을 와이파이 아이콘 모양으로 퍼져 나가는 그림으로 표현하곤 한다. 그런 것이 온 세상에 가득 차 있다고 상상해 보자. 혹은 조금 더 환상적인 상상으로 온 우주가 바닷물 같은 것으로 가득 차 있고 그 바닷물 같은 것의 물결이 이리저리 출렁이고 일렁이며 휘몰아칠 수 있는 상태라고 상상해 보자. 신라의 원효는 〈발심수행장〉이라는 글에서 "겁해(劫海)", 즉 "억겁의 바다"라는 말을 쓴 적이 있다. 양자장 이론에서 말하는 온 우주에 퍼져 있는 양자장을 표현하기에 억겁의 바다쯤 되는 단어라면 그럴싸하게 어울린다고 나는 생각한다.

만약 그 와이파이 아이콘 같은 우주를 가득 채운 바닷속의 물결 같은 것이 어떤 자리에서 떨리고 소용돌이치며 독특한 모양을 이룬다면, 그것은 그 지역에 그 물체가 있어서 관찰할 수 있게 되었다는 뜻이다. 그리고 그 모양이 어떤 식으로 퍼져 나가는지, 더 거세지는지, 더 약해지는지에 따라 물체의 움직임도 바뀐다. 그러므로 그 억겁의 바다에 퍼져 나가는 물결이 어떻게 변화하는지를 계산해 보면 물체의 움직임에 대해서도 알 수 있다. 쿼크나 전자 같은 물질이 움직이는 정도가 빠를지, 느릴지, 어디로 휘어져 나갈 확률이 얼마나 되는지 등을 계산해 볼 수 있다는 뜻이다.

물체의 종류별로 그에 해당하는 양자장이 있다. 그렇기 때문에 온 세상에는 세상의 모든 전자들을 나타내는 전자 장(electron field)이라는 물결치는 억겁의 바닷물도 퍼져 있고, 세상의 모든 위 쿼크들을 나타내는 위 쿼크 장(up quark field)이라는 물결치는 억겁의 바닷물도 퍼져 있다. 양자장 이론에 따르면, 그런 식으로 종류별로 여러 가지 물체를 나타내는 물결치는 바닷물 같은 양자장이 여러 겹 겹쳐서 가득 차 있는 것이 우리가 사는 세상이다.

영화 《사랑과 영혼》을 보면 세상을 떠난 영혼과 이승의 사람들이 같은 공간에 겹쳐져 돌아다닐 수 있다. 양자장도 그 비슷하다. 같은 공간에 전자의 양자장, 위 쿼크의 양자장, 등등 여러 가지 양자장들이 겹쳐 있다. 그런데 《사랑과 영혼》에서 영혼이 이승을 돌아다니다가 열심히 애를 쓴다면 이승의 동전 정도는 어찌저찌 움직일 수 있게 된다. 그 비슷하게 한 물체를 나타내는 장은 다른 물체를 나타내는 장에 영향을 미칠 수 있다. 《사랑과 영혼》에서 패트릭 스웨이지가 고생한 것에 비하면 양자장 이론의 여러 가지 장들은 서로 간에 훨씬 더 쉽게 영향을 주고받는다.

양자장은 물체뿐만 아니라 물체를 움직이는 힘도 표현

할 수 있다. 한 물체가 다른 물체를 밀어낸다거나 끌어당긴다거나 하는 힘을 준다고 생각해 보자. 양자장 이론에서는 그 힘을 운반하는 또 다른 물체, 즉 힘의 운반자라는 것이 가상 입자로 나타나 두 물체 사이를 오고 간다고 치고 계산한다. 그렇게 운반자가 오고 가는 움직임을 계산해 보면 그에 따라 힘을 얼마나 어떻게 주고받는 것인지 알 수 있다.

전자가 전기의 힘으로 옆에 있는 다른 전자를 밀어내며 움직이게 만든다고 상상해 보자. 전자는 둘 다 음전기를 띠고 있으니 당연히 서로 밀어내려고 할 것이다. 양자장 이론에서는 이런 일이 벌어지려면 두 전자 사이에 광자가 왔다 갔다 하면서 밀어내는 힘을 운반한다고 치고 계산한다. 즉 광자가 전기의 힘을 나타내는 운반자. 그러므로 광자를 나타내는 양자장을 계산해 보면 전자들끼리 밀어내는 힘이 어느 정도인지도 계산해 볼 수 있다.

혹시 독자님께서는 이게 쉽게 이해되는가? 그럴듯하고 멋지게 들린다고 생각하실 수도 있을 것이다. 하지만 듣자마자 누구든 "당연히 그렇겠지"라고 할 수 있는 이야기는 아니다.

게다가 양자장 이론에 따라 물결의 움직임을 막상 계산해 보려고 하면 정작 숫자가 잘 계산이 되지 않는 심각한 문제가 생길 때가 많다. 제대로 숫자를 계산할 수 없는 무한대가 자꾸 계산 과정에서 나오는 것은 양자장 이론의 고질적인 문제다.

그래서 과학자들은 도저히 계산되지 않는 무한대 문제가 나올 때는, 대충 안 풀리는 부분은 적당히 제쳐 놓고 넘어간 뒤에 나중에 몇 가지 숫자들을 끼워 맞춰서 "아마 이럴 것이다"라고 계산할 수 없는 부분을 숫자 몇 개로 바꿔치기하는 요령까지 개발해야 했다. 일종의 편법이다. 이 편법 계산 요령을 재규격화(renormalization)라고 부른다. 이것은 족집게 강사가 소개하는 얍삽한 수법에 따라 원리는 잘 모르겠지만 시험 문제만 빨리 풀 수 있는 묘수를 익히는 것과 비슷한 느낌을 주는 방법이다.

전자와 광자의 움직임과 힘에 대해 계산을 할 때 재규격화 방법을 개발해서 어쨌든, 무엇인가 답이 나올 수 있게 한 것은 리처드 파인먼 최대의 공적이었다. 그리고 그렇게 답을 구하고 보니 그 결과는 기막히게 현실과 잘 들어맞았다. 전자가 어디로 어떻게 날아가는지, 얼마나 강하게 전기의 힘이나 자력을 낼 수 있는지 등등을 계산해서 잘 알아낼 수가 있었다. 그러니 일단이 이론은 전자나 전기의 힘을 따질 때는 쓸만한 이론이라고 부를 수 있었다.

그런데 과연 이 양자장 이론이 다른 물질에 대해 계산을 할 때도 정말로 잘 먹히는 좋은 방법일까? 다른 힘에 대해 계산할 때에도 정말 좋은 방법이라고 할 수 있을까? 설령 방법의 이론은 그런대로 괜찮다고 해도, 혹시 무한대가 나타나 계산을 할 수 없게 되면 그때에도 재규격화 같은 수법을 쓸 수 있을까? 1960년대까지만 해도 그렇다는 보장은 없었다.

게다가 쿼크에 대한 이론에도 미심쩍은 점은 있었다. 여러 가지 복잡한 물질들을 몇 안 되는 쿼크의 조합으로 설명할 수 있다는 말은 분명 솔깃해 보였다. 위 쿼크, 아래 쿼크, 기묘 쿼크, 세 가지 쿼크를 이리저리 짜 맞추면 별별 다양한 물질들과 우주에서 내려오는 온갖 우주 방사선의 다수를 만들어 낼 수 있다. 그 정리된 모습은 가지런해 보인다.

그러나 쿼크는 쿼크 속박 현상 때문에 보통 물질에서 하나의 쿼크만 따로 떼어 내서 명확히 드러내 놓고 관찰할 수는 없었다.

그렇다 보니 일상생활 속 물체들이 전자와 쿼크로 만들어져 있다는 학설이 여전히 확실해 보이지는 않았다. 심지어 쿼크를 개발한 머리 겔만 자신도 한동안 실제로 세상에 쿼크가 있는 것이 분명하다고 주장하지는 않았다. 쿼크라는 게 진짜로 있는 것은 아니지만 그냥 쿼크로 세상을 나누어 놓고 계산을 해 보면 이해하기 편리하고 계산하기 편리하니까 그런 생각도 해 보자는 정도가 초창기 머리 겔만의 주장이었다.

양자장 이론이라는 계산 방법도 의심스러웠고, 그 방법으로 성질을 계산해야 하는 쿼크가 실제로 있는지도 의심스러운 상황이었다. 시험지를 받았는데, 문제를 써 놓은 글자가 희미해서 잘 보이지 않는데 동시에 그 문제를 푸는 방법을 제대로 알고 있는지 어떤지도 생각나지 않는다. 그런 상황이 1970년대 초의 과학계였던 셈이다.

이런 상황에서 메리 캐서린 게일러드는 힘겨운 삶의 무게까지 짊어진 채로 고향 미국에 있는 연구소에 돌아왔다. 도대체 무엇을 할 수 있었을까? 아마도 게일러드는 일단 페르미 연구소에 찾아 왔으니 자기가 연구하는 분야의 연구소 책임자에게 인사는 한 번 해야겠다고 생각했을 것이다. 그래서 페르미 연구소의 이론 분야 팀장을 찾아갔다. 그런데 그러면서 그때 모든 것이 바뀌었다.

바로 그때 페르미 연구소 이론 분야의 팀장이었던 사람이 전설적인 한국 출신 과학자 이휘소였기 때문이다. 이휘소는 입자 이론의 발전에 공을 세운 여러 과학자 중에서 리처드 파인먼과 함께 아마 한국에서 가장 널리 알려진 과학자일 것이다. 그렇지만 정작 이휘소가 무슨 연구를 했길래 그렇게 대단한 과학자로 인정 받았는지는 덜 알려져 있다. 소설 속에 등장한 이휘소와 관련된 음모론은 한때 굉장한 인기가 있었다. 하지만 정작 이휘소가 진짜 높은 평가를 받은 이유인 그의 과학 업적에 관한 관심은 너무나 부족하다.

이휘소의 업적은 다양한 영역에 걸쳐 있다. 그리고 그중에서 이때 게일러드와 힘을 합쳐 했던 연구도 빼놓을 수 없는 중요한 일 중 하나다. 이휘소는 게일러드와 함께 논문을 써서 사람들이 강력과 쿼크 이론이 옳으며 양자장 이론이 맞는 방향이라고 생각하도록 이끌었기 때문이다.

일의 시작은 강력과 직접 연결이 되어 있지는 않았다. 이휘소는 강력이 아니라 약력(weak force)이라고 하는 또 다른 현상을 일으키는 힘에 대한 연구에 더 경험이 많았다. 약력은 물질의 근본을 바꿔 주는 역할을 하는 아주 기이한 힘이다. 그래서 약력은 강력과는 또 다른 방식으로 방사능의 원인이 된다. 지금까지도 이휘소의 약력 연구는 그의 가장 대표적인 공적으로 인정받고 있다.

그런데 1970년대의 과학자들은 케이온이라는 물질이 약력 때문에 방사선을 내뿜는 현상을 연구하다가 무엇인가 이상한 상황이 벌어진다는 사실을 알아냈다. 이렇게 연구한 결과를 흔히 김(GIM) 기작(mechanism)이라고 부른다. 김 기작이라고 하니 꼭 한국 사람 이름처럼 들려서 착각할 수도 있는데, 여기서 김이란 글래쇼(Glashow), 일리오포울로스(Iliopoulos), 마이아니(Maiani)라는 세 과학자의 이름 첫 글자를 따서 만든 말이다.

김 기작을 연구하던 셸던 글래쇼(Sheldon Lee Glashow)는 김 기작을 좀 더 쉽고 간편하고 깨끗하게 설명하기 위해서는 머리 겔만과 한무영 등의 과학자들이 만든 쿼크에 대한 이론이 맞다고 해야 설명이 쉬워진다고 보았다. 그리고 거기에 추가로 그때까지는 발견되지 않은 새로운 쿼크가 하나 더 있으면 말이 정말 더 잘 맞아 들 거라고 보았다.

이때 글래쇼는 그 새로운 쿼크를 맵시(charm) 쿼크라고 불렀다. 그러니까 만약에 세상에 쿼크라는 물질들이 정말로 있고 거기에 더해서 그때까지는 아무도 정말로 그런 게 있다고 말하지 않았던 맵시 쿼크라는 물질까지 추가로 있어서 케이온이 방사선을 내뿜는 과정에 관련되어 있다고 보면 더 깨끗하고 정확하게 그 방사선의 성질을 계산해 볼 수 있을 것 같다는 이야기였다. 그래서 그는 새로운 쿼크인 맵시 쿼크가 발견될 것이라고 예언하고 다니기 시작했다.

그런 예감이 들만한 감상적인 이유도 있었다. 그때까지 사람들은 쿼크들 중에는 위 쿼크, 아래 쿼크, 기묘 쿼크 세 가지가 있다고 보았다. 그런데 위 쿼크는 양전기를 띠고 있고, 아래 쿼크는 음전기를 띠고 있다. 나머지 하나 기묘 쿼크는 음전기를 띠고 있었다. 왜 하필 양전기를 띠는 쿼크는 한 종류인데, 음전기를 띠는 쿼크만 두 종류인가? 양전기를 띠는 쿼크가 하나 더 있어도 좋지 않을까? 그러면 짝이 맞는 느낌 아닌가? 그러니 양전기를 띤 맵시 쿼크라는

	경입자	쿼크	
비교적 가벼운 물질인 1세대 입자	<1897년 발견> ⓔ 전자	<1964년> ⓤ 위 쿼크	<1964년> ⓓ 아래 쿼크
비교적 무거운 물질인 2세대 입자	<1936년 발견> ⓜ 뮤온	<1974년> ⓒ 맵시 쿼크	<1964년> ⓢ 기묘 쿼크 ← 1964년 쿼크 이론이 개발되면서 제안 됨.
	음전기를 띰	양전기를 띰	음전기를 띰

→1974년 새로 발견 됨. -발견에 앞서서 이 빈칸을 채울 물질이 발견될 거라고 글래쇼가 장담했음.

〈1세대 기본 입자와 2세대 기본 입자〉

것도 세상에 있다고 하면 좋을 것이다.

게다가 기묘 쿼크의 음전기 세기와 아래 쿼크의 음전기 세기가 하필 정확히 같았다. 아래 쿼크의 음전기 세기가 100이라면 기묘 쿼크의 음전기 세기는 101인 것도 아니고 99.999인 것도 아니고 정확히 똑같은 100이었다. 이것은 무슨 근원적인 규칙이 있다는 느낌을 준다. 뭔가 세상에 음전기 세기 규칙이 있다는 느낌 아닌가? 그렇다면 세상에 양전기 세기 규칙도 있어서 양전기를 띤 위 쿼크에 대해서도 양전기를 띠고 있고 그 세기도 정확히 같은 맵시 쿼크가 세상에 있다면 딱 균형이 맞아 보이지 않겠는가?

마침 재미있게도, 쿼크하고는 별 상관없는 전자에 관한 연구 와중에 묘한 사실 한 가지가 발견된 상태였다. 전자와 모든 성질이 매우 비슷하지만, 그 무게만 한결 더 무거운 '뮤온'이라는 물질이 이미 발견된 적이 있었다. 뮤온 역시 전자의 음전기 세기와 정확히 같은 세기의 음전기를 갖고 있었다. 기본 입자들은 둘 씩 짝이 있다는 느낌을 주지 않는가?

글래쇼는 입자에 관한 실험을 하는 과학자들이 모여 있는 한 세미나에 가서, "맵시 쿼크가 세상에 아예 없으면 모를까, 있다면 곧 여기 있는 세미나 참석자분들 중 한 명이 발견할 것입니다. 아니면 제가 모자를 먹겠습니다."라고 말했다고 한다. 그만큼 맵시 쿼크를 찾기 위한 실험에 어서 빨리 나서 달라고 부탁한 것이다. 글래쇼가 아니라 한국 출신인 이휘소 박사가 그 세미나에서 발표했다면, 모자를 먹겠다고 하는 대신 분명 "손에 장을 지지겠다"라고 했을 것이다.

게일러드와 이휘소는 페르미 연구소에서 맵시 쿼크가 발견될 수 있을지, 만약 발견된다면 어떤 성질이 있을지에 대해서 같이 고민하고 토론하며 연구했다. 그런 토론은 두 사람 모두 깊이 빠져들 만큼 관심이 쏠릴 주제였다.

처음 쿼크에 관해 이야기할 때 과학자들이 떠올렸던 위 쿼크, 아래 쿼크, 기묘 쿼크, 세 가지 쿼크들은 따지고 보면 그때까지 나온 과거의 연구 결과를 보면서 이러저러한 쿼크들이 있으면 좋겠다고 보고 끼워 맞추는 식으로 있을 거라고 말한 물질이었다. 그렇지만 맵시 쿼크는 그때까지는 그런 것이 있는지 없는지 모르고 있었지만, 쿼크 이론이 맞다면 앞으로 발견될 거라고 미래를 예언하면서 지목한 물질이었다. 그러니 정말로 맵시 쿼크가 발견되면 쿼크 이론이 맞다는 좋은 증거가 될 수도 있다.

과학계의 11월 혁명

게일러드와 이휘소는 한 칠판에 계산식을 써 가며 입자들의 성질과 방사선의 특징에 대해 이야기 했다. 그리고 이론에 대해 대화를 나누며 서로 묻고 답했다. 토론이 이어지기 시작하면 두 사람은 너무나 깊게 거기에 빠져 밤을 지새우며 칠판 앞에 붙어 있곤 했다고 한다. 게일러드는 미국에서 일하는 과학자들이 아무래도 잘 알기 어려웠던 유럽의 CERN에서 진행한 다양한 입자 실험에 대한 지식을 갖고 있었다. 이휘소는 입자에 대한 여러 이론들에 대한 깊은 이해와 함께 환상적인 수학 실력을 갖추고 있었다. 게일러드와 이휘소, 두 사람은 서로의 지식으로 서로를 보충해 줄 수 있었다.

어느 분야에서건, 이렇게 뛰어난 동료를 만나 서로의 실력에 대해 감탄하면서 문제를 풀기 위해 같이 밤을 지새우는 경험을 해 볼 수 있다는 것은 무척 행복한 일이다. 미국 출신으로 프랑스에서 지내며 힘든 시간을 보내던 게일러드와 한국 출신으로 미국에서 고생스러운 유학 생활을 했던 이휘소가 서로 인간적으로 공감해서 더 말이 잘 통했을 것 같다는 이야기도 나는 언제인가 들은 적이 있다. 특별히 근거가 있는 이야기는 아니지만 어울리는 느낌이라고 생각한다.

이렇게 해서 긴긴밤을 지새운 끝에 게일러드, 이휘소, 그리고 연구에 도움을 준 또 다른 과학자 조너선 로스너(Jonathan Rosner)와 함께 쓴 논문이 바로 제목도 기가 막힌 〈Search for Charm〉이다. 품고 있는 뜻은 "맵시 쿼크를 찾기 위해 알아둘 것"이라는 말이다. 하지만, 말 그대로 해석하면 "Charm"이라는 단어에 마력, 매력이라는 뜻이 있으므로 "매력을 찾아서"라는 뜻이 된다. 입자 이론에 대한 과학 논문이라기보다는 마치 패션 잡지 특집 기사 같이 들리기도 하는 멋들어진 제목이다.

이때 이휘소의 나이가 사십 즈음이었으므로, 나는 그의 아재 개그 본능이 발휘된 제목이라고 생각한다. 한국 책 중에서도 이 논문의 저자를 언급하면서 게일러드와 리, 또는 게일러드와 벤저민 W. 리, 벤 W. 리라고만 소개하고 넘어가고 이휘소가 그 논문의 저자라는 것을 모르고 넘어가는 경우가 있는데, 벤저민이 바로 이휘소가 사용한 영어 이름이고, W.는 "휘소"를 의미한다.

이 논문은 1975년 정식 공개되기 전에도 먼저 그 원고가 맵시 쿼크를 연구하는 사람들에게 퍼졌다. 그리고 그 상태로 널리 읽혔다고 한다. 지금 구글 스콜라에서 검색을 해 보면 1,000번이 넘게 인용된 논문이기도 하다. 쿼크의 여왕이라고 불릴 만한 명망 높은 과학자인 메리 게일러드에게도 이 논문은 가장 대표적인 걸작 논문이라고도 할 수 있다. 마침 논문을 읽어 보면, 내용을 쉽게 이해시키기 위해서 두 명의 과학자가 서로 궁금한 점을 물어보고 답하는 형식으로 설명을 진행하고 있다. 나는 이 논문을 읽으면서 그 글 속에 1970년대 페르미 연구소에서 어느 깊은 밤에 이휘소와 게일러드가 칠판 앞에 서서 서로 열띤 토론을 하는 듯한 열기가 서려 있다고 느꼈다.

1974년 상반기에 이 논문의 원고가 나오고 불과 몇 달이 지난 1974년 11월에 정말로 맵시 쿼크를 품고 있는 물질이 발견되어 버렸다. 팅(Ting)과 릭터(Richter)라는 과학자가 각기 따로 발견했는데, 팅은 그 물질에 제이(J)라는 이름을 붙였고, 릭터는 그 물질에 사이(psi)라는 이름을 붙였다. 중국계 과학자인 팅의 성을 한자로 쓰면 고무래 정(T)자가 되는데, J와 고무래 정자가 비슷하므로 팅은 그 물질에 제이라는 이름을 붙였다는 소문이 꽤 많이 퍼져 있다. 팅이 그 이야기를 정식으로 인정한 적이 없다고 한다.

맵시 쿼크를 품고 있는 이 물질을 발견해서 공식적으로 먼저 외부에 발표한 사람은 릭터였다. 그런데 발표를 바깥으로 안 해서 그렇지 그보다 먼저 팅이 물질을 발견하고 내부에서 신중하게 검토 중이었다는 증거가 있었다. 그래서 팅의 공적도 인정되었다. 그래서 누가 이 물질을 맨 먼저 발견했는지는 논쟁거리가 되었다. 결국 논쟁이 해결되지 않아 이 물질에는 제이/사이(J/psi) 입자라는 아주 이상한 이름이 붙었고, 두 사람은 모두 노벨상을 받았다. 과학의 역사에서 물질에 이런 이상한 이름이 붙은 사례는 아주 드물다.

마침 공교롭게도 팅과 릭터 모두 공교롭게도 글래쇼가 "맵시 쿼크가 여기 있는 사람들 사이에서 발견되지 않는다면 내가 모자를 먹겠다"고 한 그 세미나에는 참석하지 않았다고 한다. 그래서 나중에 다른 행사에서 여러 과학자들이 모여서 모자 모양으로 생긴 사탕을 나누어 먹었다든가 하는 이야기도 잔해 내려온다.

이것이 과학계에서 말하는 11월 혁명이다.

혁명이라는 말은 너무 과장인 것 같기는 하지만 확실히 큰 사건이기는 하다. 단지 맵시 쿼크라는 새로운 물질이 나타났다는 그것보다 훨씬 충격적인 일이었다. 이것은 쿼크라는 것들로 세상의 보통 물체들 대부분이 이루어져 있다는 이론 전체가 맞다는 아주 기막힌 증거를 발견한 사건이었다.

나아가 쿼크가 서로 힘을 주고받는 현상인 강력이 실제로 있으며 그것이 한무영이 개발하고 다른 과학자들이 발전시킨 그 생각 대로라는 점도 간접적으로 생각하게 해 준 사건이었다. 거기서 더 한발 더 나아가 강력을 풀이하는 데 사용한 양자장 이론이 옳다는 증거이기도 했다. 양자장 이론은 이휘소를 비롯한 약력을 연구하던 학자들도 사용하고 있던 이론이었다. 게다가 애초에 양자장 이론은 전기의 힘을 설명하기 위해 개발되었다.

그러므로 1974년 11월 전후로 양자장 이론이 세상 모든 물질과 힘을 공통으로 풀이할 수 있는 가장 밑바닥에 있는 가장 중요한 기초가 되는 방법이라는 생각이 자리 잡기 시작했다. 그러니까 11월 혁명 이후 만약 누가 새로운 우주를 손으로 만들어 보라고 한다면 가장 먼저 일단 양자장이라고 하는 우주 전체를 채우고 있는 거대한 보이지 않는 억겁의 바닷물 같은 것부터 일단 만들고 시작할 거라는 상상을 하게 되었다는 뜻이다. 덕택에 지금까지도 양자장 이론은 모든 물질과 힘을 설명하는 가장 밑바닥에 있는 기초 이론 역할을 하고 있다.

지금 돌아보면 양자장 이론이 이렇게 모든 곳을 비슷한 방식으로 풀이해 준다는 점은 굉장히 놀라운 이론이다.

양자장 이론에서는 물질과 힘이 크게 다르지가 않다. 물질도 양자장 이론에서는 세상에 가득 차 있는 억겁의 바닷물이 출렁이는 모습이 눈에 보이는 것이고, 힘이라는 것도 결국은 세상에 가득 차 있는 다른 바닷물이 출렁이면서 나타내는 현상이다. 달리 말하면 물질을 이루고 있는 것도 기본 입자를 나타내는 물결이고 힘을 나타내는 것도 힘의 운반자라고 하는 좀 다른 기본 입자를 나타내는 물결이다.

물질과 힘이 너무나 비슷하다는 이런 이야기는 손에 잡히는 무슨 물건과 손에 잡히지 않는 형체 없는 힘이란 것이 별 다를 바가 없다는 듯한 느낌을 준다. 카리나라는 사람이 노래를 부르면, 그 노래는 소리가 되어 울려 퍼지다가 곧 사라진다. 양자장 이론은 손으로 잡을 수 없는 그 노랫소리 또한 형체를 갖춘 카리나의 신체와 별 다를 바 없는 실체라고 이야기한다는 이야기다. 마치 머나먼 우주 저편에는 노랫소리를 먹고 사는 외계 생명체가 산다는 듯한 느낌을 주지 않는가?

그러면서도 양자장 이론은 그저 고상하고 신비로운 사색의 도구에 머무르지 않는다. 양자장 이론은 전자와 원자핵이 이루는 여러 현상을 현실에서 실용적으로 예상하고 계산할 수 있는 방법이다. 우리가 산업에서 만드는 다양한 장비와 제품들이 점점 더 정교해지고 미세해지고 있다. 그럴수록, 양자장 이론을 사용해서 세밀한 현상을 따져야만 미리미리 문제가 생길만한 원인을 파악해서 오류 없이 물건을 잘 만들 수 있는 시대가 올 것이다.

뿐만 아니라 양자장 이론을 연구하면서 만들어 낸 방법은 다른 분야에 활용해 색다른 연구를 해 보는 도구가 되기도 한다.

양자장 이론은 전자, 쿼크, 광자, 글루온 등의 움직임을 따지기 위해 개발된 방법이긴 하다. 하지만, 그것을 꼭 전자, 쿼크, 광자, 글루온을 계산하는 데에만 써야만 하는 것은 아니다. 비슷한 움직임을 가진 다른 물체를 따지는 데에도 필요하다면 양자장 이론을 한 번 써 보는 시도를 해 볼 수 있다. 이것은 학교에서 사과 개수를 헤아리면서 덧셈과 뺄셈을 배웠다고 하더라도, 꼭 사과 개수 계산이 아니라 돈 계산을 할 때나 사람 숫자를 셀 때도 덧셈과 뺄셈을 활용할 수 있는 것과 같은 이치다.

예를 들어 보자면 입자에 대한 탐구 도중에 개발된 양자장 이론이 초전도 현상에 대한 연구에도 활용될 수 있다. 반대로 초전도 현상을 연구하면서 익힌 연구 방법이 양자장 이론을 발전시키는 데에도 과거에 유용했던 적이 있다. 그러니 앞으로 양자장 이론을 연구하면서 이런저런 궁리를 하다 보면 초전도 현상 연구를 진행하는 데 도움이 되는 내용도 찾아낼 수 있을 것이다.

초전도 현상은 아주 낮은 온도가 되었을 때 종종 전기가 무한히 잘 흐른다고 할 수 있을 정도로 잘 흐르게 되는 일이 벌어지는 것을 말한다. 전기가 아주 잘 흐른다는 것만으로도 상당한 이익이 될 일인데 이런 현상을 일으키면 강력한 자력을 만들 수도 있다. 그래서 지금도 병원의 MRI 같은 장비는 초전도 현상을 활용하고 있다.

만약 초전도 현상을 싼값에 쉽게 일으킬 수만 있다면 별별 도구를 다 만들 수 있을 것이다. 발열 없이 작동되는 전자제품이라든가, 엄청나게 강력한 새로운 방식의 컴퓨터라든가 자력의 힘으로 무엇이든 붕붕 띄워서 날아다니도록 하는 기계 등등을 만들 수 있을 것이다. 2023년에 한국에서 LK-99라는 이름으로 초전도 현상을 대단히 쉽게 일으킬 수 있는 물질이 개발되었다는 소문이 도는 바람에 주식 시장이 출렁이고 모두가 떠들썩했던 사건은 정말 유명했다.

현실적으로도 지금 한국에서는 초전도 현상을 이용하는 현실적인 상업용 제품 개발에도 상당한 투자가 이루어지고 있다. 초전도 현상을 일으켜서 무한히 전기가 잘 흐르는 상태가 되면 전기를 멀리까지 손실 없이 쉽고 값싸게 보낼 수 있기에 그 원리로 특수 전선을 만들어 본 것이다.

국내 업계에서는 흔히 초전도 케이블이라고 부르는 제품인데 지금은 특수 냉각 장치를 이용해 전선 주변의 온도를 영하 200도까지 내려야 작동되는 수준이라서 값이 비싸다. 그래도 한국 과학자들은 벌써 2019년부터 용인 흥덕 변전소와 신갈 변전소 사이의 1킬로미터 구간에 초전도 케이블을 연결해서 쓰는 지역이 생겼을 정도로 현실화시키는 데 성공했다.

일상생활을 위해서 설치해 놓은 초전도 현상을 활용하는 도구가 이렇게 넓은 지역에 설치된 사례는 전 세계에서도 매우 드물다. 그런데 한국의 용인에는 그런 곳이 있으니 용인은 초전도 도시, 슈퍼 컨덕팅 시티라고 할만한 곳이다. 꿈을 꾸어 보자면, 미래에 만약 양자장 이론 또는 다른 새로운 과학 이론을 이용해서 용인에서 더욱더 좋은 초전도 현상 장비들이 대거 개발된다면 그때는 정말 용인 시민들이 초전도 신발을 신고 공중 부양을 자유롭게 하며 지내는 날이 올지도 모른다.

우주 전체에 퍼져 있는 양자장의 바닷물 같은 움직임을 상상하는 깊은 고민과 전기를 더 싼값에 보낼 수 있는 전설을 개발하는 기술이 이렇게나 가깝다. 그리고 그런 식으로 보면 과학의 이런 놀라운 연결을 보여 주는 기막힌 예시가 또 하나 있다.

뮤온 muon
하늘에서 떨어지는 방사선의 대표인 전자의 무거운 친척

발해 멸망은 백두산 화산 폭발 때문일까

발해의 멸망은 한국사의 유명한 수수께끼다. 높은 문화 수준과 강한 국력을 갖고 있던 발해가 멸망한 과정이 너무 갑작스러워 보이기 때문이다. 『송막기문』이라는 책에서는 옛날에 발해 사람들에 대해 돌던 이야기 중에 "발해 사람 셋이면 호랑이를 당한다"라는 말이 있다고 소개했다. 그러면서 그 이유가 발해 사람들이 꾀가 많고 날래기 때문이라고 언급했다. 그저 사납고 무예가 뛰어난 종족이라는 이야기가 아니라 여러 사람이 협동해서 싸우는 재주를 잘 키울 수 있는 문화가 발달한 나라였다는 뜻이다. 『송막기문』에는 발해가 멸망한 후 그 땅을 차지한 요나라에서도 발해 출신 병사들을 각별히 소중하게 활용했다는 기록도 같이 실려 있다. 발해는 그런 나라였는데 서기 926년 거란족이 발해의 수도를 공격하자 속절없이 너무 쉽게 멸망하고 말았다.

이것은 이상한 일이다. 거란족이 발해를 공격하며 발해인들을 시달리게 했던 일은 그 이전부터 이어지고 있긴 했다. 그렇지만 본격적인 발해 수도 공격 개시 이후, 발해가 멸망하기까지 걸린 시간은 불과 십 수일 정도다. 거란족을 지휘한 야율아보기가 9일 동안 행군해서 발해의 수도까지 도달한 후에 3일 만에 주요 도시인 부여성을 함락시켰고 6일이 지나자 발해의 임금이 항복했다. 어떻게 이런 일이 있을 수 있단 말인가?

우선은 발해가 그 전부터 쇠퇴해 오고 있었고, 거란족의 잦은 침입으로 군

하늘 높은 곳

사력이 서서히 약해졌을 거로 추측해 볼 수 있다. 그렇지만 아무리 그래도, 926년 발해의 멸망은 무엇인가 너무 빠르다는 생각이 든다. 현대의 유럽에서 네덜란드나 스페인 정도 되는 나라가 갑자기 망한다면 얼마나 놀랍겠는가? 이들이 요즘 유럽에서 가장 강한 나라는 아니겠지만 그래도 3주 만에 네덜란드나 스페인이 망했다고 한다면 굉장히 이상해 보일 것이다.

그렇다 보니, 1990년대에 발해의 멸망에 대해 주목을 받았던 한 가지 새로운 학설이 있었다. 그것은 발해가 바로 화산 폭발로 멸망했다는 추측이었다. 발해의 영토, 특히 그 중심부에는 현대의 한국인이 가장 친숙하게 생각하는 화산이 자리잡고 있다. 바로 백두산이다. 그 백두산이 900년대 초반에 커다란 화산 폭발을 일으켰다는 과학적인 증거들이 나왔다. 그렇다면 바로 그 시기 발해 사람들이 화산 폭발이 일으킨 재해로 큰 혼란에 휩싸였을 거로 생각해 볼 만하다. 그래서 그렇게 발해가 아주 혼란스럽던 와중에 거란족이 약점을 노리고 거센 공격을 퍼붓자 갑작스러운 파멸을 맞이했다는 이야기다.

900년대 초반에 백두산이 화산 폭발을 일으켰다는 것은 이후로도 꾸준히 이어진 연구를 통해 확인된 사실이다. 게다가 이때의 백두산 화산 폭발은 그 규모도 매우 컸다. 큰 정도도 보통이 아니라 역사에서 다른 유래를 찾아보기 어려울 정도로 거대했다고 볼 수 있다.

인류의 역사가 시작된 이래 이 정도로 큰 화산 폭발은 서너 번밖에 없었다. 로마의 도시 폼페이를 멸망시킨 베수비오 화산 폭발이 화산으로 인한 재난 중에서는 자주 언급되는 편인데, 900년대에 일어났던 백두산 화산 폭발은 폼페이 때의 40배, 50배 정도는 되는 규모로 추정되고 있다. 그때 백두산이 뿜어낸 화산재를 비롯한 물질들의 양은 어지간한 남한 지역의 큰 산 하나 정도가 통째로 날아간 분량에 해당한다. 덕분에 세계 각지에서 이때 백두산이 뿜어낸 화산재의 흔적이 발견된다.

2024년 10월 서울대 안진호 교수 연구팀은 멀리 대서양에 있는 그린란드에서 그때 백두산에서 날아간 화산재의 흔적을 찾아냈다고 발표한 적도 있다. 그린란드는 아메리카 대륙에 속하는 곳으로 한반도에서 7천 킬로미터는 떨어진 섬이다. 그 먼 곳에서도 그날 백두산 화산 폭발의 흔적이 나왔다는 이야기다. 이만한 큰 사건이 벌어졌다면 발해라는 나라가 망할 수밖에 없다는 말은 사람들의 공감을 얻기에 충분했다.

그런데 2010년대 들어 발해 멸망을 백두산 화산 폭발의 이유로 보는 학설이 다시 인기를 잃기 시작했다. 자세히 조사해 보니, 그 시기 백두산 화산 폭발은 940년대 무렵, 그러니까 926년 발해 멸망 보다 오히려 몇십 년 정도 지난 후에 벌어졌다는 분석 결과가 나온 것이다. 특히 영국의 클라이브 오펜하이머(Clive Oppenheimer) 연구팀이 2010년대 초에 직접 북한에서 백두산 화산 연구를 진행해 발표한 연구의 결과로 폭발 시점을 926년보다

미래로 지목한 것이 자주 거론되었다. 정작 가까운 남한의 학자들은 남북 관계가 좋지 않아져서 백두산 연구를 하기 위해 북한을 출입하지 못했다. 그런데 멀리 유럽의 영국 과학자들이 북한과 함께 연구를 진행했다. 그 때문에 발해 멸망이라는 한국사의 중요한 문제에 대한 관점이 바뀌게 되었다는 사실은 아쉽기도 하고 답답하기도 하다.

여전히 발해와 백두산 화산 폭발을 연관 짓는 이야기는 가끔 언급되고 있다. 설령 백두산 화산의 가장 큰 폭발이 940년대라고 해도 그 전후로 백두산 화산이 들썩인 것이 발해에 여러 문제를 일으켰을 가능성은 생각해 볼 수 있을 것이기 때문이다. 논문이나 공식 발표는 아니었지만, 한국에서 지질학을 전공하는 한 교수가 여전히 발해 멸망과 백두산을 관련지어 살펴볼 필요가 있다는 의견을 이야기한 것이 소개된 일도 있었다. 게다가 발해 멸망의 수수께끼를 푸는 것 말고도 백두산의 활동에 관해 연구해야 하는 중요한 이유는 더 있다. 화산에 관한 조직적인 연구는 우리가 미래에 맞이할 재난을 대비하는 데에 도움이 되기 때문이다.

백두산은 물론이고 한반도와 그 주변에는 다른 여러 화산이 있다. 한반도에서 가까운 일본은 세계적으로도 화산이 많은 나라이고, 그중 일부는 당장 지금도 꽤 활발히 활동하고 있다. 백두산 역시 900년대가 아니라 한참 세월이 흐른 후인 조선시대 기록을 살펴보아도 화산 활동을 암시하는 기록들이 여럿 남아 있다. 예를 들어 1428년 음력 6월 9일 『조선왕조실록』 기록에는 백두산 인근인 함경도 근처에서 갑자기 하늘이 어두워졌을 때 하늘을 날아다니는 불덩이들이 나타났다는 기록이 있다.

그러니 만약 한반도 부근의 여러 화산 중 어느 하나가 현대에 다시 본격적인 폭발을 일으킨다면, 분명 한국과 그 이웃 나라들에는 상당히 심각한 피해가 발생할 것이다. 아닌 게 아니라 백두산 화산 폭발의 위협은 언론에서도 종종 다루는 주제다. 과거, 한국이 기술 수준이 떨어지던 시기에는 화산 연구 같은 것은 선진국에서 하는 일이고 한국인들은 이런 일을 할 여유는 없다고 생각하던 시절도 있었다. 그런 시대에 한국에서는 대개 일본 등의 이웃 선진국에서 밝힌 연구 결과를 그저 한국으로 받아들이기 위해 애썼다. 그러나 지금은 그런 시대가 지났다. 현재 한국의 과학 기술 수준을 살펴보면 다른 어느 나라 못지않게 발달한 분야들이 보인다.

이제 한국 같은 나라가 한반도의 안전을 지키고 세계의 안전을 지키기 위해 먼저 나서서 투자해야 되는 때가 왔다. 당연히 한반도와 그 주변의 화산에 관한 연구에도 좀 더 많은 관심을 가져야 한다. 나는 요즘 같은 때라면 한국에서 산만한 크기의 거대한 X선 촬영 기계를 만들어 화산의 내부를 들여다보는 사업을 상상하는 사람이 나타나도 이상하지 않다고 생각한다. 그리고 우리의 이야기는 여기에서 뮤온으로 이어진다.

투시 초능력의 비밀, 뮤온

뮤온은 1936년에 발견되었다. 그때는 과학자들이 온 세상은 모두 음전기를 띤 전자, 양전기를 띤 양성자, 전기가 없는 중성자라는 세 가지의 작디작은 물질로 이루어져 있어서 음, 양, 중성의 조화가 있다고 믿던 시절이었다. 그 와중에 전자도 아니고 양성자도 아니고 중성자도 아닌 뮤온이 난데없이 발견되어 그 순박한 믿음을 깨뜨려 주었다. 뮤온은 바로 그 충격의 주인공인 물질이다.

뮤온의 무게는 대략 180론토그램 정도인데, 전자의 무게는 약 0.9론토그램이고, 양성자나 중성자의 무게는 1700론토그램 정도다. 그러니 뮤온의 무게는 전자와 양성자 둘 사이의 애매한 수준이다. 그래서 그때 당시에는 어느 쪽과 비슷하다고도 쉽게 분류할 수가 없었다. 이러니 이시도어 라비 같은 학자가 "도대체 누가 이런 것을 주문했단 말인가?"라고 탄식할 만했다.

그렇다고 전자가 뭉쳐서 뮤온이 된다는 식으로 상상을 해 보자니 너무나 이상하게도 뮤온이 갖고 있는 음전기의 세기는 전자가 갖고 있는 음전기의 세기와 정확히 같았다. 전자와 음전기의 정도가 비슷한 것도 아니고 딱 맞춰 놓은 것처럼 전자의 음전기 세기보다 뮤온의 음전기 세기는 1%라도 더 세지도 더 약하지도 않게 똑같은 정도의 세기였다.

우주 전체에 퍼져 있는 그 많고 많은 모든 전자와, 역시 엄청나게 많은 숫자의 뮤온의 전기 세기가 모두 다 같다. 별 고민을 하지 않으면 당연한 것 같지만 반대로 생각하면 참 신기한 일이다. 어떻게 그 많은 전자와 그 많은 뮤온의 전기 세기가 정확하게 똑같을까? 마치 완벽한 품질 관리를 하는 명망 높은 공장에서 대량 생산해서 만든 제품인 것처럼 이들의 전기 세기는 완전히 똑같다.

이것은 뮤온이 무엇인가 상당히 근원적인 원리와 가까워 보이는 물질이라는 듯한 느낌을 주는 사실이다. 하는 수 없이 사람들은 뮤온이 너무 이상해 보이기는 하지만, 그래도 세상의 모든 물질을 이루고 있는 가장 기본이 되는 작디작은 알갱이인 기본 입자로 인정해야 한다는 생각을 하게 되었다.

그리고 이 생각은 지금까지도 옳은 학설로 살아남아 자리 잡았다. 시간이 흘러 과학이 발전함에 따라 양성자와 중성자가 진정한 가장 작은 입자가 아니라는 사실이 밝혀졌다. 양성자와 중성자는 그보다 더 작은 쿼크 세 개를 모아 붙이면 만들어지는 물질이기 때문이다. 그러나 뮤온은 2020년대인 지금도 그 이상 더 작게 분해할 수 없는 가장 작은 기본 입자로 인정받고 있다.

여기까지만 이야기하면 뮤온이 아주 희귀하고 특이한 물질인 것 같을지도 모른다. 그러나 막상 살펴보면 그런 것도 아니었다. 뮤온은 의외로 흔하며 생각보다 우리 생활과 삶에도 약간의 영향을 미치고 있는 물질이다.

아마 사람은 방사선을 조금은 맞으면서 살 수밖에 없다는 이야기를 들어 본 적이 있을 것이다. 자연 속에서 저절로 방사선이 생겨서 사람에게 날아오기 때문이다. 이렇게 자연에서 저절로 생겨나는 방사선을 자연 방사선(natural radiation) 또는 배경 방사선(background radiation)이라고 한다. 인생을 살면서 뭘 하든 그냥 삶의 배경에 깔려 버리는 방사선이라는 뜻이다. 그래서 딱히 주변에 별 방사능 관련 시설이 없이 지내면서 병원에서 X선 촬영을 받거나 하지 않더라도 사람이라면 누구나 배경 방사선은 쏘이면서 살게 된다. 그 양이 워낙 조금이기 때문에 대개 건강에는 별문제가 없다고 볼 뿐이다.

그런데 하늘에서 지상으로 내려오는 배경 방사선 중에 가장 주류라고 할 만한 것이 바로 다름 아닌 뮤온이다. 그러니까 지금 이 글을 읽는 중에 독자님이든 지금 글을 쓰고 있는 나든 지구에 사는 한은 분명 당장, 이 순간에도 하늘에서 내려오는 뮤온 한두 개쯤은 맞고 있는 중이다.

한국은 방사선에 대한 논쟁이 치열하게 많이 벌어지는 나라고, 언론에서 방사선 문제를 자주 다루기도 하는 나라다. 그런데 정작 누구나 항상 맞고 있는 방사선인 뮤온에 대한 실제 과학 기술 연구에 대해서는 다른 선진국에 비해 별달리 투자를 많이 하는 편은 아닌 것 같다. 나는 이런 사실이 굉장히 안타깝다.

지상에 있는 사람은 누구나 대략 몇 초, 몇십 초에 한 개 정도는 하늘에서 내려오는 뮤온을 맞는다. 혹시 만약 지하 깊은 곳의 특수 시설 같은 데에 계시는 독자님이라면 적어도 지금 이 글을 읽는 동안에는 뮤온을 하나도 맞지 않았을 수 있다. 아무리 뮤온이 방사선이라고 해도 콘크리트나 바위를 뚫고 깊이 들어가는 데는 한계가 있기 때문이다.

또 만약 독자님께서 우주선을 타고 나가 지구 바깥의 적당한 위치에 가 계시거나 다른 행성 근처에 머무르고 계신다면 역시 뮤온을 맞지 않았을 수도 있다. 뮤온은 보통 지구 하늘 높은 곳 즈음에서 생겨나는 것이 많기 때문이다. 그렇다는 이야기는 대부분의 뮤온은 우주 방사선 중에서도 우주에서 지구로 들어온 우주 방사선의 영향을 받아 지구의 하늘에서 새로 생겨난 2차 우주 방사선 또는 3차 우주 방사선에 해당한다는 뜻이다. 이렇게 하늘에서 생겨나 떨어지는 뮤온의 속력은 무척 빠르다. 그렇게 빠른 속력으로 날아가는 물체를 사람이 만들어 내는 것은 불가능하다고 생각될 정도로 뮤온은 빠르게 바닥으로 내려꽂힌다. 빠른 것은 시속 수천만 킬로미터에 달하는 속력으로 지상에 떨어지기도 한다.

쏜살같이 빠르다는 말이 있는데, 쏜 살이란 쏘아 놓은 화살을 뜻한다. 그런데 화살이 날아가는 속력은 빨라도 시속 200킬로미터에서 300킬로미터 사이 정도다. 총알이 날아가는 속력조차 고작해야 시속 수천 킬로미터에서 만 몇천 킬로미터 수준이다. 그러나 뮤온은 그보다도 훨씬 더 빠른 속력으로 지금도 우리 몸 위로 떨어진다. 일상에서 사람의 몸과 어느 정도 반응을 일으킬 수 있는 물질 중에 빛을 빼면 하늘에서 떨어지는 뮤온만큼 빠른 것도 흔치 않다. 그러므로 현대 사회에서는 쏜살같이 빠르다는 표현 대신에 뮤온같이 빠르다는 말이 더 화끈하고 더 과학적으로 정확하다고 할 수 있다.

그리고 그렇게나 빠르게 날아가기 때문에 뮤온은 다른 물체를 쉽게 꿰뚫고 통과한다. 꿰뚫는다고 해도 뮤온은 대단히 작고 가벼운 물질이기 때문에 구멍을 남기거나 뮤온을 맞았을 때 아프다거나 하지는 않는다. 뮤온은 같은 속력의 전자보다도 훨씬 더 물체를 잘 통과할 수 있다. 그리고 뮤온은 꼭 전자처럼 음전기를 띠고 있다. 그렇기 때문에 다른 물체 속에 들어갔다가 그 물질 속에 있는 전기를 띤 성분 때문에 이끌리거나 밀리다 보면 날아가는 방향이 휘거나 속력이 늦춰지는 현상도 나타난다. 그런 모습은 뮤온과 전자가 비슷하다.

그래서 뮤온이 다른 물체를 깊이 파고들다 보면 결국은 이런저런 전기의 영향을 받아서 속력이 줄어들고 그 물질을 통과하지 못하는 경우도 생긴다. 그렇다는 말은 물질이 빽빽하게 많이 모여 있는 곳일수록 뮤온은 통과하지 못하고 잘 차단된다. 딱딱하고 무거운 재질의 물질이 밀집해 있는 재질로 감싼 곳에서 뮤온을 측정해 보면 뮤온이 덜 측정된다는 뜻이다. 마치 X선 사진을 찍듯이 사람을 향해 뮤온을 뿜어 주고 사람을 통과한 뮤온의 양을 측정해 보면, 살을 통과해 온 뮤온에 비해 뼈를 통과해 온 뮤온이 적게 측정될 것이다. 위치를 바꾸어 가면서 뮤온이 측정되는 양을 정밀하게 기록해 지도를 그린다면 뮤온이 어떤 물질을 통과해서 오고 있는지 그림을 통해 알 수 있다. 꼭 X선 사진을 찍은 것 같은 그림을 그리는 것도 가능하다.

X선 사진에 비하면 세밀한 그림을 그려 내기는 어렵다. 뮤온이 워낙 여러 물질을 잘 통과하기 때문에 세세한 차이에는 잘 영향을 받지 않기 때문이다. 그리고 뮤온은 하늘에서 떨어지는 것이므로 우리 마음대로 어디에 얼마나 뮤온을 뿜어줄지 조종하기도 어렵다. 만약 깨끗한 몸속 뼈 모습을 그려 낼 수 있을 만큼 뮤온을 측정하려면 한 자리에서 오래 뮤온을 측정해야 할 것이다. 그러므로 사람의 몸속을 찍는 용도로 뮤온을 활용하기는 어렵다. 그러나 훨씬 크고 거대한 물체의 내부를 살펴보는데 뮤온을 쓴다면 어떨까?

이집트의 피라미드는 고대 이집트의 가장 대표적인 유적이다. 그래서 긴 세월 수많은 사람이 관심을 갖는 건축물이기도 했다. 그러나 그에 비해 우리가 아는 정보는 충분하지 않다. 거대한 피라미드의 내부에 정확히 무엇이 있는지, 어떤 의도로 그 속에 어떤 시설과 공간을 마련했는지에 대해서는 여전히 여러 가지 설이 있다. 소문일 뿐이기는 하지만, 피라미드도 내부에서 잘만 길을 찾아 들어가서 미로 같은 통로를 통과하면 아무도 본 적 없는 숨겨진 보물로 가득한 방이 있다는 부류의 이야기도 흔히 영화나 소설의 소재가 되곤 한다. 훨씬 더 진지한 연구를 위해서 피라미드 내부 구조를 궁금해하는 사람들도 많다.

그렇지만 피라미드는 워낙에 크고 튼튼한 돌로 된 건물이라서 그 내부 이곳저곳을 사람이 파헤치고 다닐 수가 없다. 수천 년 된 인류의 가장 소중한 문화유산이라고 할 만한 물건이다 보니 함부로 부수어서 아무렇게 파고 들어갈

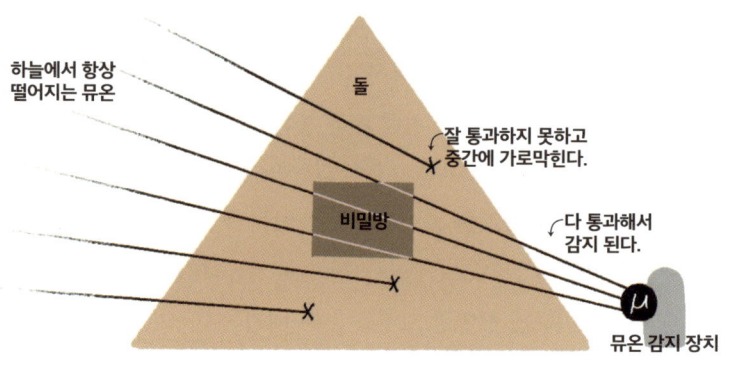

〈뮤온으로 피라미드 속 관찰하기〉

수도 없다. 즉 피라미드는 그 내부가 너무나 궁금한 물체이지만 겉을 부술 수는 없는 물체다.

비파괴검사 기술이라고들 하는, X선 촬영 장치 같은 것을 이용해서 바깥에서 내부를 건드리지 않고 피라미드 내부를 살펴본다면 좋기는 할 것이다. 그러나 피라미드를 통째로 통과할 수 있을 정도로 강력한 X선을 피라미드 전체 크기만큼 뿜는 장치를 만들고 사용하는 일에는 어려운 점이 많을 것이다.

그런데 가만 보니 우리에게는 하늘에서 공짜로 우리를 위해 항상 가동시켜 주고 있는 X선 장치 같은 것이 있다. 바로 뮤온이다.

그래서 이미 수십 년 전에 피라미드 주변에서 여러 방향으로 내려오는 뮤온을 정밀하게 측정해 보면 피라미드 내부를 통과하는 과정에서 뮤온이 얼마나 영향을 받는지를 따져 볼 수 있을 거라는 제안이 나왔다. 정말로 그 제안대로 연구를 진행하고 측정해서 뮤온에 대한 많은 자료를 모두 종합해서 하나의 그림으로 나타내면 피라미드 내부가 투시의 초능력을 써서 들여다보는 것처럼 보일 것이다.

영화《슈퍼맨》에 자주 나오는 투시 초능력은 기껏해야 건물 벽을 통과해서 그 안에 누가 있는지를 보는 것 정도인데 뮤온의 힘을 이용하면 이런 식으로 건물 몇 채의 두께를 가진 피라미드 중심을 들여다볼 수 있다. 이 기술은 어차피 하늘에서 지상으로 언제나 떨어지고 있는 뮤온을 측정하는 것이기 때문에 추가로 방사선을 새로 만들어서 쓰거나 하지도 않는다. 그래서 X선 촬영처럼 방사선을 많이 쬐일 때 문제가 생긴다든가 하는 등의 단점도 없다.

결국, 피라미드 내부를 뮤온으로 촬영해 보자는 연구는 정말로 설득력을 얻어 세계 여러 나라의 협력 연구로 진행되었고 어느 정도 성과를 거두기도 했다. 2016년 피라미드를 뮤온으로 연구한 스캔 피라미드(Scan Pyramid) 사업에는 일본 연구팀도 참여 했다. 이후 세계 여러 나라에서는 다양한 형태의 뮤온을 이용한 탐사 연구가 진행되었다. 크고 딱딱한 물체의 내부를 투시해서 들여다보는 작업에 다양하게 뮤온을 사용해 보자는 제안이 나왔다. 이탈리아에서는 피렌체에 있는 거대한 성당 지붕의 내부 구조를 알아내기 위해 뮤온을 측정해 살펴보자는 연구가 제안되었고, 영국에서는 너무 옛날에 건설해서 지금은 설계도가 제대로 남아 있지 않은 지하 터널들의 구조를 살펴보기 위해 뮤온을 측정해 살펴보자는 연구도 제안되었다.

그리고 마침내 2020년 전후로는 일본 도쿄대 다나카 히로유키(Tanaka Hiroyuki) 연구팀이 참여한 화산 연구의 결과도 발표되었다. 일본 과학자들은 일본에서 활동 중인 화산 속을 뮤온을 통해 살펴보는 연구를 결국 성공시켰다. 땅속 깊은 곳에서 마그마가 꿈틀거리는 어렴풋한 모습이 연구 논문에 실렸다. 이런 식으로 연구를 발전시키면 화산 속을 꿰뚫어 보면서 화산이 폭발할 조짐을 미리 눈치챌 수도 있을 거라는 희망도 품을 수 있었다.

미래에 그런 일이 정말로 가능해진다면, 발해를 멸망시킬 만큼 큰 화산이 폭발한다고 하더라도 위험 지역의 국민들에게 미리 대피하라고 나라에서 알려 생명을 지킬 수 있을 것이다. 그렇게 국민을 잘 지킬 수 있다면 거란족의 습격이 아니라 더 큰 위기가 생기더라도 이겨 낼 수 있다. 이런 일은 나라에서 투자할 가치가 있다고 많은 사람이 공감할 만한 일이다.

한국에서도 한반도 인근의 화산들을 뮤온 측정으로 연구해 보자는 제안이 나왔다. 또 한국원자력통제기술원을 비롯한 몇몇 한국 연구 기관의 협력으로 뮤온으로 물체 내부를 들여다보는 크기가 작은 장치를 개발해 2021년에 발표한 적도 있었다. 한국원자력통제기술원에서는 이 기술을 뮤온 단층촬영(muon tomography)이라고 불렀는데, 여기서 만든 장치는 핵폐기물 덩어리같이 함부로 뜯어 보기에는 위험한 물건의 내부를 살펴볼 때 뮤온을 활용해 들여다보자는 용도였다.

처음 뮤온에 대해 사람들이 알게 되었을 때, 뮤온은 괜히 나타난 알 수 없는 물질일 뿐이었다. 연구가 진행된 초기에도 하늘에서 사람들을 향해 쏟아지는 방사선의 대표였기에 어째 기분 나쁜 느낌을 주는 물질인 정도였다.

그런데 조금 더 관심을 갖고 다양한 방향으로 연구가 펼쳐지자, 이제 우리는 그 뮤온의 성질을 역으로 이용해서 사람들의 안전을 지키는 기술도 개발할 수 있게 되었다. 나는 이런 점이 과학의 짜릿함이라고 생각한다. 모든 현상이 항상 좋은 것도 아니고 항상 나쁜 것도 아니다. 어떻게 그 현상을 활용하느냐에 따라 나쁜 것처럼 보였던 현상도 역으로 얼마든지 좋게 사용할 수 있다는 데 과학의 멋이 있다.

뮤온 연구가 자리 잡으면서, 사람들은 뮤온이 많은 점에서 전자와 닮았지만 무게는 한참 무거운 물질이라는 사실을 여러 면에서 더 명확하게 확인하게 되었다. 어떻게 보면 뮤온은 방사능을 띤 전자 같은 물질이라고도 말해 볼 만한 물질이다.

그래서 뮤온은 항상 뮤온 상태로 언제까지나 그대로 있는 것이 아니다. 시간이 흐르면 뮤온은 방사선을 내뿜고 흔한 전자로 변해 버린다. 그 세부 사항은 무척 다르지만 변화하는 모습만 보면 무거운 탄소 C-14가 방사선을 내뿜고 질소로 변하는 것과 비슷한 느낌을 주는 현상이다.

그렇기에 과학자들은 전자와 뮤온을 한 묶음으로 묶고, 그 둘이 양성자와 중성자보다 가벼운 물질이라는 뜻으로 가볍다는 뜻의 그리스어를 변형한 말인 렙톤(lepton)이라는 부류로 분류하고 있다. 한자어로 번역해 경입자라고 부르기도 한다. 지금도 전자와 뮤온은 경입자로 분류되는 대표적인 기본 입자다.

그에 비해 양성자, 중성자 같은 물질은 무겁다는 뜻의 그리스어를 변형하여 바리온(baryon)이라는 이름을 붙여 부른다. 역시 한자어로 반영해 중입자라고 부르기도 한다. 나중에 중입자로 분류했던 양성자, 중성자가 진정한 기본 입자가 아니고 쿼크 세 개의 조합으로 된 물질이라는 사실이 밝혀지면서 요즘에는 쿼크 세 개가 조합된 물질을 중입자라고 부르게 되었다. 그래서 현대 과학에서는 우주의 모든 물질을 이루는 가장 작은 재료인 기본 입자를 크게 둘로 나누어 분류해 보면 경입자와 쿼크가 있다고 말하고 있다.

강력 이론의 중요한 핵심을 제안한 한무영을 비롯해 머리 겔만, 셸던 글래쇼, 메리 갤리어드, 이휘소, 팅, 릭터 등등 많은 과학자들이 힘을 모아 이룩한 11월 혁명 이후, 과학자들은 쿼크에 총 네 가지가 있다고 생각하게 되었다. 그 네 가지는 위 쿼크, 아래 쿼크, 맵시 쿼크, 기묘 쿼크였다.

그런데 위 쿼크, 아래 쿼크에 비해 맵시 쿼크, 기묘 쿼크는 그 무게가 한결 더 무겁다. 그래서 전자의 무거운 버전이라고 할 수 있는 뮤온이 있다는 것과 무척 비슷해 보인다.

더 아름다운 사실은 전자와 뮤온의 음전기 세기가 똑같았던 것처럼, 위 쿼크와 그 무거운 버전인 맵시 쿼크의 양전기 세기도 서로 똑같았다는 점이다. 대충 비슷한 정도가 아니다. 이번에도 딱 맞아떨어지게 똑같았다. 또 아래 쿼크와 그 무거운 판인 기묘 쿼크의 음전기 세기도 서로 똑같았다.

그러니까 세상의 물질을 이루는 가장 단순하고 작은 재료인 경입자와 쿼크는 가벼운 것과 무거운 것, 각각 두 가지 버전이 있다고 말해 볼 수 있었다. 경입자 중에 가벼운 물질인 전자, 무거운 물질인 뮤온이 있다. 마찬가지로 쿼크에도 각 두 개씩 가벼운 것들과 무거운 것들이 있다.

이렇게 이야기해 보면 그런대로 깔끔하게 세상 모든 물질의 근본적인 재료를 정리해서 이야기해 볼 수 있을 것 같았다. 정확한 원리는 잘 알 수 없지만, 경입자와 쿼크가 서로 반대면서 조화를 이루고, 가벼운 것과 무거운 것이 서로 반대면서 조화를 이룬다는 식으로 어떻게든 설명한다면 그런대로 쉽게 설명할 방법을 찾을 수 있을 것 같은 모습이었다.

그러나 11월 혁명이 일어난 지 얼마 지나지도 않아, 전자, 뮤온보다 한결 더 무거운 또 다른 새로운 물질이 그만 덜컥 하나 더 발견되고 말았다. 마침 이렇게 새롭게 발견된 더 무거운 버전의 전자 같아 보이는 물질도 음전기를 띠고 있었는데 그 전기의 세기는 이번에도 뮤온, 전자의 전기 세기와 아주 똑같았다.

이번에는 다들 진이 빠졌는지, "누가 이런 것을 또 하나 더 주문했단 말인가?"라고 탄식했다는 이야기조차 찾아볼 수 없다.

타우온 tauon
잠깐 나타났다 사라지는 전자의 더욱 무거운 친척

빛의 속도는 일정하지만 시간이 변화한다

1500년대 초 전라도 출신으로 상당히 유명했던 선비 중에 남추라는 사람이 있었다. 그는 여느 재능이 뛰어난 선비들처럼 과거 시험에 급제하여 높은 벼슬을 살 만해 보였던 인재였다. 그런데 그는 몇 가지 불운으로 나라에서 죄를 지었다고 처벌 받고 귀양살이도 하며 젊은 나이에 한동안 고생하게 된다. 겨우 고생이 끝나고 벼슬길이 막 열리나 싶었는데, 얼마 지나지 않아 남추는 조광조 일파로 몰리면서 출세길이 다시 막히게 된다.

지금이야 조광조가 조선의 대표적인 선비로 높이 평가받고 있지만 한때는 조광조의 후배나 제자라고 하면 벼슬살이가 힘들어지던 시대가 있었다. 남추는 바로 거기에 당했다. 그는 그 때문에 또 곤경을 겪다가 30세 전후 즈음의 나이에 갑작스레 병으로 사망한 것으로 추정된다.

역사에서 확인되는 이야기는 여기까지다. 그런데 그의 인품이 주변 사람들에게 인상을 남길 만했는지, 남추에 대한 이상한 소문이 생겼다. 벼슬길이 막힌 그가 세상사에서 성공하는 일에 환멸을 느끼고 보통 사람을 접할 수 없는 신비로운 지식에 대한 깨달음을 찾는데 나섰다는 것이다.

이에 따르면 남추는 얼마간 세월이 흐르자 그 뛰어난 두뇌로 갖가지 도술이며 인생의 근원에 대한 깊은 통찰을 얻어 마치 신선과 같은 경지에 이르렀다고 한다.

미국 SLAC 연구소

    조선 후기의 작가 신독본이 남긴 이야기책인 『학산한언』에 따르면 남추가 사는 곳 근처에 살던 사람이 문득 하늘에서 음악 소리가 들리기에 그쪽을 보았던 일이 있었다고 한다. 그런데 놀랍게도 남추가 말을 타고 하늘을 날아 올라가고 있었다고 한다. 남추가 젊은 나이에 갑자기 목숨을 잃은 것이 아니라 사실은 일상 세계를 떠나서 천상 세계로 옮겨 가 사는 경지에 도달했다는 전설이다.

    『학산한언』에는 남추에 관한 또 다른 이야기도 하나 실려 있다. 음력 2월 어느 봄날에 남추는 하인에게 자신이 쓴 편지를 지리산 청학동에 있는 어느 집에 전하라고 시켰다. 하인이 남추가 말한 곳에 가 보니 대단히 아름다운 집 한 채가 있었다고 한다. 그리고 그 집에는 구름 같은 갓을 쓴 자줏빛 옷을 입은 남자와 나이가 아주 많은 노인이면서도 굉장히 건강해 보이는 사람 두 사람이 한가롭게 지내고 있었다. 하인은 두 사람이 소일하는 것을 구경하면서 답장을 써 줄 때까지 하루를 편하게 지내다가 그 집에서 다시 나왔다. 그런데

산 아래로 내려 와 보니 계절이 바뀌어 음력 9월 초가 되어 있었다. 신선 같은 두 사람이 있는 곳에서 딱 하루를 머물렀을 뿐인데, 그 바깥에 나와 보니 반년에 가까운 시간이 흘러 버렸다는 이야기다.

이 이야기는 조선에서 상당히 인기가 있었던 것 같다. 거의 같은 이야기가 박지원의 『열하일기』중「피서록」에도 실려 있다. 이 비슷한 이야기도 여러 편 돌았다. 꼭 이야기 주인공이 남추나 남추의 하인이 아니라고 하더라도 신선이 사는 곳에 평범한 사람이 다녀왔더니 잠깐 사이인데도 현실의 세상은 많은 시간이 흘러 있더라는 부류의 전설은 이곳저곳에서 전해 내려오고 있다. 비슷한 전설은 중국에도 예로부터 있었고 근대 미국의 워싱턴 어빙이 쓴 단편소설「립 밴 윙클(Rip Van Winkle)」도 비슷한 소재를 다루고 있다. 그러니 세계 곳곳에서 비슷한 상상을 한 사람들이 여럿 있었던 듯싶다.

신기하게도 20세기 초 상대성 이론이 탄생하면서 이런 상상은 현실에서 활용할 수 있는 정교한 과학 이론의 한 분야가 되었다. 그리고 어떻게 하면 이런 일이 얼마나 벌어질 수 있는지 그 정도를 정확하게 계산할 수도 있게 되었다.

상대성 이론, 특히 그중에서도 기초를 이루는 특수 상대성 이론(the special theory of relativity)의 가장 설명하기 쉬운 핵심을 설명하자면 다른 방해하는 것이 없으면 그 무엇도 세상에서 가장 빠른 속력인 빛의 속력보다 더 빨리 움직일 수는 없으며 어디서 누가 보든지 그 가장 빠른 속력은 항상 같아 보인다는 사실이다.

20세기 초 과학자들이 한 장소에서 다른 장소로 무엇인가가 전달될 때 가장 빠르게 영향을 미칠 수 있는 속력의 한계라고 본 것이 바로 빛의 속도였다. 아무것에도 방해받지 않고 완전히 텅 빈 허공을 지날 때의 빛의 속도는 그냥 보기에도 가장 빨라 보였고, 1900년 무렵 나온 여러 과학 이론을 살펴볼 때도 더 이상 빠를 수 없는 최대한의 속도로 날아가는 것이 빛이라고 하면 어울려 보였다.

그런데 무슨 물체를 던지는 장면을 한 번 상상해 보자. 보통은 무슨 물체든 앞으로 움직이면서 물체를 던지면 그 날아가는 속도를 더 빠르게 만들 수 있다. 예를 들어 지상에서 발사하는 미사일의 속력이 시속 500킬로미터라고 하자. 그런데 이 미사일을 시속 1000킬로미터로 날 수 있는 FA-50 같은 전투기에 매달고 공중에서 발사했다고 치자. 그 모습을 지상에서 보면 전투기가 원래 날아가는 속도 시속 1000킬로미터에다가 미사일 속도 시속 500km가 더 해져서 시속 1500킬로미터로 미사일이 날아가는 것처럼 보일 것이다.

실제로도 이런 이유 덕택에 미사일을 지상에서 발사할 때 보다 공중에서 발사하면 같은 연료로도 더 멀리 날아갈 수 있다. 더 빨리 날아가기 때문이다.

그렇다면 FA-50에 빛을 무기로 사용하는 레이저 무기를 장치하면 어떻게 될까? 실제로 한국군은 2020년대 중반에 천광이라고 하는 일종의 레이저 광선포를 배치했다. 당연히 천광에서 발사하는 레이저는 빛의 속도로 날아간다. 그렇다면 레이저 무기 천광을 소형으로 만들어서 철수가 조종하는 FA-50 전투기에 달고 시속 1000킬로미터로 날아가면서 레이저 광선포를 발사한다고 치자.

그 모습을 지상에 서 있는 영희가 보면 어떻게 보일까? 레이저가 빛의 속도보다 시속 1000킬로미터만큼 더 빨리 날아가는 것으로 보일까? 상대성 이론의 결론은 그럴 수는 없다는 것이다. 아무리 비행기를 타고 날아가면서 빛을 쏘아도 그 빛은 더 빨라지지 않고 원래 빛의 속도대로 보인다. 이런 사실은 여러 차례 실험을 통해서도 확인되었다.

우주에서 가장 빠른 속도가 빛의 속도이기 때문에 누가 보든 그보다 더 빠른 속도는 나타날 수 없다. 어떻게 이런 일이 있을 수 있을까? 전투기를 타고 날고 있는 철수가 보기에는 레이저가 그냥 빛의 속도로 정상 발사된 것으로 보인다. 그런데 같은 레이저가 지상에 가만히 서 있는 영희가 보기에도 역시 같은 빛의 속도로 날아가는 것처럼 보일 수가 있을까? 이런 일은 일어날 수 없지 않을까? 사실은 빛이 영희가 보고 있으면 느려지는 것일까?『삼국유사』에는 바다에 사는 거대한 거북이 괴물조차 수로부인이라는 사람의 아름다움에 반해서 바다를 헤엄치다가 수로부인을 보고 바다 밖으로 잠시 나왔다는 이야기가 실려 있는데, 그 비슷하게 빛조차 영희가 쳐다보고 있으면 날아가다가 속도를 늦추는 것일까? 그럴 리는 없다.

이 문제를 해결하기 위해서 상대성 이론은 대단히 전위적인 방법을 사용한다. 그것은 빛의 속도는 항상 일정하지만, 시간이 변화한다는 것이다. 오랜 세월 수많은 사람이 시간은 언제나 누구에게나 변함없이 항상 똑같이 흘러간다는 것을 당연하게 생각해 왔지만 상대성 이론은 그 당연한 틀에서 과감하게 벗어난다. 상대성 이론은 여기에 더해 공간조차도 변화한다고 본다.

이에 따르면 빨리 움직이는 물체에서는 아주 조금이지만 시간이 느리게 흘러가는 듯한 모습을 나타내게 된다. 상대성 이론에서 그 정도를 계산하는 방법을 로렌츠 변환(Lorentz transformation)이라고 부른다. 로렌츠 변환을 사용해서 물체의 움직임에 따라 시간과 공간이 얼마나 변화하는지를 계산해 보면 언제나 빛은 우주에서 가장 빠른 속도로 움직인다는 사실이 항상 명확하게 나온다. 다만 빛이 지나가는 시간과 공간이 변할 뿐이다.

일상생활에서는 움직임에 따라 시간과 공간이 변화하는 것을 느끼기는 어렵다. 어지간히 빠르게 움직이지 않으면 그런 변화를 알 수가 없기 때문이다. 그렇지만 빠르게 움직이는 물체일수록 그 정도는 조금씩 크게 나타난다.

실제로 1971년 미국에서 실시한 하펠-키팅(Hafele-Keating) 실험에서는 정밀한 시계를 비행기 두 대에 싣고 서로 반대 방향으로 빠르게 날아간 뒤 얼마 후 살펴본 적이 있다. 그랬더니 1억 분의 1초 이상 시간의 흐름이 달라져 있었다. 로렌츠 변환으로 계산해 보면 만약 시속 9억 킬로미터 정도로 철수가 비

〈상대성 이론의 시간 지연〉

행기를 타고 날아갈 수 있다면, 비행기를 타지 않을 때 보다 절반 밖에 시간이 흐르지 않게 되는 것도 가능하다. 지상에 있는 영희가 보면 영희 입장에서는 2시간이 지났다고 생각하지만, 시속 9억 킬로미터로 날아간 철수의 시간은 1시간밖에 지나지 않는다는 이야기다.

만약 조선시대에 남추의 하인이 지리산 청학동에 있는 신선이 머무는 집에 찾아갔을 때 그 집이 모르는 사이에 슬며시 떠올라 어디로인가로 빠르게 날아갔다고 상상해 보자. 남추의 하인은 잘 몰랐겠지만, 신선이 머무는 그 집이 사실은 신비한 모습을 지닌 우주선이나 비행접시였고 지구 바깥으로 날아가서 빠르게 움직이다가 다시 지리산으로 돌아왔다면 그 우주선 모양의 집이 얼마나 빨리 날아다녔느냐에 따라 그 안에 있던 사람은 지구의 다른 곳 사람들보다 더 천천히 시간이 흘러가는 듯한 모습을 나타내게 된다.

우주선이 어떤 모양으로 움직였는지에 따라 많이 달라지기는 하겠지만, 대략 추산해 보면 우주선이 시속 10억 7천 9백 2십만 킬로미터 이상으로 계속 움직이다가 지구로 돌아올 경우, 우주선 안에 있는 사람이 하루 밖에 안 지났다고 느끼지만 지구의 다른 사람들은 반년쯤 시간이 지났다고 느끼는 일도 가능하다. 그런 엄청난 우주선을 만드는 것은 매우 어렵겠지만 만약 성공한다면 현실에서도 남추의 하인이 청학동에서 겪었던 일이 벌어질 수 있다는 이야기다.

이렇게 빠르게 움직이는 물체에서 시간이 더 느리게 흘러가는 듯이 보이는 현상을 흔히 시간 지연(time dilation)이라고 부른다. 남추의 전설을 존중한다면, 나는 이러한 시간 지연을 '청학동 효과'라든가 '남추 하인 현상'이라고 불러도 괜찮을 거라고 생각한다. 또 상대성 이론을 이야기할 때 이런 문제를 좀 더 헷갈리게 변형한 것을 흔히 쌍둥이 역설(twin paradox)라고 부르고 보통 쌍둥이인 앨리스와 밥을 등장시켜 설명하곤 한다. 나는 그 대신에 동년배인 남추와 하인을 등장시켜서 설명하고 그 문제를 '남추 역설'이라고 불러도 괜찮을 거라고 생각한다.

상대성 이론의 활용

상대성 이론은 세상 모든 물질의 기본 재료인 작디작은 알갱이들에 관해 연구할 때 같이 따져 주어야 할 때가 많다. 하늘에서 땅으로 떨어지던 우주 방사선 중에는 대개 어마어마한 속도로 땅을 향해 내려꽂히는 것들이 많다. 그리고 실험실에서 인공적으로 만들어 낸 물질 역시 굉장한 속도를 갖고 날아다니는 것들이 흔하다. 그러므로 기본 입자들의 시간, 속도, 무게, 성질 등등을 따질 때는 대부분 상대성 이론을 활용해야 한다. 그래야 그 물체들의 움직임을 시간과 공간의 변화까지 따져서 정확하게 살펴볼 수 있기 때문이다.

1975년 연말 무렵 마틴 펄(Marin Perl) 연구팀이 관찰한 현상의 정체를 밝히기 위해서도 상대성 이론은 필요했다. 그때 펄이 발견한 현상은 사실 명확하지는 않았다. 그래서 1975년 연말에 그가 발표한 논문을 보아도 그냥 무엇인가 이상한 현상을 발견했다고만 되어 있을 뿐이다. 펄은 자신이 새로운 물질을 찾아냈다거나 자기가 찾아낸 물질이 무슨 새로운 기본 입자쯤 된다고 강하게 주장하지 않았다.

그럴 수밖에 없는 것이 그가 찾아낸 물질은 대단히 짧은 시간이 지나면 바로 방사선을 내뿜고 다른 물질로 변해 버리는 성질을 갖고 있었다. 방사능을 띤 물질 따위가 생겨난 후 방사선을 내뿜고 변해 버리기까지 걸리는 평균 시간을 흔히 그 물질의 수명(lifetime)이라고 부른다. 이렇게 생각해 보면 물질은 태어난 후 수명대로 삶을 살다가 마지막 순간 사라지면서 방사선을 내뿜고 다른 물질로 변한다고 말해 볼 수도 있다.

방사선을 내뿜으며 다른 물질로 변하는 순간을 붕괴(decay)라고 하는데 decay에는 썩는다는 뜻도 있으므로 어떤 물질이 태어나 수명대로 살다가 수명이 끝나면 썩어 버리면서 변한다고 말할 수도 있겠다. 반대로 방사선을 내뿜지 않는 보통의 물질들은 수명이 아주 길거나 무한대라고 볼 수도 있을 것이다.

마틴 펄이 찾아낸 물질의 수명은 300펨토초가 되지 않았다. 1펨토초는 1000조 분의 1초를 말한다. 그러니까 그가 찾아낸 물질은 태어난 뒤 30조 분의 1초가 지나면 그 사이에 삶을 다 살고 썩어서 사라져 버리며 다른 물질로 변하는 그런 물질이었다. 이렇게 짧은 시간 동안 세상에 나타났다가 사라지는 물질에 대한 무엇인가 연구하고 살펴보는 일은 대단히 어렵다.

그런데 상대성 이론을 활용하면 한 가지 묘수가 생긴다. 상대성 이론의 시간 지연, 그러니까 청학동 효과가 우리에게 조금 더 연구할 수 있는 시간을 만들어 주기 때문이다.

만약 펄이 찾아낸 물질을 청학동에서 만들고 청학동 바깥에서 이 물질을 관찰한다면 어떻게 보일까? 이 물질 입장에서는 여전히 30조 분의 1초밖에 안 되는 짧은 시간이 흘러갔다고 느낄 것이다. 그러나 바깥세상은 시간이 훨씬 빨리 흐른다. 반대로 말해 보면 청학동은 시간이 느리게 흐르는 곳처럼 보인다는 뜻이다. 바깥세상 사람들이 청학동 안의 물질을 보면 이 물질이 천천히 흐르는 시간 속에서 꽤 오랜 시간을 보내는 것처럼 보일 것이다. 이런저런 관찰을 해 볼 만한 시간 동안 삶을 살다가 가는 것 같을 것이다.

다시 말해 관찰하려는 물질을 우주로 날아가는 우주선처럼 빠르게, 더 빠르게, 아주 빠르게 움직여서 시간 지연을 많이 일으키면 그 물질을 관찰할 수 있는 시간은 더 늘어난다. 그리고 기본 입자들에 대해 실험하는 곳에서도 바로 이런 원리를 이용해서 굉장히 빠르게 물질이 움직이면서 벌어지는 현상을 조금 더 오래 세심히 살필 수 있다.

자주 벌어지는 현상 중에는 땅 위에 사는 사람들이 하늘에서 떨어지는 뮤온을 맞게 되는 이유도 사실은 상대성 이론과 시간 지연 효과, 곧 청학동 효과 때문이다. 뮤온의 수명도 길지는 않다. 고작 2마이크로초, 그러니까 50만 분의 1초 정도다. 이 정도면 하늘 높은 곳에서 생긴 뮤온이 땅에 닿기도 전에 그 수명은 끝나버린다. 땅에서 우리가 뮤온을 맞기도 전에 뮤온은 사라질 것이다. 이런 식이라면 지상에 있는 사람들은 아무도 우주 방사선인 뮤온을 맞지 않고 살 수 있을 것이다.

그런데 뮤온이 떨어지는 속도가 너무 빠르다. 그래서 실제로는 상대성 이론에 따라 뮤온의 시간은 천천히 흐르는 것 처럼 보인다. 뮤온 입장에서는 여전히 50만 분의 1초 만에 삶이 끝나는 느낌이다. 하지만 바깥에서 우리가 보기에는 그보다 훨씬 더 시간이 많이 흐른다. 뮤온이 겪는 시간이 느리게 흐리는 것으로 보이기 때문이다. 그래서 뮤온은 땅에 떨어질 때까지도 수명이 남아 있다. 그 때문에 우리 머리 위로 뮤온이 떨어져 닿게 된다.

마틴 펄이 발견했던 새로운 물질은 실험 장치 속에서 어찌나 강렬한 시간 지연을 일으키는지, 현대에는 이 물질이 몇 밀리미터 정도를 움직이면서 남긴 흔적을 관찰할 수 있을 정도다. 몇 밀리미터면 여전히 작아 보이기는 한다. 그렇지만, 그래도 이 정도만 해도 눈으로 볼 수 있을 정도의 크기다. 다양한 장비로 수많은 실험을 해 볼 수도 있는 흔적이다. 3조 분의 1초 사이에 남길 수 있는 흔적치고는 엄청나게 크다고 볼 수 있다.

상세한 분석을 거쳐 펄이 발견한 것은 결국 새로운 기본 입자로 판명되었다. 그 이름은 타우온(tauon)이다. 뮤온, 그리고 전자를 뜻하는 일렉트론(electron)과 같은 운율이 되도록 타우(tau)라는 말을 변형해 만든 말이다. 그래서 타우온 대신 그냥 짧게 타우(tau)라고만 부를 때도 있다. 이 물질이 경입자라는 점을 강조해서 타우온을 타우 경입자 또는 타우 렙톤 등으로 부르기도 한다.

성질을 조사해 보니 타우온은 뮤온보다 무게는 훨씬 더 무거웠지만, 나머지 성질은 뮤온과 매우 비슷했다. 그렇다는 이야기는 뮤온과 성질이 비슷한 전자와 타우온의 성질도 비슷하다는 뜻이다. 뮤온이 그랬던 것처럼 타우온도 음전기를 띠고 있고, 그 음전기의 세기는 전자의 음전기 세기, 뮤온의 음전기 세기와 정확히 같다.

즉 전자, 뮤온, 타우온이 하나의 가문을 이루고 있는 느낌이다. 마침 방사능을 따질 때에서는 어머니(mother)와 딸(daughter)이라는 말을 쓰기도 한다. 타우온이 방사선을 내뿜고 뮤온으로 변했다면, 흔히 타우온을 어머니 입자, 뮤온을 딸 입자라고 부른다.

아마도 이런 풍습은 생물학에서 세포가 분열할 때, 원래 있던 세포를 어머니 세포, 새로 생긴 세포를 딸세포라고 부르는 풍습에서 건너온 것이 아닌가 싶다. 예를 들어 1930년대, 원자력 발전소의 원리인 핵분열(nuclear fission)을 처음 설명한 리제 마이트너가 그 조카와 함께 핵분열이라는 말을 개발할 때, 생물학에서 세포가 쪼개지며 새로 생기는 세포 분열(fission)이라는 말을 가져와서 쓴 일이 있었다. 이렇게 생각하면 펄이 발견한 타우온은 뮤온이라는 딸을 낳을 수 있고, 뮤온이 다시 전자라는 타우온의 외손녀를 낳을 수 있는 관계라고 볼 수 있다.

그래서 세 입자 모두 경입자에 속한다고 분류하며, 경입자에 전자, 뮤온, 타우온이라는 세 개의 세대(generation)가 있다는 말도 자주 쓴다. 어머니, 딸 관계를 생각하면 타우온이 가장 윗세대가 되어야 할 것 같은데 이 분야에서는 족보를 쓰는 방식이 거꾸로라서 보통 제일 먼저 발견된 전자를 1세대, 그다음에 나타난 그보다 무거운 뮤온을 2세대, 타우온을 3세대 경입자라고 부른다.

마찬가지로, 쿼크의 경우 가장 가벼운 업 쿼크와 다운 쿼크를 1세대, 그다음으로 무거운 맵시 쿼크와 기묘 쿼크를 2세대라고 부르기도 한다. 1974년 사뮤엘 팅이 맵시 쿼크를 발견하면서 경입자와 쿼크 모두 2세대까지 있어서 뭔가 딱 맞아 든다는 사실을 발견했다. 모든 기본 입자들은 항상 가벼운 1세대와 무거운 2세대, 두 개의 세대가 있는 것일까?

그러나 1년도 채 지나지 않아 펄이 3세대 경입자 타우온을 발견해 그런 맞아 드는 느낌 따위는 깨어져 버리고 말았다. 너무나 공교롭게도 마틴 펄은 하필이면 사뮤엘 팅의 지도 교수 역할을 했던 적이 있었다. 사뮤엘 팅은 1976년에 노벨상을 받았는데, 스승보다 먼저 노벨상을 받은 제자인 팅이 노벨상 수상을 하기 전에, 스승인 펄이 다음 단계 연구를 발표해 버린 셈이다.

마틴 펄은 화학공학자 출신으로 대학을 졸업하고 전기 전자 부품을 만드는 회사에 취직해서 기술 담당 직원으로 일했던 사람이다. 그 시절, 여러 전자제품에 많이 쓰던 진공관을 생산하고 개발하는 업무를 맡았던 것 같은데 아마도 화학 지식을 이용해서 어떤 재질을 사용하고 어떤 약품으로 가공하면 질 좋은 제품을 싸게 만들 수 있는가 등의 고민을 하며 지냈을 듯하다.

그런데 진공관을 붙잡고 고민을 하다 보니 진공관 속에서 전자가 어떻게 움직이는지, 원자에서 어떻게 하는가? 등등의 문제에 펄은 흠뻑 빠져 버리고 말았다. 그래서 그는 한참 직장 생활을 하던 중에 다시 대학원 과정에서 입자 이론을 공부했고 결국 박사 학위를 받았다. 그는 처자식이 딸린 채로 대학원에 다니느라 굉장히 힘들었다고 자신의 삶을 회고한 적이 있다.

펄은 한 기고문에서 요즘 과학자들은 너무 결과를 빨리 발표하려고 애를 쓴다면서, 자신의 대학원 시절을 회고했다. 그에 따르면 그가 박사 학위 졸업을 앞두고 이지도어 라비 교수가, "내가 아는 프랑스 과학자에게도 결과를 한 번 확인해 보고 논문을 내자."라고 이야기했다고 한다. 하루 빨리 논문이 통과되어 졸업하는 날만을 애타게 기다리고 있는 대학원생은 초조한 마음이었을 텐데 멀리 프랑스 과학자의 의견을 물어본 뒤에 논문을 낸다니 굉장히 기다리기 힘들었을 것이다. 그런데 라비 교수는 그 프랑스 과학자에게 전화도 아니고 전보도 아니고 편지로 의견을 물어보았다고 했다.

결국, 프랑스 과학자가 자기 연구와도 잘 들어맞는다고 해서 논문이 잘 통과되었다고 쓰기는 했는데, 다른 말은 없어도 그 글을 읽어 보면 그때 대학원생 펄이 느꼈던 괴로움이 그대로 전해지는 것 같다. 펄이 그 글은 쓴 것은 그가 80세가 넘었을 때였다. 여든이 넘어서도 대학원 시절 교수가 프랑스로 편지를 보내며 기다려 보자고 했던 일이 여전히 마음속에 박혀 있었다는 것 아닌가? 펄을 가르친 교수였던 라비는 소싯적에 뮤온이 발견되었다는 소식을 듣고 한탄했다는데, 펄은 뮤온보다 더한 타우온을 발견했으니 무엇인가 앙갚음 같다는 생각도 괜히 한번 해 본다.

세월이 흘러 펄은 1995년에 결국 노벨상도 받았다. 이렇게 보면 과학이란 젊은 시기에 바짝 몰아서 연구해야 한다는 주장의 그 반대 증거에 해당하는 사람이 펄이라는 생각도 든다. 또 그는 과학의 분야를 엄격하게 나누어 놓고 자기 전문 분야가 아니면 넘으면 안 된다는 식의 발상도 초월하고 있다.

앞서 기고문에서 펄은 옛 시절에 비해 요즘 입자에 대한 이론은 너무 복잡하고 어려워져서 그 이론에 대한 실험을 하려는 사람이 제대로 이해하고 실험하기가 어렵다며 그것이 문제라고 지적하기도 했다. 이 역시 연구 분야를 넘어서는 이해와 교류를 강조하는 의견이다.

　상대성 이론은 마틴 펄의 연구와 같은 아주 작은 물질에 관한 연구나, 상대성 이론하면 쉽게 떠올릴 수 있는 원자력, 우주에 관한 연구 이외에도 의외로 여러 분야에 널리 쓰이고 있다. 가장 쉽게 설명해 볼 수 있는 것이 위성 위치 정보 서비스, 그러니까 흔히 GPS라고 부르는 기술이다. GPS는 여러 가지 위성 위치 정보 서비스 중에서도 가장 널리 쓰이는 미국에서 개발한 하나의 프로그램을 말한다.

　GPS로 내가 어디 있는지 알아낼 수 있는 이유는 우주에서 일정한 간격으로 지구를 돌고 있는 여러 대의 인공위성들이 아주 정밀한 수준으로 현재 시각을 측정해서 전파로 방송해 주고 있기 때문이다. 이때 전파도 빛의 일종이고 상대성 이론에서 빛의 속도는 항상 일정하므로 위성에서 전파가 나한테 올 때까지도 약간의 시간이 걸린다. 만약 내 위치가 위성과 멀리 떨어져 있으면 시간이 오래 걸릴 것이고, 만약 지금 내 위치가 위성과 가까이 있으면 시간이 적게 걸릴 것이다. 그렇다는 말은 여러 위성에서 방송해 주는 내용 중에 시각이 가장 빠르게 찍힌 것이 나와 가장 가까이에 있는 인공위성이 보내 준 내용이라는 뜻이다.

　그런 식으로 그 위치를 알고 있는 여러 대의 위성 중에 지금 현재 내 위치가 어느 것과 얼마나 가까운지를 위성이 보내 주는 시각을 보고 모두 알아낼 수가 있다. 그래서 그에 따라 역으로 계산을 해 보면 지구에서 내가 어디쯤에 있는지까지도 알아낼 수 있다. 이런 작업을 컴퓨터가 순식간에 자동으로 해 주기 때문에 GPS를 이용하는 자동차 내비게이션 프로그램에 내 위치가 바로 나온다.

　여기에 인공위성은 시속 수만 킬로미터 정도로 빠르게 움직이고 있기 때문에 정확한 계산을 위해서는 상대성 이론에 따른 시간 지연도 약간 계산해 주어야 한다. 더군다나 인공위성이 지구의 끌어당기는 힘인 중력을 덜 받기도 하므로 중력의 시공간 왜곡도 따져 주어야 한다. 중력의 시공간 왜곡을 계산할 때 쓰는 방법은 특수 상대성 이론보다 더 깊이 있는 이론인 일반 상대성 이론(general theory of relativity)이다. 그러니 우리가 항상 사용하는 GPS는 휴대용 초소형 상대성 이론 계산 장치라고 볼만하다.

대한민국 국토교통부 예규를 보다 보면 "GNSS에 의한 지적측량규정"이라는 규정이 보인다. 이 내용은 한국 곳곳의 땅 위치, 넓이, 방향 등을 따질 때 GPS를 이용하는 방법을 써 놓은 것이다. 그러니까 21세기 한국에서 부동산은 GPS를 기준으로 따질 때가 많다. 정말 많은 한국 사람들이 부동산에 울고 웃으며 인생을 거는데, 그 부동산의 바탕이 되는 기술도 따지고 보면 상대성 이론이다.

GPS 말고도 상대성 이론이 활용되는 분야는 생각보다 많다. 나는 대학원 시절 화학 연구에서 상대성 이론을 활용하는 것을 자주 보았다. 화학 물질의 성질을 정해 주는 핵심인 전자는 물질 속에서 보통 빠르게 움직이고 있다. 그리고 물질이 무거워질수록 전자의 움직임도 같이 빨라지는 수가 많다. 금, 은, 납 정도 되는 물질이면 그 속을 돌아다니는 전자 중에는 그 속도가 빛의 속도에 꽤 가까워지는 것들도 있다. 그렇다는 이야기는 그 물질의 성질에 대해 추측해 보기 위해서 전자의 움직임을 계산할 때 상대성 이론을 활용해야 정확한 결과가 나온다는 뜻이다.

그 시절 내 지도 교수님은 소싯적 상대성 이론을 잘 활용하면서도 풀이하기는 쉬운 효율적인 계산 방법을 개발해서 명망을 얻으신 분이었다. 그래서 그 방법을 나에게도 전수해 주려고 하셨다. 그러나 돌이켜 보면 나는 뺀질거리면서 안 배울 궁리만 한 학생이었다. 그때 좀 더 열심히 공부했더라면 상대성 이론을 이렇게 잘 활용해서 물질의 독특한 성질을 잘 알아낼 수 있었다고 자랑스레 이야기할 수 있었을 텐데 그렇지 못해 후회스러울 뿐이다.

마틴 펄이 처음 타우온을 발견한 지도 이제 약 50년이 지났다. 그러나 아직도 타우온에 대해서는 더 밝혀야 할 문제가 많다. 뮤온보다 더 무거우면서도 성질은 전자와 비슷한 3세대 경입자 타우온이 나왔으니 잘만 하면 4세대 경입자, 5세대 경입자, 6세대 경입자도 계속 나올 수도 있을 거라고 마틴 펄은 상상했다고 한다. 2세대 쿼크인 맵시 입자가 발견된 시점부터 따져 보면 그 후 3세대 경입자 타우온이 발견되기까지는 1년밖에 안 걸렸다. 그러니 그런 기대를 했을 만도 하다. 2세대 경입자 뮤온이 발견된 때부터 따져도 대략 40년이 지난 후 3세대 경입자인 타우온이 발견되었다. 그렇게 생각하면 타우온 발견 50년이 지난 지금쯤이면 4세대 경입자가 발견되고도 남을 것 같다. 그러나 50년 동안 타우온 보다 더 무거운 경입자는 단 하나도 발견되지 않았다.

전자, 뮤온, 타우온은 하나의 가문으로 성질이 비슷해서 같은 경입자라고 하는데 정말 성질이 어디까지 비슷한가에 대해서 의심을 품어 볼 만한 점도 있다. 예를 들면, 전자, 뮤온, 타우온에 강한 자력을 가했을 때 어떤 반응을 일으키는지 보고 그 결과가 똑같게 나타나는지 살펴보는 실험도 생각해 볼 수 있다. 흔히 $g-2$ 실험이라고 부르는 실험 방법이 바로 자력의 영향이 어떻게 나타나는지 알아보는 실험이다.

가장 흔하게 볼 수 있는 전자에 대해 자력의 영향을 측정하는 $g-2$ 실험을 해 보면, 우리가 지금까지 알아낸 입자 이론의 과학으로 계산해서 예상해 본 숫자와 결과가 아주 기막힐 정도로 꼭 맞게 일치한다. 그러므로 우리는 전자가 움직이고 반응하는 원리에 대해 원리를 잘 알고 있다고 생각할 수 있고 지금 우리가 아는 지식이 정확하다고 자부할 수도 있다. 그렇다면 전자와 한 가족인 뮤온과 타우온에 대해서도 그렇게 정확하게 잘 들어맞는 결과가 나타날까? 거기에 대해서는 의심하는 사람들이 있다.

예를 들어 2021년에 미국 브룩헤이븐 연구소에서 전자가 아닌 뮤온을 가져다 놓고 자력에 어떻게 반응하는지 $g-2$ 실험을 해서 측정한 결과를 발표했다. 그런데 그 결과는 실험 전에 계산으로 예상해 봤던 것과 약간 달라 보였다. 브룩헤이븐 연구소에서 이 사실을 크게 홍보했고 그래서 그 해에 뮤온 g-2 실험이 큰 화제가 되었다. 도대체 뮤온에 자력을 주면 무슨 일이 생기는 걸까? 비슷하다고 생각했던 전자에 자력을 주었을 때와 무슨 차이가 있었던 것일까? 혹시 전자와 뮤온의 차이점 중에 무게 말고 우리가 모르는 것이 무엇인가 있었다는 뜻일까?

만약 그렇다면 혹시 타우온을 구해서 자력에 반응하는 정도를 g-2 실험을 해서 측정해 보면 어떤 결과가 나올까? 타우온 g-2 실험 결과도 이미 나와 있기는 하다. 만약 좀 더 공을 들여 더 정확하게 측정해 볼 수 있다면 어떨까? 타우온 g-2 실험 결과는 뮤온 g-2 실험 결과와 비슷할까, 전자 g-2 실험 결과와 비슷할까?

어떤 과학자들은 이론에 따라 계산해 놓은 숫자와 실험 결과 사이에 약간의 차이가 나타난 것이 우리가 알지 못하는 새로운 과학이 숨어 있을 가능성을 보여 주는 거라는 희망을 품고 있다. 작게 보면 우리가 정확하다고 생각했던 문제 풀이 방법에 예상을 벗어나는 오류가 있었을 수 있다. 우리가 확실하게 재 보았다고 여겼던 어떤 숫자가 조금 잘못된 것이었을 수도 있다. 그런 것을 찾아내서 개선한다면 그것만 해도 덜 정확했던 지식을 더 정확하게 수정하는 의미 있는 일이 될 것이다.

더 큰 희망을 품어 본다면 우리가 모르고 있었고 그동안 잘 관찰할 수 없었던 새롭고 이상한 물질이 사실은 무엇인가 잠시 나타나서 영향을 미치고 어디인가로 사라졌다는 놀라운 이야기를 해 볼 수도 있다. 혹은 뭔가 놓치고 있었던 새로운 과학 원리가 있다는 중요한 현상에 대한 단서가 있었는지도 모른다.

타우온에 대한 연구를 그 밖에도 다른 방식으로 발전시켜볼 수도 있다. 타우온은 수명이 아주 짧고 너무 쉽게 다른 물질로 변화한다. 그렇다면 그 특성을 역으로 활용해 보는 것도 생각해 볼 방법을 사용해 볼 수 있을 것이다.

타우온은 독특하게도 자신이 경입자이면서도 수명을 마칠 때는 경입자가 아닌 쿼크로 된 물질을 내뿜을 때가 간혹 있다. 쿼크는 강력으로 서로 달라붙게 되는 물질이다. 그에 비해 경입자인 타우온은 쿼크가 아니다. 그러므로 강력의 영향을 받지 않는다.

그렇다면 타우온이 수명을 다하고 새 쿼크들이 탄생하는 그 과정을 잘 관찰하면 강력이 맨 처음 나타나서 작용하기 시작할 때에 생기는 일을 알아낼 수 있을 것이다. 그 과정에서 어렵고 복잡한 강력의 성질을 더 잘 알 수 있지 않을까? 강력에 대해 좀 더 이해할 수 있는 기회가 될 수도 있다. 이 이유 때문에 타우온 연구에 관심을 두는 과학자들이 꽤 많다.

그런데 타우온이 다른 물질로 변화하는 모습을 자세히 살펴보자면, 먼저 도대체 무슨 힘이 물질을 변화시키는지에 대해 알아야 한다. 그런데 물질의 근원을 변경시켜 주는 힘은 우리가 알고 있는 세상의 여러 가지 힘 중에서 가장 특이하고 이상한 성질을 갖고 있다.

W 보손 wboson
베타 붕괴 방사능 물질의 원인인 약력의 운반자

확률과 우연의 본질에 관하여

『조선왕조실록』 1547년 음력 7월 3일 기록을 보면, 조정의 신하들이 백악산에서 바위가 굴러떨어진 사건에 대해 걱정스럽게 이야기하는 장면이 나온다. 굴러떨어진 바위에 사람이 부딪혀 다쳤다거나 집이나 시설물이 부서진 피해 때문만은 아니다. 정황을 보면 그런 일은 없었던 것 같다. 이들이 걱정한 이유는 커다란 바위를 어떤 신령스러운 것으로 생각했기 때문이다. 그런데 그 바위가 갑작스레 움직임을 보이니 이것이 불길한 조짐이자 신령의 분노라고 여긴 것이다. 명종 임금이 "서울의 주산이 붕괴했다!"면서 두려워할 정도였다.

예로부터 한국에는 커다란 바위나 돌을 신령이라고 숭배하는 문화가 굉장히 널리 퍼져 있었다. 어지간한 동네 뒷산에도 사람 형상을 닮은 바위가 있으면 선녀바위, 장군바위 같은 이름을 붙이고 그 바위 앞에서 기도하는 광경을 흔하게 볼 수 있다. 지금도 전국 곳곳에 선돌, 선바위, 또는 같은 뜻의 한문 단어인 입암(立巖) 같은 이름이 붙은 동네가 있는데, 이런 곳은 대개 우뚝 서 있는 바위가 눈에 뜨이게 자리 잡은 곳이다. 이런 큰 바위는 흔히 마치 마음을 갖고 있는 것처럼 존경이나 의지의 대상이 되기도 했다.

예를 들어 조선 중기의 선비 장현광이 남긴 선바위에 대한 제문을 보면, 가만히 무겁게 자리 잡은 바위를 칭송하면서 "항상 고요함으로 남을 대하니(정

베타 붕괴 방사선 감지 시험 장치

중상대 靜中相對), 곧 스승이 되고도 남습니다(즉유여사 即有余師)."라고 썼고, "다른 것을 따르지 않고 오직 이 바위를 따르겠습니다."라고 할 정도였다.

 이런 시절이었으니 가만히 있던 바위가 갑자기 움직이거나 높은 데서 굴러 떨어지기라도 하면 사람들이 동요하고, 바위의 신령이 분노해서 엄청난 난리가 났다는 소문이 돌만 했다. 그런데 어떻게 가만히 있던 바위가 갑자기 움직일 수 있을까? 쉽게 생각하면 그날따라 바람이 유독 많이 불었다거나, 비가 많이 내려서 불어난 시냇물 물줄기가 갑자기 바위를 건드렸거나 해서 위태위태하게 서 있었던 바위가 살짝 힘을 받는 바람에 넘어졌다는 생각을 해 볼 수 있을 것이다. 하다못해 바위 밑에 있던 개미가 굴을 팠는데 그 굴이 좀 커지다 보니까 바위가 있던 곳 땅이 아주 약간 꺼지면서 바위가 균형을 잃고 넘어졌다는 생각도 해 볼 수 있을 것이다. 그런데 혹시 외부에서 아무런 힘을 주지 않았는데도, 그야말로 저절로 바위가 넘어질 수도 있을까? 확률은 무척 낮지만, 바깥에서 바위에 아무런 변화를 주지 않더라도 바위 내부의 변화만으로도 바위가 무너지는 일은 일어날 수 있다. 예를 들어, 바위 내부의 물질이 저절로 변질되고 그 때문에 점차 약해지는 바람에 어느 날 바위 아래쪽이 아주 살짝 부러진다면, 그러면 아무 힘을 주지 않아도 바위가 넘어지고 굴러가는 일이 생길 수 있다. 바위 속에는 여러 가지 변질되는 물질들이 들어 있을 수 있다. 하다못해, 방사능을 띤 물질이 바위 속에 약간 들어 있을 가능성도 충분히 생각해 볼 수 있다.

돌 속에 흔히 자주 포함되곤 하는 물질 중에 칼륨이 있다. 요즘은 영어식으로 포타슘이라고 부르기도 한다. 칼륨 성분으로 만든 비료를 농작물을 키울 때 뿌리기도 하니까, 그만큼 땅에, 흙에, 돌에 원래부터 있기 쉬운 물질이다. 그런데 우리 주변의 칼륨 중에는 아주 약간씩 방사능을 띤 칼륨이 섞여 있다. 대표적인 것이 보통 K-40이라고 표시하는 물질이다. 중성자가 좀 더 많이 들어 있어서 보통 칼륨과 성질은 같지만, 무게는 약간 더 무거운 물질이다. K-40은 보통 칼륨들 사이에 0.01% 정도 섞여 있다. 커다란 바위 속에 칼륨 성분이 100킬로그램쯤 포함 되어 있다고 하면 그 바위 속에 방사능을 띤 K-40이 10그램쯤 있다는 이야기다.

그리고 K-40은 방사선을 내뿜은 뒤에 칼슘이나 아르곤으로 변화한다. 즉 K-40 역시 옛 유물이 얼마나 오래되었는지 측정할 때 사용하는 C-14와 비슷한 현상을 일으킨다. 이때 아르곤은 항상 기체 상태가 되려는 물질이다. 돌 속의 칼륨이 미세한 아르곤의 거품 내지는 연기로 바뀔 수도 있다는 뜻이다. 그러면 재질이 약해질 것이다. 만약 백악산 높은 곳에 있던 바위 속에 바로 이런 변화가 생겼다고 해 보자. 그러면 그 자리가 무너지면서 바위가 주저앉고 넘어지고 굴러 떨어질 수도 있을 것이다.

그리고 이런 이야기를 하면서 우리가 들춰볼 만한 대단히 기이한 문제가 하나 있다. 그것은 바로 확률과 우연의 본질에 관한 문제다.

대개 방사능을 띤 물질이 방사선을 언제 내뿜고 변화할 것이냐 하는 문제에서는 확률만이 정해져 있다. 정확히 언제 변화할 것인지는 알 수 없다. 돌 속에 수많은 K-40 원자들이 들어 있다면 그 원자 각각이 언제 다른 물질로 변화할 것인지 구체적인 것은 정해져 있지 않으며 그 누구도 알 수도 없다는 뜻이다. 과학자들은 K-40 원자 100개를 가져다 놓고 12억 5천만 년 정도를 기다리면 대략 그중 50개의 원자가 변하는 정도의 확률로 방사선이 나오며 변화한다는 사실을 알아냈을 뿐이다.

그렇다고 똑같은 시간 간격으로 일정하게 한 번씩 방사선이 튀어나오는 것은 아니다. 게다가 어디까지나 이 현상은 평균 확률을 따르는 현상일 뿐이기 때문에 실제로 12억 5천만 년 동안 관찰해 보면 51번 방사선이 나오는 것일 수도 있고 49번 방사선이 나오는 것일 수도 있다. 그저 평균적인 경향만 알 수 있을 뿐 정확히 언제마다 변화가 일어나서 그 평균을 이루는지는 아무도 모른다.

모를 뿐만 아니라 심지어 정해져 있지도 않다. 그 이상의 어떤 이유나 원리도 없다. 변화가 생기는 순간은 그야말로 무작위다. 무작위로 일이 벌어진 뒤 나중에 평균을 내보니 경향을 살펴보니 확률에 따라 이루어졌다는 사실을 알 수 있을 뿐이다. 양자 이론을 설명하는 현대의 원자력 공학 교과서에서는 이런 설명이 정설이라고 되어 있다. 로제가 노래했듯이 세상의 기본은 "랜덤 게임"이다.

이런 설명은 계속 주사위를 굴려 보다가 6이 나올 때마다 방사선을 내뿜고 변화하자는 식의 이야기와도 다른 문제다. 주사위를 던질 때 6이 나오는 현상은 우리가 정확히 알 수 없을 뿐이지 정밀하게 따져 본다면 원인이 있는 정해져 있는

문제다. 주사위를 던지는 손의 힘, 주사위가 공중에서 얼마나 회전하는가 하는 정도, 주사위가 바닥에 닿았을 때 바닥의 재질과 부딪히며 얼마만큼의 힘을 받아 몇 번이나 구르느냐 등등의 원인이 맞아떨어지면 6이 나온다. 그저 우리가 별 신경을 쓰지 않고 예민하게 따지기가 너무 어려울 뿐이니까 그냥 언제 6이 나오는지 보통은 알기 어렵다고 말할 뿐이다.

다시 말해서 주사위의 움직임을 우리가 알아내기가 너무 어려울 뿐이지 사실은 어떤 원리로 언제 6이 나오는 지가 정해져 있기는 있다. 그러므로 그런 세밀한 원리를 알고 있어서 그 조건을 교묘하게 조작할 수 있는 타짜들은 원할 때 주사위의 6이 나오도록 손의 힘을 절묘하게 조절해서 주사위를 던지는 방법을 쏠 수도 있다.

그런데 돌 속에 들어 있는 방사능 칼륨이 방사선을 언제 내뿜느냐 하는 현상에는 그런 다른 조건이나 이유가 없다. 그냥 칼륨이 주위의 어떤 영향도 받지 않고 그냥 자기 마음대로 그냥 방사선을 내뿜으며 변화하는 느낌일 뿐이다.

이것은 마치 돌이 마음을 갖고 있어서 자기 마음 내킬 때마다 방사선을 내뿜으며 굴러떨어지겠다는 듯한 이야기 같지 않은가? 조금 더 정확히 말하면 돌 속의 칼륨 성분 중에서도 방사능을 띤 K-40이 마음을 갖고 있다는 이야기이겠지만, 이런 식으로 생각을 키워 가면서 상상하다 보면 꼭 돌이 알 수 없는 돌의 마음을 지니고 있다는 등의 이야기도 그럴싸하게 꾸며서 갖다 붙여 볼 수 있지 않을까?

만약 이런 식으로 생각한다면, 딱히 조선의 궁궐 뒤에 있는 백악산의 커다란 바위가 아니라도 온갖 잡다한 돌도 다 저마다 뭔가 조금은 제 마음대로 하는 듯한 현상을 일으킬 수 있을 것이다. 심지어 방사능과 관련된 현상이 아니라도 양자 이론이 일으키는 현상에는 어느 정도는 이런 우연이 담겨 있다. 그리고 우리가 모든 물질의 움직임을 설명하기 위해서 사용하는 양자장 이론은 양자 이론을 활용해 만든 것이므로, 사실상 세상의 모든 물질은 전부 그 속에 뭔가 마음대로 하는 것 같은 느낌을 주는 현상이 있다. 이것은 정말로 우리 동네의 선바위나 뒷산의 선녀바위가 신비로운 마음을 품고 있다는 이야기일까? 그런 이야기는 전혀 아니다.

　선바위가 아무 이유 없이 갑자기 자빠지거나, 선녀바위에서 아무 이유도 없이 갑자기 방사선이 튀어나와서 지나가는 사람을 맞힐 수는 있다. 그러나 그렇다고 하더라도, 그게 선바위가 "세상이 너무 타락하고 있는 것 같으니까 내가 자빠져서 경고를 해 주어야지."라고 생각하며 자빠진다는 이야기는 아니다. 만약 그런 생각이 있다면 그것은 어떤 이유와 조건이 있는 현상이다. 그렇기 때문에 정말로 아무 이유 없이 무작위로 벌이는 일은 아닌 것이 된다. 실제로는 선바위가 쓰러지는 일은 그야말로 세상사와 아무 상관 없이 그냥 무작위로 일어나야만 한다.

　만약 누가 돌에도 마음이 있고 공기에도 하늘에도 물에도 다 마음이 있으며 누군가 자신은 그 마음과 생각이 통하는 초능력을 갖고 있다고 주장한다면, 그것은 또 다른 이야기다. 그런 것은 과학이 아니다. 돌, 공기, 물 등등 속에 뭔가 마음대로 하는 것처럼 보이는 무작위 현상이 있는 것은 사실이다. 하지만 그런 현상이 사람의 마음과 비슷하지는 않다. 사람의 마음은 수많은 신경의 작용으로 인해 만들어진 것으로 여러 가지 이유와 조건을 갖고 있는 현상이다. 아무 이유 없는 우연의 결과가 아니다. 신비해 보이니까 커다란 바위 속에서 일어나는 현상과 사람의 마음을 비유한 것뿐이지, 실제로는 사람의 마음이 일으키는 현상은 생물 세포의 활동과 세포가 주고받는 전기 신호의 결과다. 그러므로 사람의 마음은 오히려 세균의 촉수가 움직이는 현상과 훨씬 더 비슷하다.

　다른 방향으로 봐서 만약 사람의 마음속에서 일어나는 복잡한 신경의 작용 속에도 이런 완전한 무작위 현상이 일으키는 효과가 조금은 있을 거라고 추측해 본다면 이것은 좀 더 현실적인 이야기다. 과학자들 중에는 가끔 그런 현상을 찾아보려고 도전하는 사람들도 있다. 어느 날 문득 뇌 속을 돌아다니던 칼륨 속에서 갑자기 방사선이 튀어 나왔는데 그 방사선이 하필 신경을 자극하는 바람에 뭔가 생각이 달라져서 눈앞에 보이는 사람에게 첫눈에 반하게 되었다는 등의 이야기를 상상해 볼 수는 있다. 방사능 현상이 왜 꼭 그때 그 사람이 지나가는 순간 일어나서 방사선이 튀어 나왔는지에 대해서 더 이상 무슨 이유는 없다. 우연일 뿐이다. 그러면 그 방사선이 하필 그 순간 튀어나와 뇌를 건드려서 사랑의 감정을 불러일으킨 것을 어떤 운명이나 숙명이라고 부를 수도 있지 않을까?

지금까지 과학에서 우리가 말할 수 있는 이야기는 이런 현상이 설령 일어난다 해도 그 이상의 신비로운 힘이 있다고 넘겨짚을 수는 없다는 것이다. 혹시 누가 자기는 초능력을 써서 마음속의 양자 이론 효과를 조종할 수 있다고 주장하거나 마음을 바꾸는 방사선이 뇌에서 지금 이 순간 튀어나오게 할 수 있다고 주장하는 사람이 있다면 그것은 오히려 현대 과학을 벗어나는 이야기다. 그렇게 하면 더 이상 무작위가 아닌 이유가 있는 현상이 되기도 하거니와 어떻게 그렇게 조종을 할 수 있는가에 대한 원리에 대해서도 아무도 말할 수 있는 사람이 없다.

숨은 변수 이론(hidden variable theory)

워낙 이상한 이야기와 자주 얽히다 보니 양자 이론의 이런 특징을 싫어하는 사람들은 예로부터 많았다. 지금도 적지는 않다. 무슨 일이 벌어지는지 벌어지지 않는지 그 이유를 결코 알 수도 없고 애초에 이유를 찾을 수도 없다고 본다면 그것은 탐구의 포기이자 과학을 져버리는 일이라는 것이다.

게다가 아무 이유가 없다면 도대체 어떻게 나중에 평균을 계산해 보았을 때 짜기라도 한 것처럼 확률이 일정해 보이는 결과가 나올 수 있겠는가? 12억

5천 만 년이 지나는 동안 K-40 원자들이 아무 때나 툭툭 튀어나오듯이 무작위로 변화하는데 무슨 수로 12억 5천만 년이 다 지나고 보면 전체 100개 중에 대략 50개가 변화했다는 그 경향을 맞출 수 있을까? 아무 일정표도 없고 원자들끼리 서로 합의한 것도 없이 어떻게 그럴 수가 있는가? 무슨 원자들끼리 눈치 게임이라도 한다는 것인가?

  그렇기 때문에 일부 과학자들은 아직까지 우리가 원리를 알지 못했을 뿐이지, 무작위가 아니라 무슨 숨겨진 원리에 따라 방사선을 뿜어내면서 변화하는 현상이 일어난다는 생각을 하는 사람들도 많다. 이런 주장을 숨은 변수 이론(hidden variable theory)라고 한다. 대학 시절에 중성자의 움직임에 대해 강의를 해 주시던 한 교수님께서도 숨은 변수 이론을 내심 믿고 있다고 말씀해 주셨던 기억이 난다.

  그러나 지난 수십 년간의 실험과 조사에서 숨은 변수 이론보다는 그냥 이유 없는 무작위가 더 그럴듯해 보인다는 연구 결과가 자주 나왔다. 그래서 과연 숨은 변수 이론이 맞느냐 아니냐 하는 문제도 양자 이론에 관해 연구하는 사람들이 심심하면 한 번씩 깊은 상념에 빠지게 만드는 주제가 되었다.

  그런데 과학자들은 이런 생각을 하면서 신비감에만 빠져 있는 것이 아니라 실용적인 도구와 장치도 여럿 개발했다. 나는 이래서 과학을 좋아한다. 당장 쉽게 떠올릴 수 있는 것으로 이런 장치를 이용하면 정말 아주 공정하게 랜덤 게임을 할 수 있는 장치를 만들 수 있을 것이다. 간단하게는 누구도 조작할 수 없는 도박용 주사위를 만들 수도 있을 것이다.

  1분에 1000개 꼴로 방사선을 내뿜으면서 변화하는 물질을 가져다놓고, 1초 동안 방사선을 몇 개 내뿜는지 측정해 보면 어떨 때는 4개가 나오고 어떨 때는 5개가 나오고 어떨 때는 3개가 나올 것이다. 그러니 그 개수를 주사위나 룰렛처럼 사용하면 된다. 거기에 아무런 규칙은 없다. 1분에 1000개라는 전체적인 평균 경향, 확률만 유지될 뿐 그 와중에 1초 동안 무슨 일이 일어나는지는 완벽하게 무작위이기 때문이다. 조금 더 가치 있는 응용 분야로는 비밀번호를 만드는 용도로도 쓸 수 있다. 요즘 같은 시대에 온갖 분야에 활용되는 비밀번호를 사람에게 만들어 보라고 하면 아무래도 어느 정도는 의미 있는 숫자나 규칙적인 숫자를 말하게 된다. 사람은 무심코 버릇을 드러내기도 하기 때문에 사람이 아무 의미도 없는 비밀번호를 계속해서 지어내기는 어렵다. 매일 한 번씩 여섯 자리 숫자로 비밀번호를 만들어 보라고 하면, 무심코 행운의 숫자인 7자를 좀 많이 쓴다든가, 4자는 왜인지 잘 쓰지 않게 된다든가 하는 규칙을 자기도 모르게 따르게 될 수 있다. 그런 규칙이 생기면 해커들은 그 틈을 노려서 비밀번호를 뚫을 방법을 고안해 낼 수도 있다. 때문에 우리는 풀기 어려운 비밀번호를 떠올리기 위해서 의미 없고 알아내기 어려운 규칙성이 없는 숫자를 쓰기 위해서 노력해야 한다.

보통 컴퓨터에서 아무 의미 없는 숫자를 하나 무작위로 뽑아주는 프로그램을 실행시키면 그때 나오는 숫자는 사실은 컴퓨터가 나름의 규칙과 계산을 통해 만들어 낸 숫자다. 그래서 이런 숫자를 완벽한 무작위 숫자는 아니라고 해서 의사 랜덤 숫자, 의사 난수(pseudo random number)라고 부른다.

그런데 의사 난수는 아주 간혹 악용될 수도 있다. 우리 집 비밀번호를 컴퓨터가 골라 주는 의미 없는 숫자 다섯 자리로 매일 변경하고 있다고 쳐 보자. 사람이 보기에는 아무 규칙 없어 보이는 숫자다. 그런데 혹시 어느 해커가 의미 없는 숫자를 골라 주는 그 컴퓨터 프로그램이 무엇인지 알아내서 똑같은 프로그램을 스스로 실행해 볼 수 있다면 어떻게 될까? 그러면 우리가 비밀번호로 쓸 숫자들을 고스란히 다 알아낼 수 있을 것이다.

더군다나 요즘에는 사람이 직접 입력하는 비밀번호 말고도 컴퓨터가 자동으로 통신을 하고 거래를 하면서 컴퓨터가 알아서 자동으로 비밀번호를 스스로 만들어서 사용할 때도 많다. 그렇기에 아무 의미도 없고 어떠한 규칙도 없는 무작위 숫자를 자동으로 잘 만드는 기술은 여러모로 쓸모가 많다.

그래서 요즘 과학자들이 개발한 도구가 양자 난수 생성기(quantum random number generator)다. 이 장치는 조그마한 전자 부품 속에 어떤 양자 이론을 이용하는 현상을 발생시키고 그 물질이 마음대로 행동하는 것 같은 현상을 이용해 정말로 아무런 규칙도 없는 숫자들을 계속 보여 주는 장치다. 한국에서도 2020년에 통신 업체에서 꽤 괜찮은 기술을 개발했다고 자랑스레 발표한 적이 있었다. 이런 장치는 보통 광자가 일으키는 현상을 활용할 때가 많다. 같은 해에는 아예 한국 스마트폰에 양자 난수 생성기를 달아서 "퀀텀" 등의 단어를 제품 이름에 넣어 판매한 적도 있다. 이런 장치가 달려 있으면 암호를 다루는 프로그램을 더 철저히 안전하게 만들 수 있다.

정말로 K-40이나 C-14같이 방사선을 내뿜는 물질을 활용하는 부품도 개발되어 있다. 2021년에 한국원자력연구원에서는 방사능을 띤 니켈을 이용해서 이 니켈이 언제 방사선을 뿜어내며 변화하느냐를 감지하는 방식으로 아무런 규칙이 없는 숫자를 만드는 장치를 개발했다. 이 방식으로 고작 1.5 밀리미터밖에 되지 않는 아주 작은 크기의 부품을 만들었는데 방사선의 세기도 약해서 안전했다고 한다. 그러니까 이 부품은 선바위나 선녀바위의 마음처럼 돌 속에 든 니켈 조각 마음대로 숫자를 하나씩 불러 주는 장치라고 말해 볼 수도 있겠다.

돌 속의 K-40, 유물 속의 C-14, 전자 부품 속의 방사능을 띤 니켈이 이런 식으로 뿜어내는 방사선에는 한 가지 공통점이 있다. 그 방사선의 성분이 전부 빠르게 튀어나오는 전자라는 것이다.

보통 방사능을 따질 때는 이렇게 나온 방사선을 그냥 전자라고 부르는 대신 베타선(β-Ray)이라고 부르곤 한다. 그리고 물질이 베타선 즉 전자를 내뿜으며 변화하는 현상을 베타 붕괴(beta decay)라고 부른다.

좀 더 세밀하게 더 확대해서 들여다보면, 원자핵 속에 있는 중성자는 위 쿼크 하나와 아래 쿼크 두 개로 되어 있다. 양성자는 위 쿼크 두 개와 아래 쿼크

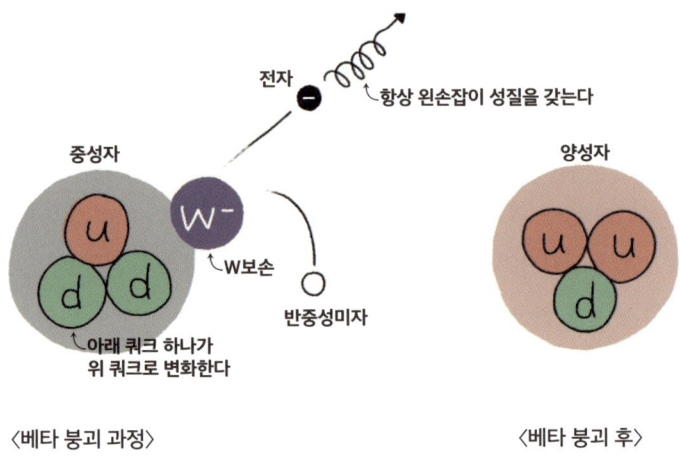

〈베타 붕괴 과정〉 〈베타 붕괴 후〉

하나로 되어 있다. 그러니 만약 중성자 속의 아래 쿼크 하나가 위 쿼크 하나로 바뀐다면 중성자는 양성자로 변할 것이다. 그리고 이런 일이 생길 때 전자기 튀어나오는 것이 베타 붕괴다. 즉 무엇인가가 아래 쿼크 하나를 건드려서 위 쿼크로 바꿔 주는 현상이 일어나면 그 물질은 베타선이라는 방사선을 내뿜는다. 그렇게 아래 쿼크를 건드려 주는 힘이 무엇일까? 바로 그 힘을 우리는 약력(weak force)이라고 부른다. 그러므로 약력이 원자 속을 건드리면 베타선이라는 방사선이 튀어나온다.

약력이 정확히 언제 어떤 아래 쿼크를 건드려서 베타선이라는 방사선을 뿜게 할지는 정확히 알 수 없다. 그렇지만 우리는 시간이 흘러서 통계를 내 보면 약력이 대체로 어느 정도의 확률로 아래 쿼크를 건드릴지는 예상해 볼 수 있다. 약력에 관해 설명하면서 너무 신비로운 이야기를 많이 한 것 같은데 사실은 양자 이론으로 그 세기와 정도를 계산해 볼 수 있는 다른 힘들도 이 비슷하게 확률이나 우연과 관계된 특징을 갖고 있다.

그런데 약력은 다른 여러 면에서도 굉장히 특이한 성질을 갖고 있다.

보통 과학에서 말하는 가장 근원에 있는 힘들은 뭔가를 밀어내거나 끌어당기는 힘이 많다. 그러나 약력은 다르다. 약력은 뭘 밀거나 당기는 힘으로 우리 눈에 그 위력을 보여주지는 않는다.

약력은 그 대신 물질을 바꾸어 주는 일을 하면서 여러 현상을 일으킨다. 그것도 물질을 이루는 가장 밑바탕 재료라고 할 수 있는 작디작은 그 알갱이를 바꾼다. 이렇게 보면 약력은 기본 입자를 다른 기본 입자로 변신시키는 힘이다. 베타 붕괴를 일으키며 방사선이 나올 때 기본 입자인 아래 쿼크를 위 쿼크로 변신시켜 주는 것 같은 현상이 약력의 주 임무다.

만약 우리에게 자유자재로 약력을 조절할 수 있는 힘이 생겨서 마음대로 베타 플러스 붕괴라는 현상을 일으킬 수 있는 광선총을 개발한다면 나는 그 광선총을 수은에 쪼여 보겠다. 수은 속의 아래 쿼크 하나만 위 쿼크로 바꾸면 양성자 하나가 중성자로 변화하면서 수은이 황금으로 변화하기 때문이다. 《허드슨 호크》라는 영화에는 레오나르도 다빈치가 황금을 만들어 내는 기술을 개발했다는 이야기가 나온다. 나는 레오나르도 다빈치가 약력을 자유롭게 조절하는 방법을 찾아 냈다면 말이 되는 내용이라고 생각한다. 이처럼 약력은 변화의 힘과 변신의 힘으로 세상을 움직인다. 세상의 수많은 방사능 물질 중 베타 붕괴를 일으키는 물질들은 모두 약력과 관계되어 있다. 심지어 우주의 그 많은 별들이 빛을 내뿜을 때도 약력이 중요한 역할을 한다.

별은 대체로 수소 덩어리이고, 수소를 이루는 양성자들이 서로 엉겨 붙듯이 아주 가깝게 눌리면서 합쳐져 헬륨 같은 더 무거운 원자로 변하는 핵융합(nuclear fusion) 현상을 일으키면서 빛을 낸다. 핵융합 자체는 강력 때문에 벌어지는 현상이다. 그러나 핵융합이 일어나려면 그 전에 우선 양성자들이 아주 가깝게 달라붙어야 한다. 그러나 양성자들끼리는 서로 양전기로 밀어내는 전기의 힘을 내뿜기 때문에 쉽게 가까이 다가갈 수가 없다. 그래서 그때 약력이 필요하다.

약력이 양성자를 중성자로 바꾸어 준다면 전기가 없는 중성자는 그저 강력만 받아서 철썩 달라붙을 것이다. 중성자의 접착제 같은 역할을 잘 해내게 될 것이다. 약력의 활약 덕택에 양성자가 중성자로 바뀌어서 접착제 같은 중성자가 많이 생기면 훨씬 쉽게 원자들이 달라붙고 핵융합을 잘 일으킬 수 있다. 그 덕택에 별은 수소 폭탄과 원리가 같은 핵융합 반응을 끊임없이 일으켜 강력한 빛을 내뿜을 수 있다. 태양도 별의 일종이기 때문에 마찬가지다. 지난 46억 년의 시간 동안 지구의 모든 생물을 따뜻하게 살도록 해 준 태양의 그 강렬한 빛도 바로 약력의 도움 덕택이다.

이것 말고도 약력의 결과인 베타 붕괴 현상을 이용하는 장치는 현실에서도 여기저기 쓰이는 곳이 많다. 가만히 있어도 빠른 속도로 전자가 물질에서 자동으로 튀어나오는데, 전자는 워낙에 전자 회로를 다루던 기술을 써서 활용하기가 편해서 쓸 곳이 많다. 내가 가장 친숙하게 생각하는 장비로는 미세먼지 측정기가 있다. 미세먼지를 측정하기 위해 흔히 많이 쓰는 기계로 베타선 흡수법 측정기가 있다. 이 장치는 주변의 공기를 빨아들인 뒤, 그 공기가 베타선을 뿜어내는 방사능 물질 곁으로 가게 한다. 그리고 방사능 물질에서 계속 튀어나오는 전자들이 얼마나 공기를 잘 통과해 날아다니는지를 전자 회로로 감지해 본다.

만약 공기가 깨끗하다면 걸리적거리는 것이 없으니까 튀어나온 전자들이 그대로 모두 잘 측정될 것이다. 그러나 공기에 미세먼지가 많다면 먼지에 전자가 막혀 제대로 측정이 되지 않는다. 바로 그 정도의 차이로 미세먼지의 양을 계산한다. 그러므로 일기예보에서 오늘 미세먼지가 많다 적다고 이야기하는 것을 볼 때마다 우리는 약력의 결과를 활용하는 장치의 도움을 얻고 있다.

한국의 산업 현장에서는 종종 베타선을 이용한 분석 장치가 활용된다. 얇은 물체의 두께를 정확하게 측정하거나 얄팍한 물질 내부의 상태를 파악할 때, 베타 붕괴를 통해 방출된 전자를 쏘아 전자가 얼마나 잘 통과하는지를 관찰함으로써 정밀한 측정이 이루어진다. 얇고 전자를 잘 안 흡수하는 물질일수록 전자가 잘 통과할 테니 그것으로 두께나 성분을 짐작할 수 있다. 종잇장이나 옷감 같은 것의 두께를 살펴보면서 품질 좋은 제품을 생산하기 위해 점검하는 용도로도 종종 사용한다. 혹은 도금 등으로 구리나 철에 얇게 금이나 은을 입혀 놓았을 때, 과연 금이나 은을 어느 정도 두께로 입혔는지 아주 세밀하게 재 봐야 할 때 베타선을 이용하기도 한다.

양자장 이론에서는 힘이 있으면 항상 그 힘을 전달해 주는 역할을 하는 운반자가 있다. 약력도 마찬가지다. 약력 역시 전달자 역할을 수행하는 작디작은 알갱이가 있어서 그 알갱이의 양자장이 우주 전체에 억겁의 바다처럼 가득 차서 출렁이고 소용돌이치며 약력을 일으킨다.

특이하게도 약력의 운반자는 두 가지가 있다. 그중에서 우리가 사용하는 베타 붕괴 등의 현상을 일으키는 운반자를 W 보손이라고 부른다. 그러므로 약력 때문에 베타 붕괴나 다른 방사능 현상을 일으킬 수 있는지 계산할 때에는 물질 사이에 W 보손이 오고 가며 힘을 전달한다고 치고 양자장 이론이라는 방법을 사용해서 계산하면 된다.

보손이라는 말은 인도의 위대한 과학자 사티엔드라 보스(Satyendra Nath Bose)의 이름을 딴 것이다. 보스는 인도 콜카타 출신으로 인도에서 공부하며 성장했고, 나중에는 방글라데시에서도 오랫동안 교수로 활동한 인물이다. 그러면서도 그는 멀리 유럽 과학자들에게 자신의 연구 결과를 편지로 보내서 알리는 방식으로 20대 후반의 젊은 나이에 전 세계의 인정을 받은 기막힌 인물이다.

보스는 여러 개의 물체를 통계적으로 따지는 방법의 허점을 찾아냈다. 그리고 그것으로 세상의 기본 입자들을 따질 때 대단히 중요한 문제를 찾아냈다.

간단한 예를 하나 들어 보자. 동전 두 개를 던져서 둘 다 앞면이 나올 확률은 얼마일까? 4분의 1이라고 쉽게 말할 수 있다. 앞 앞, 앞뒤, 뒤 앞, 뒤 뒤, 네 개의 경우의 수가 있고 그중 둘 다 앞면이 나오는 경우는 하나다. 그러니 당연히 4분의 1이다. 그런데 작은 알갱이들의 세계에서는 이런 계산이 통하지 않을 때가 있다. 양자장 이론에서는 같은 기본 입자는 두 개를 서로 구분할 수 없으며 구분하지도 않고 구분하는 일의 의미도 없다고 본다.

그러니까 만약 동전 대신 광자를 던져서 앞 뒷면을 따져 본다면, 앞 앞, 앞 뒤, 뒤 뒤, 경우의 수는 세 가지밖에 없다. 두 광자를 구분하지 않으므로 앞뒤, 뒤 앞, 두 경우는 서로 구분되지 않는 하나의 경우일 뿐이기 때문이다. 그래서 광자로 동전 던지기를 하면 둘 다 앞면이 나올 확률은 3분의 1이 된다.

보스는 바로 이런 차이를 지적했고 광자, W 보손 등이 일으키는 현상을 따질 때는 이런 차이를 감안해서 경우의 수, 확률, 통계를 따져야 한다는 주장을 정리해서 발표했다. 그리고 그렇게 만든 방법을 보스 통계(Bose statistics)라고 한다. 나중에 엔리코 페르미가 이것 말고 또 다른 점을 더 고려해서 확률과 통계를 따지는 색다른 방법을 하나 더 개발되었는데 그 방식을 페르미 통계(Fermi statistics)라고 한다. 그래서 기본 입자 중에 보스 통계 방법으로 따져야 하는 물질을 보손(Boson)이라고 하고, 페르미 통계 방법으로 따져야 하는 물질을 페르미온(Fermion)이라고 부른다. 보스 입자, 페르미 입자라는 말을 쓰기도 한다. 세상의 모든 기본 입자 중에 우리가 물체를 이루는 재료로 보고 있는 기본 입자들은 다들 페르미온이고, 물체 사이의 힘을 전달해 주는 역할을 하는 운반자들은 보손이다. 그러므로 전자, 뮤온, 타우온, 각종 쿼크들이 페르미온이고 전기의 힘을 전달해 주는 광자, 강력의 힘을 전달해 주는 글루온 등이 보손이다.

나는 가끔 아주 아주 머나먼 우주의 이상한 행성에는 우리와는 다르게 보손을 물질로 여기고 있고 페르미온이 물질 사이의 힘을 전달해 준다고 느끼며 살아가는 완전히 다른 구조의 외계인이 살고 있을 거라는 상상을 해 본다. 온몸이 빛 덩어리인 광자로 되어 있고 그 외계인이 힘을 쏠 때마다 수소 같은 물질이 깜빡이는 형태라면 어떻게 보일까?

약력은 대단히 짧은 거리에서만 살짝 느끼게 되는 힘이고 그 때문에 약하다는 뜻의 약력이라는 이름도 생겼다. 너무 단순화한 비유일 수 있겠지만, 약력을 나타내는 양자장이 우주 전체에 퍼져 있는 거대한 바닷물 같은 것인데 그 바닷물이 아주 빽빽해서 물결을 일으키기가 쉽지 않다고 한번 상상해 보자. 그래서 짧은 거리에만 영향이 전해진다고 생각해 보자. 만약 이런 바닷물이라면 그 바닷물이 물결과 소용돌이를 만들어 자기 스스로 하나의 입자와 같은 상태가 되기란 쉽지 않을 것이다.

그렇기에 약력을 전달하는 W 보손 그 자체만을 나타나게 해서 측정 장비로 확인해 보기는 어렵다. 그래서 W 보손 같은 물질이 있다고 치고 약력을 따지는 방법은 1970년대에 활발히 사용되며 많은 다른 계산을 하는 데 활용되었지만 정작 W 보손 그 자체가 정확히 발견된 것은 기술이 훨씬 더 발전한 1983년이 되어서였다. 그만큼 W 보손은 무겁고 덩치가 큰 물질이기도 하다. 전자 하나의 무게가 0.9론토그램 정도인데, W 보손은 14만 2천 론토그램이나 된다. 무겁다는 타우온보다도 W 보손은 훨씬 무겁고 기본 입자면서도 쿼크 여러 개가 모여서 만들어진 양성자나 중성자보다도 무겁다. 광자나 글루온 같이 힘을 전달하는 역할을 하는 다른 보손들은 아예 무게가 0으로 나타난다는 점을 생각해 보면 이것도 굉장히 특이한 일이다.

그런데 W 보손이 다른 기본 입자를 바꾸는 힘을 발휘한다거나, 무게가 이상할 정도로 무겁다는 정도는 W 보손의 가장 이상한 특징은 아니다. W 보손과 약력의 가장 이상한 특징은 누구나 너무나 당연히 여기는 상식의 밑바닥을 완전히 파괴한다.

이 이상한 특징을 풀이하는 방법을 사람들이 널리 이해하기 위해서는 친구였던 허용이 "국가 대표 공부선수"라고 부른 과학자 한 사람이 필요했다.

Z 보손 zboson
전기를 띠지 않는 덜 눈에 뜨이는 약력의 운반자

힘과 방향의 관계

이휘소는 1935년 서울에서 태어났다. 그의 어머니 박순희는 소아과 의사였다. 이휘소에 대한 자료 중에서 가장 풍부한 내용을 담고 있는 강주상의 저서 『이휘소 평전』에 따르면, 한국전쟁 당시 다른 가족들은 모두 남쪽으로 피난을 왔는데 이휘소의 어머니 박순희만 늦어서 서울에 남게 되었다고 한다. 그때 한강 다리가 파괴되고 인민군이 서울 시내를 점령하면서 갖가지 혼란이 벌어졌기에 가족들은 매일 북쪽 길을 보며 행여나 어머니가 언제라도 나타날까 기다렸다고 한다. 그러다가 너무나 반갑게도 마침내 멀리서 어머니가 보였다고 한다. 그런데 어머니는 피난을 떠나 와서도 의사로 일할 생각을 하고 병원의 의료 도구들을 바리바리 싸서 짊어지고 오고 있었다고 한다.

생활력 강한 어머니를 닮았기 때문인지 이휘소는 피난 중에 입학한 대학에서도 우수한 실력을 보였다. 그는 원래 서울대 화학공학과에 입학했다. 그런데 화학을 공부하던 중, 온갖 화학 반응의 원인이 되는 전자의 움직임을 양자 이론으로 계산해야 한다는 사실에 깊이 빠져들었다.

그러나 그 당시 한국에는 양자 이론에 뛰어난 학자들이 드물었다. 그래서였는지 이휘소는 그 후로 아예 화학공학이 아니라 입자 이론을 전공하기로 마음먹는다. 전쟁이 끝난 지 얼마 되지 않은 1955년에 미국 마이애미 대학에 편입하여 유학 생활을 시작한 그는 졸업 후 장학금을 받고 피츠버그 대학의

미국 페르미 연구소의 거품 상자

대학원으로 옮겨 진학하면서 본격적으로 입자 이론을 연구하기 시작했다. 이휘소는 그때부터 기본 입자에 대해 본격적으로 공부하기 시작했다.

이휘소가 대학원생이던 1950년대 후반, 세상의 과학자들 사이에 아마도 가장 자주 이야깃거리가 되던 과학 문제는 약력이 왼쪽과 오른쪽을 가리느냐 하는 문제였을 것이다. 우주의 모든 물질을 움직이는 기본이 되는 힘이 과연 왼쪽, 오른쪽을 차별할 수가 있을까? 이런 것은 우리가 평소에 너무나 당연히 그럴 거라고 생각하고 있어서 보통은 문제가 될 거라고 상상조차 하지 않는 문제다. 그래서 오히려 설명하기가 어렵다.

자석으로 못을 붙이는 실험을 한다고 해 보자. 자석을 왼쪽에서 가져가며 못을 붙이려고 할 때와 오른쪽에서 가져가며 못을 붙이려고 할 때, 혹시 다른 힘이 생길까? 전혀 그렇지 않다. 아무도 그렇게 생각하지 않는다. 상상도 하지 않는다. 아무것도 모르는 유치원생이나 초등학생이 보는 그림책에서 자석에 관해 설명할 때에도 마찬가지다. 자석으로 못을 붙이는 그림 옆에, "자석을 그림과 다른 방향에서 가져가 붙이려고 해도 못은 잘 달라붙습니다. 꼭 그림과 똑같은 방향으로 실험하지 않아도 됩니다."라고 설명해 놓는 책은 없다. 그렇게 말하지 않아도 당연히 이런 과학의 기본적인 힘은 방향과는 관계가 없다고 다들 너무나 당연하게 확신했기 때문이다.

전기의 힘도 마찬가지다. 헤어드라이어를 왼손으로 들고 있으면 잘 작동하는데, 오른쪽으로 들고 있으면 잘 작동하지 않을 수도 있다고 생각하는 사람은 없다. 만약 그런 일이 생기면 무엇인가 고장이 난 것이다. 이것은 중력도 마찬가지다. 다이빙할 때 옆으로 누우면서 물에 뛰어든다고 해 보자. 왼쪽으로 떨어지면 중력이 강하게 느껴져서 더 아프고, 오른쪽으로 떨어지면 중력이 약하게 느껴져서 덜 아프다는 식의 생각을 하는 사람은 아무도 없다. 힘은 방향을 따지지 않는다.

이 문제는 조금 더 넓게 생각해 보면, 우리의 문화에 대해 전혀 모르는 우주 먼 곳의 외계인에게 전화를 걸어 말만으로 왼쪽이 무엇인지, 오른쪽이 무엇인지, 설명하는 문제와도 관계가 깊다.

이것은 한국에서도 『이야기 파라독스』라는 베스트셀러의 저자로 유명한 마틴 가드너가 자신의 저서에서 "오즈마 문제(Ozma problem)"라고 이름 붙인 문제다. 옛날에 외계인의 흔적을 찾는 연구를 오즈마 사업(Ozma Project)이라고 불렀던 적이 있으므로 이런 이름을 붙였다고 한다. 오즈마 문제는 별 것 아닌 문제 같지만, 곰곰이 고민해 보면 답을 찾는 것이 거의 불가능해 보일 만큼 어렵다. 오즈마 문제는 국어사전에 "누구나 정확히 알 수 있도록 오른쪽이란 무엇인지 설명하려면 무엇이라고 써 놓아야 하는가?" 하는 문제라고도 볼 수 있다. 이 문제는 결코 언어나 문학 분야의 지식만으로 해결될 수 없다. 혹시

이 문제를 전에 고민해 보지 않았다면 지금 한 번 곰곰이 생각해 보자.

도대체 "오른쪽이란 무엇이다"라고 말만 사용해서 설명하려면 뭐라고 해야 할까?

밥 먹는 손이 있는 쪽이라고 설명하면 간단하겠지만, 이런 것은 밥을 오른손으로 먹는 문화가 있는 한국에서나 통하는 설명이다. 밥 먹는 손이 어느 쪽인지 굳이 따지지 않는 나라에서는 그렇게 말해도 아무도 모른다. 하물며 손이 하나 달렸는지 밥을 먹는다는 동작을 하는지 알 수도 없는 외계인에게는 전혀 통하지 않을 설명이다.

지도에서 목포가 있는 쪽이 왼쪽, 여수가 있는 쪽이 그에 비해서는 오른쪽이라는 설명은 어떨까? 목포나 여수가 어디 있는지 알아볼 수만 있다면 이것은 그럭저럭 괜찮은 설명이라고 할 수 있다. 그러나 외계인이 목포와 여수에 대해 알고 있을 리가 없다. 설령 외계인이 목포나 여수에 대해 알고 있다고 해도 지도를 어떻게 그리느냐에 따라 왼쪽과 오른쪽은 달라진다.

요즘 지도는 대부분 위쪽을 북쪽으로 두고 지도를 그리지만 그것은 현대, 지구인들이 임의로 정한 방향일 뿐이다.

북극성이 있는 쪽을 보고 섰을 때 해가 뜨는 쪽이 오른쪽, 해가 지는 쪽이 왼쪽이라는 설명은 어떨까? 이 정도면 그래도 지구에서는 잘 통할만 한 설명이다. 심지어 이런 설명은 화성, 목성, 토성에서도 통할 수 있다.

그러나 지구, 태양, 북극성에 대해 알지 못하는 외계인에게는 이런 설명이 통하지 않을 것이다. 냉정하게 말하자면, 이 설명은 그리 먼 행성까지 가지 않아도 금성에서부터 틀릴 설명이다. 금성은 하필이면 지구와 반대 방향으로 돌고 있기 때문이다. 즉, 금성에서는 해가 서쪽에서 뜬다. 그래서 이대로만 설명해 주면 금성에 사는 외계인이 있으면, 왼쪽과 오른쪽을 반대로 착각하게 될 것이다. 하물며 머나먼 외계 행성의 외계인이 북극성이나 태양이 어디 있는지 알고 있을 리는 없다. 영화《스타게이트》에는 다른 은하의 외계인들이 나오는데, 다른 은하에서 우리의 은하수를 바라본다면, 태양이나 북극성은 수천억 개나 되는 은하수의 많고 많은 별 중 구분하기도 어려운 별 하나일 뿐이다.

우리가 아는 대부분의 물체 중에 왼쪽과 오른쪽이 구분되는 것은 사람이 인위적으로 구분해 놓았거나 우연히 그렇게 된 것들이다. 어찌어찌 지구에서는 왼쪽과 오른쪽이 구분되는 현상이 있다고 하더라도, 우주 저편 다른 행성에서도 그렇게 될 거라는 보장은 없다. 그러므로 한 번도 지구의 모습을 보지 않은 외계인에게 왼쪽이 무엇인지 설명해 주는 것은 아마도 불가능할 것이다. 오즈마 문제의 답은 없다는 것이 상식에 가깝다. 이것이 1950년대 중반까지 과학자들의 생각이었다.

신은 왼손잡이

그런데 1956년 미국에서 우젠슝(Chien-Shiung Wu, 吳健雄)이 이 모든 생각을 완전히 뒤집어 버렸다. 세상의 힘 중에 약력만은 힘의 방향을 구분한다는 사실을 밝혀냈기 때문이다.

약력은 베타 붕괴 같은 방사능 현상을 일으키는 힘이라고 해서 널리 연구되었다. 그리고 그 시절 우젠슝은 바로 베타 붕괴를 일으키는 방사능 물질에 관한 많은 연구로 명망을 얻은 과학자였다. 그렇기에 우젠슝은 이민자 출신인 여성 과학자로서도 존경받는 인물이었다.

그런데 우젠슝은 거기에 더해서 너무나도 참신한 실험을 하나 더 성공시켜서 사람들을 아주 크게 놀라게 했다. 그 실험의 주재료는 Co-60 덩어리였다. Co-60은 한국에서도 과거에 병원에서 방사선 치료를 할 때 쓰던 베타 붕괴를 일으키는 코발트의 일종이다. 우젠슝 연구팀은 코발트 원자들이 일으키는 여러 현상의 방향을 정확하게 살펴볼 수 있도록 준비한 뒤, 그곳에서 뿜어져 나오는 전자의 미세한 모습을 아주 정확하게 관찰했다.

　원자는 크기가 작고 전자는 그 원자보다 더욱 작다. 하지만 과학자들은 그 원자나 전자도 마치 팽이처럼 제자리에서 뱅글뱅글 도는 듯한 성질을 나타낼 수 있다는 사실을 알고 있었다. 이렇게 원자, 전자 따위의 작은 물체가 뱅뱅 돌아가는 듯한 현상을 스핀(spin)이라고 부른다. 전자 말고도 뮤온, 쿼크, 타우온, 글루온, 광자 모두 이런 현상을 보일 수 있다.

　물론 세세히 따져 보자면야, 진짜 팽이 같은 물체가 돌 때 벌어지는 일과 전자, 쿼크, 원자 등의 스핀에는 차이점도 많다. 그렇지만 전자가 제자리에서 도는 듯한 효과를 내는 것은 분명한 사실이다.

　그런데 관찰 결과 우젠슝의 연구팀은 Co-60이라는 코발트 원자에서 방사능 때문에 나오는 전자는 하나 같이 전부 왼쪽으로 도는 듯이 튀어 나온다는 기가 막힌 사실을 발견했다. 도대체 왜 하필 다들 그 방향으로 돌고 있는가?

　사람이 아주 작게 축소되어 실험 장치에서 튀어나오고 있는 전자를 말 타듯이 타고 날아간다고 상상해 보자. 전자가 돌고 있으니까 굉장히 어지럽기는 할 텐데 그때 전자를 타고 있는 사람의 왼손이 있는 쪽으로 계속 전자가 빙글빙글 돌면서 튀어나와 날아간다는 뜻이다. 그래서 이런 방향으로 돌며 날아가는 전자를 왼손잡이(left handed) 입자라고 부르기도 한다. 왼손잡이 전자는 전자가 날아가는 방향을 왼손 엄지로 표시했을 때, 나머지 손가락들이 휘감는 방향으로 전자가 돌며 움직이는 것이라고 설명하기도 한다.

　전기 장치를 이용해서 이런저런 실험을 해 보면 보통 전자들은 힘을 어디서 어떻게 받았느냐에 따라서 오른손잡이(right handed) 입자가 되기도 하고 왼손잡이가 되기도 한다. 둘 사이에 큰 차이는 없다. 그런데, 너무나 이상하게도 약력이 방사능 물질 속에서 베타 붕괴를 일으키며 전자를 튕겨 내서 날려 보낼 때는 마치 누가 일부러 왼쪽으로 전자를 돌리기라도 하는 듯이 왼손잡이 전자만 나온다.

어떻게 세상의 가장 기본이 되는 힘 중의 하나가 방향을 따질 수가 있을까? 우주 전체에 어떤 알 수 없는, 거대한 왼쪽으로 도는 움직임이 있기라도 한 것일까? 전자의 스핀에 대한 초창기 연구로 대단한 명성을 누린 파울리(Pauli)가 이 실험을 두고 "신이 약한 왼손잡이라니 믿을 수 없다"고 했다는 이야기는 유명하다.

그러나 파울리가 믿을 수 있든 믿지 못하든 우젠슝의 실험은 사실이었다. 미국의 다른 과학자 리언 레더먼(Leon Max Lederman)은 또한 우젠슝이 채 실험을 끝내기도 전에 우연히 다른 중국 출신 동료 학자들과 중국 음식을 먹으러 갔다가 우젠슝이 그런 실험을 하고 있다는 소식을 들었다. 그런데 그때 그 소식을 듣고 레더먼은 자신이 갖고 있던 뮤온 실험 장치로 비슷한 실험을 해 볼 수 있을 거라는 생각이 번쩍 들었다.

그래서 그는 주말 사이에 정말로 후다닥 실험을 해 보기로 했다. 중국 음식을 먹을 때는 탕수육이 눅눅하네! 그렇지 않네! 정도의 이야기를 하는 것이 보통이 아닌가 싶은데 이런 이야기를 들어 보면 레더먼도 대단한 사람이라는 생각이 든다. 레더먼은 자신의 지도를 받던 대학원생 중 한 명에게 그의 졸업 논문을 위해 준비하고 있던 실험을 중단하고 실험 장비를 다 뜯어고쳐서 당장 약력의 방향을 따지는 실험을 해 보자고 제안했다. 그 결과로 레더먼은 우젠슝 보다도 오히려 더 먼저 실험 결과를 얻었다.

레더먼의 저서를 보면 그때 그 대학원생의 마음이 갈가리 찢어졌을 거라고 되어 있다. 졸업 논문을 위해 준비하던 실험을 말 그대로 다 엎어버린 것도 불행하거니와 중국 음식 먹다가 지도 교수가 갑자기 떠올린 생각 덕분에 주말에 불려 나와 일을 했다는 것 또한 불행해 보이는 일이다. 레더먼의 책을 보면 그 실험 과정을 설명하면서 새벽 1시 같은 숫자도 언급하고 있다. 나는 그 대학원생을 기려서 그의 이름이 마르셀 바인리히(Marcel Weinrich)였음을 여기에 써 두고자 한다. 그의 실험에서도 같은 결론이 나왔다.

그러니까 우젠슝의 실험 결과가 가장 유명하기는 하지만 이런 식으로 다른 과학자들이 다른 방식으로도 여러 차례 같은 결과를 확인했다. 그러므로 이 세상에 왼쪽, 오른쪽을 구별하는 힘도 있다는 사실을 과학자들은 믿을 수밖에 없었다. 이런 특징을 입자 이론에서는 조금 더 면밀히 말해서 P 대칭성 위배(P symmetry violation)라고 부르기도 한다.

그리고 그 덕택에 오즈마 문제 역시 1956년에 답이 나오게 되었다. 아무리 먼 곳에 사는 외계인이라고 하더라도 베타 붕괴를 하는 방사능 물질을 구해서 거기서 튀어 나오는 전자의 스핀을 관찰하라고 하면 된다. 그러면 전자가 날아가는 방향을 기준으로 보았을 때 전자가 돌아가는 방향이 바로 왼쪽이라고 설명하면 된다. 우리의 과학 원리가 통하는 우주에 그 외계인이 살고 있다면 아무리 다른 은하의 이상한 행성에 사는 외계인에게라도 이 설명은 항상 오른쪽과 왼쪽을 구별할 수 있는 방법으로 통하는 설명이다.

약력이 이 정도로 상식을 초월하는 괴이한 힘이라는 사실이 밝혀지자, 사람들은 그 힘이 언제, 어느 정도로 생기는지, 그 계산하는 방법을 개발해 내면 아주 멋질 거라는 생각을 하게 되었다. 초창기에 여기에 도전한 인물로는 미국의 줄리언 슈윙거(Julian Schwinger)가 있다. 그는 파인먼과 거의 같은 시기에 광자의 움직임과 전기의 힘을 양자장 이론을 활용해 정확히 계산하는 방법을 개발한 과학자다. 그래서 그는 파인먼과 같이 노벨상을 수상하기도 했다.

슈윙거는 자신이 전기의 힘을 계산할 때 성공했던 바로 그 방법으로 약력을 계산하는 방법을 만들어 내려고 했다. 그러니까 그는 약력에 대해서도 약력이라는 힘을 전달하는 역할을 하는 운반자가 있고 그 힘 운반자가 주변에 미치는 영향을 나타내기 위해 우주 전체에 가득 찬 바닷물 같은 양자장이 있다고 보고 계산을 하는 방법을 만들어 내면 좋겠다고 생각했다.

약력을 계산할 수 있는 이론을 만들겠다는 슈윙거의 이런 생각은 그의 제자가 된 대학원생 글래쇼에게 이어졌다. 그리고 마침 글래쇼와 고등학교 동창이었던 스티븐 와인버그(Steven Weinberg) 역시 비슷한 시기에 비슷한 방식으로 약력을 계산하는 방법을 만들어 내려고 했다. 여기에 더해 두 사람과는 조금 떨어져서 영국에서 주로 활동하며 연구를 진행하던 파키스탄인의 과학자 압두스 살람(Muhammad Abdus Salam) 또한 비슷한 도전을 하고 있었다.

약력의 특이한 특징을 모두 고려할 수 있는 계산 방법을 만들기 위해서 따져야 할 일이 많았다. 우선 첫 번째, 힘을 전달하는 운반자가 있고 그 운반자가 여느 다른 힘의 운반자처럼 보손으로 분류되며 그것이 우주에 가득 차 있는 억겁의 바다가 출렁이는 듯한 모습을 표현하는 양자장 이론을 만든다는 기본 목표를 달성해야 했다.

두 번째, 그 힘 전달자가 왼손잡이 물질만 골라서 건드릴 수 있어야 했다. 세 번째, 그 힘 전달자가 물질의 종류를 바꿔 줄 수 있어야 했다. 네 번째, 베타 붕괴를 하면 중성자가 양성자로 바뀌고 아래 쿼크가 위 쿼크로 바뀌게 되는데 아래 쿼크는 음전기를 띠고 있고 위 쿼크는 양전기를 띠고 있으므로 약력의 전달자는 물질의 전기를 바꾸어 줄 수 있어야 했다.

여기에 더해 다섯 번째로 약력은 전기의 힘이나 중력처럼 흔하게 어디서나 느낄 수는 없는 힘이므로 아무 데나 함부로 힘이 멀리 뻗어 나가지 않고 가까운 곳까지만 미쳐야 했다.

이 모든 특징을 동시에 지닌 힘을 계산하는 복잡한 방법을 개발해 내기란 쉽지 않았다. 어떤 기계를 만들어야 하는데, 그 기계는 하늘을 잘 날아가면서, 바닷속을 잠수도 할 수 있으면서, 동시에 안전하게 사람을 태울 수 있으면서, 그러면서 접으면 가방에 들어가는 교통수단이 될 수 있도록 설계해 보라는 듯한 이야기다. 그러나 몇 년간의 연구 끝에 과학자들은 다들 비슷한 결론에 도달했다. 이들이 개발한 이론의 겉모습을 보면 과연 약력이 특이한 만큼 그것을 계산하는 방법도 특이해 보인다.

이들의 약력 이론에는 힘을 전달하는 운반자가 하나가 아니라 네 가지나 있다고 되어 있었다. 또 힘을 전달하는 역할을 하는 운반자가 전기를 띠는 상태로 힘을 전달하는 경우도 있었다. 힘을 전달하는 기본 입자가 양전기든 음전기든 전기를 띠고 있는 것은 지금까지도 약력이 유일하다. 그렇게 개발된 약력 이론은 만들어 놓고 보니 군데군데 전기의 힘을 표현하려고 개발했던 이론과 통하는 점도 있었다.

그런데 이렇게까지 복잡한 계산 방법을 만들고도 마지막까지 풀리지 않는 골칫거리 한 가지가 남아 있었다. 그 마지막 난관은 바로, 다섯 번째 특징이었다. 힘이 멀리 뻗어 나가지 않고 가까운 곳에만 미쳐야 한다는 특징. 그것이 가장 어려웠다.

이렇게 하기 위해서는 약력을 나타내는 양자장은 아주 많이 달라져야만 했다. 연구 결과로 얻은 결론은 힘을 전달하는 운반자가 실제로 혼자서 나타나게 된다면 무척 무거운 무게를 지녀야 한다는 것이었다. 즉 약력을 전달하는 운반자를 발견한다면 그 무게는 매우 무거울 것이다.

이것도 다른 힘과 약력이 너무나 다른 점이다. 약력이 아닌 다른 힘은 그 힘을 전달해 주는 운반자의 무게가 무겁기는커녕 아예 무게가 없다. 전기의 힘을 전달하는 광자나 강력의 힘을 전달하는 글루온은 가만히 있을 때의 무게가 0이다. 그렇다 보니 비슷한 방식으로 계산법을 개발하면서 억지로 약력을 전달하는 입자만 무게가 무겁다고 하고 계산 방법을 만들다 보니 이론이 꼬이고 계산이 불가능해지기가 다반사였다.

그러나 과학자들은 1970년대 초에 결국 이 문제에 대한 대책도 찾아냈다. 결코 풀리지 않을 복잡한 문제의 마지막 고비를 넘도록 해 준 것은 한참 나중에 다시 한번 큰 화제가 되었던 물질인 힉스(Higgs) 입자(particle)였다.

그러니까 일단 약력 이론도 원래는 전자기력이나 강력처럼 무게가 없는 운반자가 힘을 전달해 주는 그런대로 평범한 것이었다. 그런데 거기에 더해서 힉스 입자라는 또 다른 새로운 물질이 한번 추가로 더 관여하는 덕택에 약력을 나타내는 양자장이 그 영향을 받는다. 그 힉스 입자가 미치는 영향 덕분에 약력을 전달하는 운반자는 무거워진다. 이런 복합적인 이론이 마지막 결과물이었다.

이런 식이라면 복잡하기는 하지만 약력의 특징을 두루두루 갖고 있는 힘을 계산해 내는 방법을 개발할 수 있었다. 원래 와인버그는 무슨 생각을 했는지 강력에 대한 계산법을 만들기 위해 궁리하면서 힉스 입자와 강력이 관계있다고 보고 계산하는 방법을 궁리하고 있었는데, 1967년 어느 가을날 MIT의 연구실로 가는 차 안에서 운전 중에 갑자기 다른 생각이 떠올랐다고 한다. 너무 기뻐서 와인버그는 달리는 차 운전석에 앉아, "맙소사! 이게 바로 약력의 답이었어!"라고 외쳤다고 한다.

글래쇼는 겔만을 만났을 때, 자신이 개발한 그 복잡한 약력 계산 이론을 소개한 적이 있었다. 결국 그의 생각은 대부분 맞는 이야기였다. 당시 시점에서 보더라도 글래쇼의 약력 이론에는 참신한 점도 있었다. 글래쇼의 설명을 들은 겔만은 젊은 과학자들이 난관을 돌파하며 온갖 지식을 합쳐서 어려운 이론을 완성해 내고 있으니 실력이 뛰어나다고 느꼈던 듯하다. 그러나 겔만은 그다지 기뻐하지는 않았다. 이론이 너무 복잡했고 너무 어려웠기 때문이다. 겔만은 글래쇼에게 "당신의 이론은 매우 훌륭하지만, 다른 사람들은 못 알아들을 것 같네요."라고 말했다고 한다.

그러나 겔만의 짐작은 틀렸다. 이휘소가 있었기 때문이다.

세월이 흐르는 동안 이휘소는 미국에서 성공적인 과학자로 자리매김하고 있었다. 이휘소 역시 약력이 왼쪽과 오른쪽을 구분한다는 충격적인 사실이 과학계를 휩쓴 뒤 약력의 비밀을 밝히는데 많은 관심을 갖고 있었다.

그러나 그 시절 글래쇼, 와인버그, 압두스 살람 등이 새로 개발한 최신 약력 이론은 생각만큼 큰 관심을 받지 못하고 있었다. 하지만 이휘소는 그 이론의 가치를 알아보았다. 그래서 그는 더 쉽게 이론을 풀이해서 계산하는 방법과 이론의 특징을 밝히는 연구들을 진행해 논문들을 발표했다. 이휘소의 연구 논문들 덕택에 많은 과학자는 새로 등장한 약력 이론을 알게 되고 이해하게 되었다. 글래쇼, 와인버그, 압두스 살람이 개발한 연구 결과의 가치는 점점 높아지게 되었다.

특히 압두스 살람이 와인버그와 거의 비슷한 이론을 개발했으면서도 사람들에게 자신의 설명을 잘 알리지 못하고 있다고 하소연했을 때, 이휘소는 그 말을 듣고 그의 생각을 이해한 뒤 그의 생각을 사람들에게 널리 알렸다. 와인버그가 개발한 약력 이론을 와인버그 이론이 아니라 와인버그-살람 이론이라고 이름을 바꾸어 소개한 사람도 바로 이휘소였다.

그렇게 해서 마침내 셸던과 와인버그는 1979년 노벨상을 받았고, 압두스 살람도 그 해에 같이 노벨상을 받았다. 이휘소가 약력 이론의 탄생 과정에 굉장히 큰 역할을 한 셈이다. 돌아보면 현대 과학이 밝혀낸 우주의 힘은 중력, 전자기력, 강력, 약력, 총 네 가지다. 그중에 중력 이론은 1600년대에 영국의 뉴턴이 처음 정리했고, 전자기력 이론은 1800년대에 스코틀랜드 출신의 맥스웰이 정리했다. 나머지 강력 이론과 약력 이론은 20세기에 여러 과학자들의 협력으로 탄생했다. 그리고 그 과정에서는 강력의 한무영, 약력의 이휘소라고 해도 좋을 만큼 한국인 과학자들 역시 톡톡히 한몫을 했다.

이렇게 개발된 약력 이론에는 또 다른 놀라운 특징도 있었다. 이들이 만든 이 복잡한 이론이 약력과 전자기력은 사실 하나로 연결되어 통합되어 있다는 사실을 끌어냈기 때문이다. 즉 약력을 연구해 보니 사실 약력과 전자기력은 완전히 서로 다른 힘이 아니었다. 대신 전약력(electroweak force)이라고 이름 붙일 수 있는 하나의 힘이었다. 전약력이 조건에 따라 두 가지 다른 모습으로 나타나게 되었는데 그중 하나는 전자기력이고 하나는 약력일 뿐이었다. 슈윙어나 글래쇼는 애초부터 그런 예감을 갖고 있었고 이휘소도 그 생각의 가치를 알아보았다.

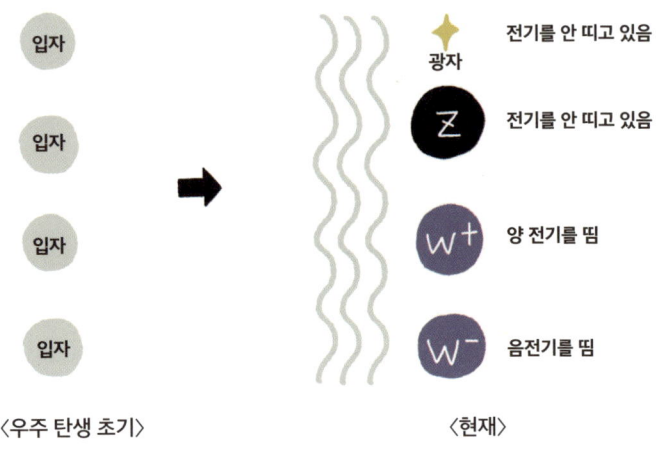

〈우주 탄생 초기〉 〈현재〉

    이것 또한 돌아볼수록 더욱 놀라운 결과다. 세상에서 가장 흔하고 가장 많이 다루어 보았고 가장 자주 일상생활 문제와 연관되는 힘인 전자기력이 반대로 힘 중에서 가장 이상하고 가장 특이해 보이는 약력과 알고 보면 같은 힘이라는 말이기 때문이다. 이것은 마치 물로 불을 만든다는 이야기처럼 들린다.

    통합된 전약력 이론에 따르면, 전약력과 관련이 있는 힘을 전달하는 입자는 결국 총 네 가지로 나타나게 된다. 그 네 가지는 양전기를 띤 W 보손, 음전기를 띤 W 보손, Z 보손, 광자다. 이 중에서 친숙한 광자는 전자기력을 전달하는 운반자 역할을 한다. 그러므로 남은 W 보손 두 가지와 Z 보손이 우리가 보통 약력이라고 부르는 힘의 운반자 역할을 맡게 될 것이다. 그 중에서도 W 보손들은 베타 붕괴 등과 같이 그 전부터 우리가 익히 알고 있던 약력을 전달하는 입자다.

    그리고 나면 남는 것이 Z 보손이다. 새로 개발된 이론에 따르면 Z 보손도 분명히 세상에 있어서 약력에 관한 무슨 운반자 역할을 해야 했다. 그렇지만 1972년까지 세상에서 Z 보손을 관찰했다거나 Z 보손이 일으키는 현상을 본 사람은 없었다. 과학자들이 이론을 만들고 계산을 하다 보니 있어야만 한다고 하는 Z 보손은 과연 어디에 있단 말인가?

뒤집어서 말하자면 혹시 이제라도 Z 보손이 일으키는 현상이 발견되어 Z 보손이 정말로 세상에 있다는 증거가 나온다면, 그렇다면 과학자들이 힘을 모아 만들어 낸 약력 계산 방법은 정말로 맞을 가능성이 큰 이론이 된다는 뜻이다. Z 보손 같은 것이 있는 줄 아무도 몰랐는데 과학자들이 계산 방법을 만들다 보니 자연히 그런 것도 있어야 한다고 예상한 것이 실제로 등장했다는 말이기 때문이다. 이것은 명탐정이 추리를 통해 범인은 바로 여기에 숨어 있을 거라고 생각한 곳을 마침 들춰 보았더니 정말로 거기에 사람이 숨어 있다는 이야기다. 사람이 마침 그 자리에 숨어 있다면 명탐정의 추리가 맞는다는 뜻이고 곧 그 사람이 범인일 것이다.

드디어 가가멜이 해내다

이때 크게 활약한 장비가 유럽 과학자들이 만든 가가멜(Gargamelle)이다.

한국에서는 《스머프》라는 벨기에 만화영화에서 크기가 작은 신비의 생명체인 스머프들을 공격하는 악당 마법사의 이름이 가가멜이다. 그런데 원래 가가멜은 거인과 관계있는 이름이다. 르네상스 시대 프랑스 문학 중에 『가르강튀아와 팡타그뤼엘(Les Cinq livres des faits et dits de Gargantua et Pantagruel)』이라는 웃긴 풍자 소설이 있는데 거기에 나오는 거인 가르강튀아의 어머니 이름이 가가멜이다. 아주 크기가 작은 스머프 입장에서 보면 가가멜은 무서운 거인처럼 보일 테니까 가가멜은 꽤 잘 붙인 이름이다.

1970년대 유럽 과학자들이 사용한 가가멜이라는 장비도 거인 같이 큰 장치 이름이었다. 이

가가멜은 극히 작은 물질이 빠르게 날아가는 모습을 관찰하는데 사용한 측정 도구였다. 가가멜의 겉모습은 자동차쯤 되는 크기의 쇠로 된 단단한 통처럼 생겼다. 거기에 기체를 가득 채워 놓는데 아주 높은 압력으로 꾹꾹 눌러 담아 그 기체가 액체로 변할 정도로 꽉 채워 두되 아주 살짝만 건드리면 바로 다시 끓어 올라 기체가 될 정도로 눌러 담아 둔다.

만약 가가멜 속에 아주 작은 알갱이로 된 물질이 하나라도 날아들어 온다면 그것이 그 속의 액체를 살짝 건드릴 것이다. 그러면 그 충격으로 그 주변이 조금 끓어 오른다. 그러면 그 끓어 오른 자국이 아주 미세한 거품 비슷하게 변할 것이다. 그 거품은 사진으로 촬영하면 찍혀 나올 정도로 보인다. 이런 방식으로 작동하는 장치를 거품 상자(bubble chamber)라고 부른다. 그러므로 가가멜은 거대한 거품 상자였다.

거품 상자를 개발하고 개선하는데 큰 공을 세운 미국의 과학자 루이스 앨버레즈(Luis Walter Alvarez)는 노벨상을 받았다. 루이스 앨버레즈는 미국 공군이 제2차 세계대전 중 첫 번째 원자폭탄을 떨어뜨리는 작전을 실행했을 때 공군 대원들과 함께 적진에 날아가 원자폭탄의 폭발 과정을 직접 관찰한 과학자이기도 했다. 재미난 것이, 루이스 앨버레즈의 아들인 월터 앨버레즈 역시 과학자로 성공했는데 그의 연구는 바로 공룡이 소행성 충돌로 멸망했다는 사실을 알아낸 것이다.

루이스 앨버레즈가 직접 참여하며 개발하던 시절의 초창기 거품 상자는 수소 기체를 이용하고 거품 상자 내부를 잘 볼 수 있도록 유리창을 달아 놓은 형태였다. 가볍게 떠올라 하늘로 퍼져 나가는 기체인 수소 기체를 눌러 담아 액체로 만들어서 쇠로 된 통 속에 넣어 놓아야 한다는 것은 그 정도로 튼튼한 금속 통을 만들고 다룰 수 있는 기술이 있어야 한다는 뜻이다. 그런 곳에 붙여 놓는 튼튼한 유리를 만들어 달아 놓는 일도 상당한 기술이 필요한 일이다. 초기 거품 상자에는 지금도 튼튼한 유리의 대표로 통하는 파이렉스(Pyrex)가 사용되곤 했다.

유럽의 CERN 연구소에 설치된 대형 거품 상자인 가가멜은 1960년대 후반 프랑스에서 제작되었다. 나는 이것이 프랑스가 기술 선진국으로 세계에 훌륭한 제품을 판매하며 경제를 발전시켰던 1960년대와 1970년대 시절의 산업 수준과 기술 수준을 상징하는 성과라고 본다.

그러고 보면 지금은 세계에서 실용적인 자동차용 수소 저장 통을 가장 잘 만드는 나라로는 한국이나 일본이 손꼽힌다. 2022년에 2만 대 이상의 수소차를 판매해 세계 1위를 달성한 회사도 한국 회사였다. 세계에서 유리를 가장 많이 만들어 내는 공장이라고 할만한 곳도 한국에 있다. 한국의 여주에 있는 공장이 한 곳의 유리 공장으로는 거의 세계 최대 규모로 볼만한 크기다. 연간 130만 톤의 유리를 생산할 수 있어서 하루 생산량으로만 63빌딩을 4번 휘감을 수 있다고 한다. 나는 여주 정도면 세계적인 유리의 도시라고 부를 만하다고 생각한다. 그렇다면, 2020년대는 한국에서 세계 최고의 과학 실험 장치가 개발되기에 어울리는 시대 아닐까?

1970년대 초가 되어 가가멜이 본격적으로 가동되기 시작한 후 얼마간 시간이 흐르자 과학자들은 이곳에서 약력을 나타내기는 하지만 W 보손이 일으키는 현상과는 다른 특이한 반응을 찾아내려고 했다. 그런 반응이 있다면 그것이 바로 Z 보손의 흔적이 있다는 뜻이었기 때문이다. 이것을 그 당시에는 Z 보손이 전기를 띠고 있지 않은 중성이라고 하여 중성류(neutral current) 현상이라고 불렀다.

마침 유럽의 가가멜 연구팀과 미국 연구팀 사이에 누가 중성류 현상을 먼저 발견하느냐 하는 경쟁이 붙는 바람에 수시로 여러 소식과 소문이 화제가 되기도 했다. 미국 연구팀의 중요한 연구원 중 한 사람이 사실 외국 사람이었는데 미국에 머무를 수 있는 비자 때문에 결정적인 순간 미국을 떠나는 일도 발생하면서 양쪽의 경쟁은 더욱 극적이고 아슬아슬한 상황으로 변했다.

결국, 1973년 가가멜에서 세계 최초로 중성류 현상이 발견되었다. 그 말은 Z 보손이 정말로 세상에 있을 가능성이 크다는 이야기였다. 만화 속 가가멜은 작은 스머프를 못 잡았지만 가가멜 실험 장치는 그 작은 Z 보손의 흔적을 찾아냈다. 그렇다면 그것은 Z 보손이 있을 거라는 생각으로 그 많은 과학자들이 겹겹이 이론을 쌓아 만든 그 복합적인 약력 계산 방법 역시 정말로 사실과 부합한다는 뜻이었다. 1983년에는 중성류 정도가 아니라 아예 Z 보손이라는 운반자가 그 자체로 따로 튀어나와서 돌아다니는 모습을 명확히 찾아내기까지 했다. 역시 W 보손을 발견한 유럽 과학자들이 해낸 일이었다.

1973년 가가멜의 발견이 결코 쉬웠던 것은 아니다. 그것은 굉장히 어려운 도전이었다. Z 보손이 일으키는 중성류 현상을 찾아내기 위해서는 사람들이 유령 같은 물질이라고 부르던 흐느끼듯이 우리 주위를 스쳐 지나다니는 물질의 움직임을 추적해서 찾아내야만 했다. 그러니까 과학자들은 유령 입자(ghost particle)를 사냥해야 했다.

중성미자 neutrino

가까이 있지만 너무나 느끼기 힘든 아주 흐릿한 물질

반물질은 현대판 감로수

　고대 인도의 신화에 따르면 먼 옛날 우주가 처음 만들어질 무렵, 세상의 수많은 신과 마귀들은 신비로운 우유를 휘저으며 서로 싸움을 벌였다고 한다. 그 우유에서 만들어진 암리타(Amrita)라고 하는 신비의 물질을 마시면 영원한 생명을 얻거나 엄청난 깨달음을 얻은 경지에 오르거나 혹은 그 비슷한 굉장히 좋은 일이 생기기 때문이다. 이 인도 신화는 불교 문화를 따라 아시아 각국에 퍼졌다. 태국 방콕의 수완나품 돈므앙 국제공항에 가보면 이 장면을 커다란 조각상으로 만들어 놓은 전시물이 있을 정도다.

　한국에도 이미 삼국시대에 이 신화가 이미 들어 왔을 것이다. 그래서 한국에서는 암리타라는 이 신비의 물질을 흔히 한문으로 감로(甘露), 그러니까 달콤한 맛이 나는 이슬, 단 이슬이라고 쓰곤 했다. 고대 중국의 도교 문화에서도 신선이 마시는 신비한 물질을 감로라고 불렀다. 그러므로 감로라는 말은 한문에 섞어서 사용하기 좋은 단어였다. 감로가 정말로 있다면 그것은 엄청나게 신비한 물질일 것이기에 전설이나 신화를 보면 한 방울의 감로만 마셔도 모든 병이 치유되거나, 굉장한 지혜를 얻거나, 초능력을 얻는다는 등의 이야기들이 보인다. 지옥에 빠진 영혼들이 감로를 마시고 구제된다는 이야기도 한국에서는 인기 있는 소재였다.

바나나 속에서도 베타 붕괴는 일어난다

그래서 감로를 들먹이는 사기꾼도 많았다. 『고려사절요』에 실려 있는 1313년에 벌어진 사건이 대표적이다. 기록에 따르면 그해 고려에는 자기 몸에서 감로를 뿜어낸다고 주장한 효가라는 인물이 나타났다고 한다. 효가를 따르는 제자와 부하들도 굉장히 많이 생겨났다. 곧 효가는 사이비 종교 교주가 되어 사회를 큰 혼란에 빠뜨렸다. 사람들은 효가가 뿜어내는 감로가 세상 모든 물질 중에 가장 소중하고 귀한 물질이라고 믿고 그에게 몰려들었다.

효가는 나중에 심지어 헌 육체를 버리고 새 육체로 부활하는 모습을 연출하기도 했다. 결국 그는 정부 당국에 검거되었는데, 붙잡아 놓고 조사해 보니 그는 꿀물을 몰래 숨겨 놓고 조금씩 나오게 하는 수법을 써서 자신이 감로를 뿜어낸다고 속인 사람이었다.

현대의 우리는 세상에 감로라는 물질은 없다는 것을 잘 알고 있다. 그렇다면 현대에 우리가 구할 수 있는 물질 중에서 가장 귀하고 비싼 것은 무엇일까?

황금도 괜찮은 대답이다. 그런데 황금이나 다른 귀금속보다도 훨씬 더

귀하고 비싼 물질은 없을까? 그런 식으로 귀한 물질을 꼽아 보자면 반물질(antimatter)도 무척 좋은 대답이다. 가장 귀한 물질이 반물질이라니 이것도 무슨 고대 인도 철학자의 수수께끼 답 같이 들리기는 한다.

반물질은 단순히 희귀할 뿐만 아니라 쓸모도 많고 찾는 사람도 많은 물질이다. 그러나 반물질을 대량으로 만들어 내기 위해서는 특수한 대형 실험 장비가 필요하고 이런 장비를 가동하는 데에도 비용이 많이 든다. 그렇기 때문에 그 값은 비싸질 수밖에 없다. 그래서 2023년 2월 《ABC 뉴스》에서는 대략 0.1그램의 반물질을 만드는데 한국 돈으로 8천조 원 정도의 돈이 든다고 이야기했다. 남는 것 없이 세금 내고 나면 밑지고 파는 가격으로 반물질을 파는 업자를 만난다고 해도, 1조 원을 주고 0.00001그램 조금 넘는 반물질 밖에 못 산다는 뜻이다.

이렇게 귀한 반물질을 옛 전설 속의 감로처럼 누가 마신다면 어떻게 될까? 우선 굉장히 신비로워 보이는 현상이 벌어지기는 할 것이다. 몸에 닿는 순간 어마어마하게 강한 빛을 내며 반물질은 사라져 버릴 가능성이 크기 때문이다.

이때 나오는 빛은 정말 세다. 어림짐작으로 계산해 보면, 단 0.1그램의 반물질만 있어도 거기서 나오는 빛을 전기로 다 바꾸면 대한민국의 모든 건물, 가게, 공장 등등에서 온종일 사용하는 양을 충당할 수 있을 정도로 막강하다. 우주 전체에서 같은 무게의 재료를 사용해 그보다 더 강한 빛을 내뿜을 방법은 이론상 없다. 어떤 원료를 쓰든 간에 가장 강한 빛을 만들 방법은 반물질을 쓰는 것이다. 반물질의 양이 많으면 많을수록 반물질을 이용해 만들 수 있는 빛은 더욱더 많아진다.

그렇게 빛을 뿜어내고 나면 반물질은 완전하고도 깨끗하게 사라진다. 그래서 세상에 아무것도 남기지 않는다. 불타고 나서 잿더미가 남는 것 같은 현상조차 없다. 연기나 냄새가 남는 일도 없다. 그저 빛 이외에 모든 것이 완벽히 없어져 버린다. 이렇게 반물질이 그 짝이 되는 보통 물질과 닿으면 빛을 내뿜으면서 완벽하게 사라지는 현상을 쌍소멸(pair annihilation)이라고 부른다.

이때 발생하는 빛은 엄청나게 강하므로 분명 주변을 어마어마하게 뜨겁게 달구거나 다른 방식으로 파괴할 것이 분명하다. 그렇기에 만일 반물질의 양이 눈에 보일 정도가 된다면 그때 일어나는 현상은 감로의 신비보다는 오히려 굉장한 크기의 폭발처럼 보일 것이다. 그래서 SF물에서는 반물질이 주로 엄청나게 강한 폭탄 재료로 자주 등장한다. 1908년 시베리아에서는 원인을 알 수 없는 핵폭발 규모의 큰 폭발이 실제로 일어났고 이것을 흔히 "퉁구스카 대폭발"이라고 부르는데, 《엑스 파일》시리즈에는 주인공 멀더가 퉁구스카 대폭발의 원인에 대한 뜬소문을 소개하며 우주 어디인가에서 흘러든 조그마한 반물질 조각이 우연히 지구에 추락하여 그런 엄청난 폭발을 일으켰을 수도 있다고 말하는 장면이 있다.

반물질은 우리가 흔히 보는 기본 입자와 무게는 정확히 똑같지만 전기를 비롯한 몇 가지 성질은 정반대인 물질을 말한다. 예를 들어, 전자의 반물질은 전자와 똑같은 무게이지만 전자와는 반대로 양전기를 띠고 있다. 위 쿼크의 반물질은 위 쿼크와 똑같은 무게이지만 전기는 위 쿼크와는 반대로 음전기를 띠고 있다. 그리고 전자의 반물질과 전자가 만나면 쌍소멸을 일으키며 빛을 뿜고 사라진다. 마치 만나서는 안 되는 정반대의 적수를 만난 것처럼 세상에서 서로를 없애면서 사라진다. 그게 바로 쌍소멸이다. 마찬가지로 위 쿼크의 반물질과 위 쿼크가 만나면 쌍소멸을 일으키며 빛을 뿜고 사라진다.

보통은 기본 입자 이름 앞에 "반(anti)"이라는 말을 붙여서 반물질을 이루는 기본 입자의 이름을 붙인다. 그러니까 쿼크와 만나면 쌍소멸을 일으키며 폭발하는 물질은 반쿼크(antiquark)라고 부르고, 위 쿼크와 만나면 쌍소멸을 일으키며 폭발할 물질은 반 위 쿼크(anti up quark)라고 부른다. 단, 전자의 반물질에 대해서는 특이하게도 반전자(antielectron)이라는 말보다는 양전자(positron)이라는 별도의 말을 더 많이 사용한다.

반물질이 귀하기는 하지만 의외로 살펴보면 이미 실용화되어 한국에서도 여러 대 보급된 장비 중에도 반물질을 사용하는 것이 있다. 어디일까? 육군 포병대에서 특별한 반물질 포탄을 만드는 데 사용하지는 않는다. 그렇다고 누리호 로켓을 연구하는 연구소에서 미래의 로켓을 만들기 위해 반물질 로켓 엔진을 개발 중인 것도 아니다.

한국에 널리 퍼져 가동되고 있는 반물질 장비는 PET이다. PET는 양전자 방출 단층촬영(Positron Emission Tomography)의 약자로 병원에서 사람 몸속을 특별하게 관찰하기 위해 사용하는 장비다. 특히 심장과 뇌를 살펴보면서 무슨 문제가 있지는 않은 지, 어디인가에 암이 있는지 관찰할 때 사용한다.

PET 사진을 찍을 때는 양전자를 잘 뿜어내는 경향이 있는 방사능 물질을 약으로 만들어 해가 되지 않을 만큼 몸속에 살짝 주입한다. 그러면 거기서 극히 적은 양의 양전자들이 계속 튀어나온다. 그런데 양전자는 반물질이므로 몸속의 전자를 만나 쌍소멸을 일으킨다. 그러면 그때 아주 특이하고 강한 빛이 나온다. 이 빛은 강하기 때문에 눈에 보이지는 않지만, 몸을 통과해 바깥으로 튀어나올 정도다. 그러므로 이것을 잘 관찰하면 양전자를 뿜어내는 그 약이 몸속 어디를 돌아다니고 있는지 환히 들여다볼 수 있다.

그렇게 해서 약이 몸속을 돌아다니는 모습이 정상인지 아닌지를 따져서 병이 있는지 살펴보면 된다. 한국에서는 PET을 1994년 서울대 병원에서 가장 먼저 사용하기 시작했으므로, 반물질을 실용적으로 사용하는 장치가 한국에서 일반인을 위해 사용된 지도 벌써 30년이 넘어간다.

PET처럼 기계를 만들어 적극적으로 반물질을 활용하는 것이 아니라고 해도 우리 주변에 반물질이 나타나는 경우는 또 있다. 가장 가까이에 있는 흔한 사례로는 베타 붕괴 방사능 현상도 지목해 보고 싶다. 베타 붕괴는 C-14, K-40 같이 조금이긴 하지만 사람 몸속에 들어 있는 물질 속에서도 발생하므로, 베타 붕괴에서 반물질이 나온다면 지금, 이 순간 우리 몸에서도 아주 약간씩 반물질이 뿜어져 나오고 있다는 뜻이다. 그런데 몸에서 나오고 있는 반물질인 베타 붕괴 때문에 생겨나는 그 반물질은 발견 과정에 곡절이 있다. 이 이야기는 악명 높은 유령 입자(ghost particle)와 엮여 있다.

사연은 1930년대로 거슬러 올라간다. 그 시절 과학자들은 베타 붕괴에서 발생하는 방사선인 전자가 튀어나올 때 과연 어느 정도로 맹렬히 튀어나오는지를 살펴보았다. 그런데 베타 붕괴 때 전자가 튀어나오는 속력은 이상하게도 그때그때 달랐다. 전자를 뿜어내는 방사능 물질에 아무런 온도 차이나 속도 차이가 없을 때도 튀어나오는 전자의 속력은 뚜렷이 차이를 보였다. 평균 정도 속력으로 나오는 전자를 기준으로 생각한다면, 유독 빠르게 날아가는 전자가 튀어나올 때도 있고, 유독 느리게 날아가는 전자가 튀어나올 때도 있다는 결과가 나왔다. 그렇다면, 빠르게 날아가는 전자는 도대체 어디에서 추가로 힘을 받아 빠르게 날아간 것인가? 느리게 날아가는 전자는 도대체 어디에 힘을 건네주었길래 속도를 잃어 느리게 날아가는가?

다시 말해 아무 이유 없이 전자의 속력이 달라진다는 것은 에너지 보존 법칙(law of energy conservation) 위반이다. 에너지 보존 법칙이란 에너지는 비록 여기저기 왔다 갔다 하며 어떤 형태로 어디에 있는지가 바뀐다고 할지라도 결코 그 에너지 중 일부가 사라져서 완전히 없어지는 일은 없다는 원리다. 그런 만큼 허공에서 에너지가 새로 생겨 나는 일도 없다.

1700년대 말 프랑스 대혁명 시대에 활약한 위대한 화학자이자 미터법 탄생에도 큰 영향을 미친 과학자, 앙투안 로랑 드 라부아지에(Antoine-Laurent de Lavoisier)는 질량 보존 법칙(law of mass conservation)을 널리 퍼뜨려 많은 사람들에게 큰 감동을 주었다. 에너지 보존 법칙은 바로 질량 보존 법칙을 더욱 현대적으로 개선한 것이다. 에너지 보존 법칙은 현대 과학의 가장 중요한 핵심 원리 중 하나로 자리 잡았다. 과학이 무엇이냐고 물으면, 좀 과장해서 "에너지 보존 법칙을 지키는 방식으로 여러 가지 현상을 계산하는 방법"이라고 말해도 좋을 정도로 에너지 보존 법칙은 중요하다.

그런데 사람 몸에서도 조금씩 일어나는 흔한 현상인 베타 붕괴에서 에너지 보존 법칙이 들어맞지 않아 보였다. 왜 베타 붕괴를 일으킬 때 어떤 전자는 어디인가에서 문득 에너지를 잃고 천천히 날아가게 되는가? 반대로 왜 어떤 전자는 난데없이 에너지를 얻어서 더 빨리 날아가게 되는가? 왜 에너지가 보존되지 않고 변화하는가? 이런 오류가 발생한다는 것은 대단히 고민스러운 문제였다.

유령 입자를 찾아라

결국 파울리는 사람 눈에 보이지도 않고 그때까지 나온 과학 기술로 감지할 수도 없는 알 수 없는 정체불명의 물질이 뭔지는 모르지만 베타 붕괴 때 같이 튀어나오고 그 물질이 오류를 일으키는 원인이 된다는 이상한 설명을 제안했다. 전자가 빨리 날아갈 때는 그 같이 튀어나오는 알 수 없는 물질이 조금 느린 속력으로 튀어나오고, 전자가 천천히 날아갈 때는 반대로 그 같이 튀어나오는 알 수 없는 물질이 조금 빠른 속력으로 튀어나온다고 치자. 그러면 전체적인 에너지는 변함이 없도록 맞출 수 있다.

그리고 그 정체불명의 물질이 뭔지 모르는 이유는 그 물질이 전기를 전혀 띠고 있지 않아 전자 장비로 발견하기가 어렵고 무게도 너무나 가볍기 때문이라고 주장했다. 나중에 엔리코 페르미는 그런 특징을 강조해서 그 물질에 이름을 붙이려고 했고, 그래서 중성을 띤 입자를 뜻하는 말 뉴트론(neutron)을 이탈리아식으로 변형해 뉴트리노(neutrino)라는 말을 만들었다. 이것을 한자어로 번역해서 부르는 말이 중성미자다.

그 당시 보이지 않는 중성미자가 나오면서 뭔가 이상한 일을 한다고 치면 적당히 오류를 해결할 수 있으니 에너지 보존 법칙을 지켜 줄 거라는 생각은 다분히 땜질식 이론이라고 할 만했다. 땜질식 이론이라는 말이 심한 말은 아닌 것이, 파울리 스스로도 감지하기 어려운 물질이 뭔지는 모르지만 날아다니고 있을 거라고 주장하는 무책임한 이론을 만들었던 것이 꺼림칙했다고 고백한 적이 있었다.

그래서 과학자들은 중성미자에 '유령 입자'라는 별명도 붙였다. 양궁 대회에서 한국 선수는 화살을 잘 쏘고 다른 나라 선수는 그만큼 못 쏘는 차이가 보인다면 분명 무슨 이유가 있을 것이다. 그런데 그 이유를 잘 알 수 없으니까 "눈에 보이지는 않지만 잘 쏘게 해 주는 유령이 한국 선수를 도와주고 있을 것이다"라고 말해도 될까? 아마도 파울리는 자신이 그런 말을 한 듯한 부끄러움을 느꼈을 것이다.

그러나 시간이 흐르고 베타 붕괴에 대한 연구 결과가 점점 쌓여 나가고 우젠슝 등의 뛰어난 과학자들이 베타 붕괴에 관련된 다양한 자료를 모아서 공개하면서 세상 사람들은 중성미자가 세상에 실제로 있는 것 같다는 생각을 하게 되었다.

게다가 각종 정밀 감지기를 만드는 기술이 점차 발전하면서 파울리와 페르미가 소싯적에는 감지할 수 없다고 보았던 물질이라도 민감한 최신 감지기를 쓰면 감지할 수 있을 것 같다고 생각하는 과학자들도 나타났다. 그러다 보니 과학자들은 중성미자가 설령 감지하기 어려운 물질이라고 하더라도 중성미자가 한꺼번에 엄청나게 많이 튀어나오는 곳 앞에 가서 정밀한 감지기를 아주 크게 설치해 놓고 오래 작동시켜 본다면 어쩌다 가끔은 중성미자가 관찰될 수도 있다는 생각에 도달했다.

그렇게 해서 1950년대에 시작된 연구가 '폴터가이스트 사업(Project Poltergeist)'다. 폴터가이스트란 1982년에 나온 영화 《폴터가이스트》에서도 나오듯이 귀신 들린 집 같은 곳에서 아무도 없는데 접시가 깨지거나 의자가 넘어지는 등의 이상한 일이 벌어지는 모습을 뜻하는 말이다. 유령 입자를 찾아내는 연구에 딱 걸맞은 이름이다.

폴터가이스트 사업을 맡았던 미국 과학자들은 베타 붕괴 같은 방사능 현상에서 중성미자가 나온다면 그런 방사능 현상과 핵반응이 굉장히 많이 나오는 곳 근처에서 중성미자도 많이 나올 거라고 생각했다. 그래서 이들은 처음에는 핵폭탄을 터뜨리는 실험을 하는 곳 근처에 감지기를 설치해 두고 중성미자를 찾아내려 했다고 한다. 그러다가 원자로를 가동하는 곳 근처에 감지기를 설치해서 중성미자를 찾는 것으로 실험 방식을 바꾸었다. 결국 이들은 1956년 중성미자를 정말로 감지해 내는 데 성공했다. 파울리와 페르미 등이 처음 중성미자에 대해 알아낸 지 20년가량이 지난 후의 일이었다.

미국 과학자들은 이 사실이 확인되자 그 소식을 전보로 알렸다고 한다. 마침 파울리는 유럽의 CERN에서 다른 일로 발표를 하고 있었다고 하는데 소식을 전해 듣고 크게 감동하며 원래 하던 발표를 잠시 중단하고 관객들에게 중성미자 발견 소식을 전했다고 한다. 그리고 즉석에서 중성미자에 대해 짧은 강연을 했다고 하는데, 이 일은 과학 역사의 전설로 전해지고 있다.

중성미자를 발견하고 나서 따져 보니, 과연 중성미자는 발견하기 어려운 물질이었다. 무엇보다 중성미자는 너무나 가볍고 전기도 전혀 띠고 있지 않았다. 그래서 어디에도 걸릴 것 없이 아무 물질이나 휙휙 통과하는 성질을 지니고 있었다. 한번 튀어나온 중성미자는 벽을 통과해 그냥 바깥으로 쭉쭉 날아가고 그러다 산에 부딪히면 산도 그냥 통과해 날아간다. 벽이나 사람을 스르륵 통과하는 영화 속의 유령보다도 중성미자는 훨씬 더 물체를 잘 통과하는 유령 입자다.

중성미자가 어찌나 물체를 잘 통과하는지, 중성미자가 바다 방향으로 날아가면 땅을 통과해 지구를 통째로 지나친 뒤 지구 반대편 땅 밖으로 튀어나와 다시 하늘로, 더 나아가 우주로 날아가는 일도 너무나 흔하다. 중성미자는 지구보다 훨씬 더 큰 행성 몇 개를 겹겹이 쌓아 놓는다고 해도 대부분 아무 걸리적거리는 것 없이 다 통과해 지나간다. 그 정도로 중성미자는 기막히게 물체를 잘 통과한다.

중성미자는 전자, 뮤온, 타우온 등등과 함께 가벼운 입자라는 뜻의 경입자로 분류되는 물질이다. 경입자를 렙톤이라고 부르기도 하므로 중성미자는 렙톤의 일종이라고 말할 수도 있다. 그렇다는 말은 중성미자는 쿼크로 분류되지는 않는다. 그래서 중성미자는 쿼크를 붙여 주는 힘인 강력과도 전혀 반응하지 않는다. 즉 중성미자는 전기의 힘과도 상관이 없고 강력과도 상관없다.

그나마 중성미자는 약력과 반응한다. 하지만 약력은 하필 가장 이상하고 알 수 없는 힘이면서도 너무나 짧은 거리에서만 약하게 걸리는 힘이다. 그래서 중성미자는 뭐든 간에 반응을 일으키는 일이 드물고 어디인가에 걸리적거리는 일조차 거의 일으키지 않는다.

바로 그 때문에 중성미자를 감지기로 측정하는 일이 너무나 어려웠다. 대부분의 중성미자는 감지기 부품에 닿아 봐야 아무 반응을 일으키지 않고 그대로 감지기를 통과해 버린다. 그러고도 그대로 날아가서 감지기 뒤의 벽도 통과하고 그 뒤의 땅인 지구도 통과해서 그냥 지구 반대편의 하늘을 지나 우주로 날아가 버린다.

중성미자에 관한 연구가 진행되면서 보통 베타 붕괴에서는 오른손잡이 중성미자가 생긴다는 사실을 알게 되었다. 그러니까 중성미자 스스로가 팽이처럼 돌면서 날아간다고 했을 때, 오른쪽으로 뱅뱅 돌면서 소용돌이 모양을 만들며 날아가는 듯한 성질을 갖게 된다는 이야기다. 그런데 약력은 오른쪽과 왼쪽을 따지는 이상한 성질이 있어서 왼손잡이 물질에만 힘을 준다. 그렇다면 보통 베타 붕괴에서 생겨 나는 중성미자는 그냥 중성미자가 아니라 중성미자의 반대인, 반물질 중성미자, 곧 반중성미자(antineutrino)일 것이다.

그 말은 우리 몸에서 베타 붕괴가 조금씩 일어날 때, 비록 너무나 반응을 하

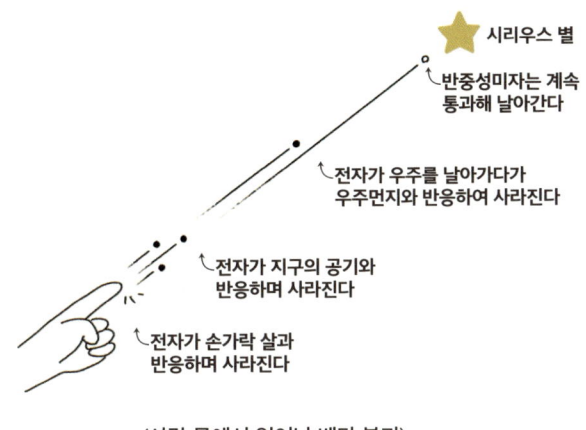

〈사람 몸에서 일어난 베타 붕괴〉

지 않고 아무 영향도 끼치지 않아서 모든 것을 대부분 통과하기만 하는 물질이기는 하지만 그래도 분명히 반물질이라고 부를 수 있는 반중성미자가 생겨나 몸 바깥으로 튀어 나간다는 뜻이다.

전설 속의 감로는 현실이 아니었다. 하지만 가장 값비싼 물질인 반물질은 의외로 현실에서 지금 당장 우리 몸에서도 계속 만들어지고 있다. 고려시대의 사기꾼 효가는 자기 몸에서 감로가 나온다고 거짓말을 했지만 지금 우리 몸에서 그 귀한 반물질이 아주 적은 양이나마 나오고 있다는 이야기는 과학으로 밝혀진 진실이다. 누구든 손을 들어 하늘을 가리키면 그 손의 살 속에 들어 있는 칼륨이나 탄소 성분 속에서 극히 적은 양의 베타 붕괴가 발생하며 반물질인 반중성미자가 튀어나올 것이다.

어림잡아 계산해 보면 평범한 사람은 언제나 대략 몸 전체에서 1초에 4천 개의 반중성미자를 사방으로 내뿜는다. 손가락을 하늘을 향해 들고 있다면, 손가락 끝에서는 아마 5초에 하나꼴로 반중성미자가 나올 것이다.

그렇게 몸에서 생겨난 반중성미자는 아무 걸리적거리는 것 없이 공기를 통과하고 건물의 벽과 지붕을 통과하고 구름을 통과하고 하늘을 통과하여 멀리 멀리 계속 날아갈 것이다. 그런 식으로 우주 저편까지도 도달할 것이다. 반중성미자는 설령 우주의 저편에서 별이나 어느 행성과 부딪힌다고 하더라도 가볍게 통과해서 더욱더 머나먼 곳까지 날아갈 것이다.

수십만 년, 수백만 년, 혹은 수억 년이 지나고 나서야 그 반중성미자는 마침내 우연히 약력을 받아 아주 머나먼 이상한 별이나 행성 어디에서 멈출 것이다. 그곳은 도대체 얼마나 멀리 있는 곳일까? 그 반중성미자가 머나먼 과거에 지구라는 행성의 어느 사람 손가락 끝에서 생겨나 그 긴 세월을 날아왔다는 것을 아는 이가 우주에 있을까?

밤하늘의 별을 보다가 혹시 닿고 싶은 곳이 있다는 생각이 들면 그 별을 손가락으로 가리켜 보자. 그러면 손끝에서 나온 반중성미자가 언제인가는 그 별에 닿을 것이다. 오늘 시리우스를 손가락으로 가리키면, 아마 9년쯤 지나서 손끝에서 나온 반중성미자가 시리우스에 닿을 수 있을 것이다.

좀 다른 이야기를 해 보자면 약력과 반물질의 관계는 이 세상이 왜 이렇게 물질이 많은 세상이 되었느냐 하는 문제와도 관련이 깊다.

반물질과 보통 물질은 서로 거울에 비친 모습처럼 반대일 뿐 동등하다. 그러므로 우주가 탄생할 때 반물질과 보통 물질이 같은 양으로 같이 만들어졌을 거라고 보는 과학자들이 많다. 만약 그렇다면 그 반물질과 보통 물질은 얼마 후 부딪혀 모조리 쌍소멸을 일으키며 다 사라졌을 것이다. 그러면 우주에는 아무 물질도 남지 않고 반물질도 남지 않아서 그저 텅 빈 세상만 있을 것이다. 오직 쌍소멸 후에 생긴 강렬한 빛인 광자만 우주에 남아 퍼져 나가고 있을 것이다.

그런데 세상은 빛만 가득한 곳이 아니라 물질이 많은 곳이다. 그렇다는 이야기는 무엇인가 물질과 반물질을 구분하는 현상이 일어났으며 그 때문에 반물질은 아주 드물고 귀하며 보통 물질이 우주에 많이 남게 되었다는 뜻이다.

반물질이 신화 속의 감로라고 한다면 우주가 처음 탄생했을 때는 감로라는 반물질이 풍부했는데 신과 마귀들이 감로를 다 먹어치워 사라지게 하고 약간의 찌꺼기인 보통 물질만 남겨 둔 것이 현재의 우리 우주의 모습이라는 듯한 이야기다.

도대체 왜 이런 일이 생겼을까? 과학 중 일부는 왼쪽과 오른쪽을 구분하는 이상한 힘인 약력이 무엇인가 구분하기 어려운 것을 구분하는 현상을 일으켰을 거라고 추측하고 있다. 그렇다면 약력 연구를 통해 물질이 반물질보다 더 많다는 우주의 수수께끼를 풀 수 있을 것이다. 약력 연구에서 이 문제를 풀 단서를 찾을 수 있을지도 모른다. 그리고 약력을 연구하기 위해서는 약력에 특별히 반응하는 중성미자에 관한 탐구가 중요하다.

중성미자는 감지도 잘 안 되고 조종하기도 쉽지 않기 때문에 이 물질을 실용적으로 쓸만한 곳을 찾기란 쉽지 않다. 한국 SF 작가 듀나의 소설 『대리전』에는 중성미자가 물체를 통과해 멀리까지 잘 날아간다는 사실을 이용해서 아주 멀리까지 쉽게 내용을 전달할 수 있는 통신장비를 만든다는 이야기가 나오기는 한다. 간혹 실제로도 중성미자를 연구하는 기관에서 통신용으로 중성미자를 사용하는 실험을 했다는 발표가 나올 때도 있다. 그러나 아직은 엄청나게 큰 장치로 힘들게 내용을 보낸다고 해도 한참 시간이 걸려야만 글자 한 글자 정도를 보내는 속도를 내는 수준이다.

그러나 이 와중에도 정말 현실적이고 실용적인 용도로 중성미자를 쓰는 연구를 하면 딱 좋을 나라가 있다. 그 나라가 바로 한국이다. 반중성미자는 원자로와 방사능 물질에서 잘 생겨난다. 그러므로, 반중성미자가 어디에서 나오는지를 관찰하면 어디에 원자로와 방사능 물질이 모여 있는지 찾아낼 수 있다. 즉, 멀리서라도 정밀한 중성미자 감지 시설을 만들어 북쪽을 관찰하면 어디에서 얼마나 반중성미자가 나오는가를 측정하는 방식으로 북한 핵 시설의 위치와 동태를 알아낼 수 있다. 인공위성의 감시를 피해 지하 깊숙한 곳에 핵

시설을 숨겨 놓는다고 해도 반중성미자를 막을 수는 없다. 반중성미자는 땅과 산을 부드럽게 통과해 멀리까지 그대로 다 날아오기 때문이다.

세계에서 한국만큼 주변에서 비밀 핵 시설을 어떻게 운영하고 있는지 신경 써야 하는 나라도 드물다. 그렇기에 2018년에 실제로 북한 핵시설을 감시하는 용도로 중성미자 감지 시설을 만들어 운영해보자고 한국, 미국 등 여러 나라 과학자들이 공개적으로 제안한 적도 있었다. 영국에서도 야경꾼 사업, 그러니까 '워치맨 프로젝트(WATCHMAN proejct)'라고 해서 공개적으로 비슷한 사업을 추진한 사례도 있었다.

기초 과학 연구와 국가 안보와 같은 시급한 문제가 이렇게 가깝게 연결되는 사례는 생각보다 흔하다. 오늘 아침 한국 국정원의 어느 비밀 기지에 제임스 본드가 아니라 화학자가 출입했고 그 사람이 중성미자 감지 장치에 들어가는 섬광액 같은 약품을 살펴보는 일을 했다고 누가 말하더라도 나는 충분히 있을 법한 일이라고 생각한다. 마침 이미 한국에서 공개적으로 비슷한 방식으로 중성미자를 연구해서 좋은 결과를 낸 사례도 있다. 대표적인 것이 전라남도 영광의 원자력 발전소 가까이에 있는 봉대산에 굴을 뚫고 땅속에 8미터 크기의 커다란 중성미자 감지 장비를 만들어 운영한 RENO라는 시설이다.

산속에 굴을 뚫고 감지기를 설치한 이유는 그렇게 해야 중성미자 외에 잡다한 전파나 다른 방사선 따위가 실험 장치 근처에 오지 못하도록 막을 수 있기 때문이다. 고요한 땅속에 장치를 설치해 두어야 정밀한 감지기가 방해를 받지 않는다. 어차피 중성미자는 산 내부의 깊은 땅속 시설이라도 땅을 통과해 얼마든지 들어 온다. 이렇게 보면 원자력 발전소가 많고 산이 많은 한국의 환경은 중성미자 연구에 꽤나 유리하다.

그리고 서울대학교의 김수봉 연구팀은 영광 봉대산의 이 실험 장치로 반중성미자가 움직이는 모습과 그 변화를 성공적으로 관찰해 생생한 결과를 발표했다. 그 결과에 대한 반응도 좋았다. 2017년에는 한국 연구진들이 원자력 발전소 내부에 NEOS라는 이름의 장치를 설치해서 핵반응이 일어나는 곳 바로 옆에 감지기를 두고 반중성미자를 관찰하는 실험을 하기도 했다. 이 역시 결과가 괜찮아서 앞으로는 한국중성미자관측소(Korea Neutrino Observatory)를 큰 규모로 추가로 건설해보자고 하는 계획도 나오고 있다.

방사능 물질, 핵 시설, 원자력 발전소에서도 중성미자를 찾아낸 과학자들은 이 이상한 물질을 발견할 수 있는 또 다른 장소를 찾아보았다. 그러다 하늘을 올려다보았을 때, 우주 곳곳에서 엄청난 양의 중성미자가 우리에게 쏟아지고 있다는 사실을 알게 되었다.

그리고 그 결과, 지금까지도 풀릴 기미가 보이지 않는 현대 과학의 가장 답답한 수수께끼를 발견하게 되었다.

뮤온 중성미자 muonneutrino
블랙홀 쪽에서 날아온 중성미자

신라의 황금은 어디에서 왔을까

신라의 유물 중에는 황금으로 만든 왕관이 유명하다. 신라의 유물로 발견된 금관은 6개나 된다. 고대 사람들이 만든 금관이 이렇게 많이 남아 있는 나라는 세계에서도 흔하지 않다.

금관 말고도 신라 유물 중에는 여러 가지 황금으로 만든 장신구가 많은 편이다. 『삼국유사』에는 신라의 전성기에는 그 수도에 30곳이 넘는 "금입택(金入宅)"이라고 하는 아주 부유한 집이 있었다는 기록도 있다. 이렇게 신라는 금을 많이 사용했고 또 금을 좋아했던 나라였던 것으로 보인다. 그런데 도대체 그 많은 황금이 어디에서 났을까?

이 문제의 답을 알기란 쉽지 않다. 신라의 역사 기록에서 황금을 캐낸 광산에 관한 내용을 찾기는 힘들다. 현대에 들어와서 한반도 곳곳에서 금광이 여럿, 개발되기는 했지만, 신라의 수도인 경주 근처에서 신라 시대에 개발된 금광 흔적은 없다. 그렇다 보니 2010년대에 위덕대 박물관 관장이었던 박홍국

같은 학자가 물가의 모래에서 금을 골라내는 사금을 통해 신라 사람들이 금을 구했을 거라는 연구 결과를 발표한 적도 있었다. 그는 자신의 연구를 증명하기 위해 직접 경상북도를 돌며 냇물에서 사금을 찾아다니기까지 했다.

황금이 과연 어디에서 어떻게 생겨나 어떤 형태로 얼

플레이아데스 성단

마 정도의 양이 묻혀 있을지를 어떻게 알 수 있을까? 그 가장 뿌리에 있는 원리를 따질 때는 결국은 별에 대해 살펴보아야 한다. 바로 초신성(supernova)이 황금과 관계가 깊기 때문이다.

먼 옛날, 우주가 처음 생겨난 후에 우주에 있었던 물질들은 거의 수소뿐이었다. 지금도 수소는 우주에서 가장 흔한 물질이다. 우주에 퍼져 있던 수소는 물질이 서로 끌어당기는 힘인 중력 때문에 서로를 잡아당기면서 점차 뭉치게 되었다. 시간이 많이 흐르는 사이에 수소는 점점 더 많이 모였다.

그렇게 뭉친 수소 덩어리가 대략 지구 전체 무게의 3만 배 정도가 되면 그 덩어리는 별로 변한다. 빛나는 별은 너무나 고귀하고 신비로운 것 같지만 가장 흔한 연기 같은 물질이 그저 모이고 또 모이다가 어떤 선을 넘는 양에 도달하면 그게 바로 별이 된다. 평범한 연습생이라도 끝없이 연습을 많이 하다보면 스타가 될 수 있다는 연예기획사에서 할 만한 이야기처럼 들리기도 한다.

연예기획사가 어떻게 돌아가는지는 모르지만, 별은 정말로 이렇게 탄생한다. 이 정도 양이 되면 중력으로 수소가 서로 뭉치는 힘이 너무 강해서 그 무게에 짓눌린 수소 덩어리들이 마치 엉겨 붙듯이 변하면서 원자핵들이 핵융합이라는 핵반응을 일으키면서 열과 빛을 내뿜기 시작한다. 이것이 별이 빛나는 원리이고 그런 반응을 스스로 일으키는 단계에 도달한 커다란 수소 덩어리를 보통 '별'이라고 부른다.

수소 덩어리가 별로 변신하게 되는 무게를 알기 쉽게 미터법으로 말하면 대략 18만 제타톤 정도다. 이때 1제타톤은 1조 톤의 10억 배를 말한다. 태양 무게는 약 200만 제타톤 정도이므로 태양은 가뿐히 이 무게를 넘어간다. 그래서 태양도 마찬가지 방식으로 빛을 내는 별의 일종이다. 다만 태양은 다른 별들에 비해 너무 가까이에 있어서 지구에서 보면 밤하늘의 별들보다 굉장히 크고 뜨겁고 밝게 보이는 것뿐이다.

별 속에서 핵융합을 일어나면 수소의 원자핵들이 엉겨 붙듯 뭉치면서 여러 가지 원자를 만들어 낸다. 별이 빛나는 사이에 이 과정은 꾸준히 일어나므로 많은 물질의 재료가 별 속에서 생겨난다. 우리가 숨을 쉴 때 들이마시는 산소나 몸의 주성분인 탄소, 질소 등의 물질은 바로 이런 방식으로 별 속에서 생겨났다. 땅에 흔히 널려 있는 돌멩이와 흙, 모래의 성분인 규소, 알루미늄, 칼슘, 철 따위의 성분도 이런 과정에서 생겼다.

그러나 철보다 무거운 원자들은 이런 방식으로 생길 수 없다. 철 원자만큼 무겁고 큰 원자가 되면 그때부터는 그렇게 큰 원자의 핵을 떡지듯이 뭉치고 유지하는 일에 너무 많은 힘이 필요하기 때문이다. 그래서 어지간히 센 힘으로 수소 원자를 눌러 넣어도 쉽게 융합되기가 어려워진다. 황금 역시 철보다 무거운 원소이기 때문에 그냥 별 속에서 생겨나지는 못한다.

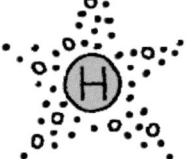

그러므로 황금이 생겨나기 위해서는 그냥 빛나는 별 정도가 아니라 훨씬 더 강한 위력을 지닌 다른 현상

이 필요하다. 그리고 바로 그것이 사람이 맨눈으로 본 현상 중에서 우주에서 가장 막강한 힘을 보여 준 현상인 초신성이다. 영어 단어를 그대로 살려서 '슈퍼노바'라고 부르기도 한다.

핵융합을 일으키던 별이 핵융합을 너무 오랫동안 일으키면 핵융합의 재료가 될 만한 물질을 다 사용하게 된다. 이러면 핵융합의 폭발하는 듯한 힘도 사그라든다. 핵융합의 강한 열과 빛으로 별을 이루고 있는 재료들이 마구 움직이는 일도 사그라든다. 그러면 별을 이루는 물질들은 이제 스스로를 자기들끼리 끌어당기고 있던 힘인 중력을 견디지 못해서 점점 오그라들게 된다. 그러면 그 중심에는 엄청나게 누르는 힘이 생길 것이다.

만약 별의 무게가 1600만 제타톤 그러니까 지구 무게의 270만 배 정도라면 넘쳐나는 중력의 힘 때문에 중심부 물질들의 원자핵이 짓이겨지듯 눌려서 거대한 중성자 덩어리로 변하는 해괴한 현상이 발생한다.

그리고 그와 함께 그 커다란 별이 어마어마한 열과 빛을 내뿜으며 거대한 대폭발을 일으킨다. 이것이 곧 초신성, 슈퍼노바다.

예를 들어 별자리 중에 용골자리에 있는 용골자리 에타(eta) 별은 무게가 2억 제타톤을 넘는다. 이 별은 이미 아주 특이한 모습을 보이고 있다. 그러므로 눈으로 볼 수 있는 모든 별 중에 가장 슈퍼노바로 변할 가능성이 커 보이는 별 중 하나로 손꼽힌다. 마침 용골자리를 영어로 카리나(Carina)라고 부른다.

초신성의 폭발

초신성이 폭발하는 위력은 넓고 넓은 우주에서 벌어지는 그 모든 현상 중에서도 다섯 손가락 안에 들 정도로 굉장히 강력하다. 단 하나의 별이 초신성 폭발을 일으키지만, 그때 그 빛은 대체로 보통 별 수천억 개를 모두 합친 것 정도에 맞먹는다.

이 정도의 굉장한 폭발이 일어나면, 평소에는 지구에서 너무나도 멀리 떨어져 있어서 전혀 보이지 않던 별이라도 갑자기 맨눈에도 잘 보이는 밝은 별처럼 보일 수 있다. 그렇다 보니 없던 별이 새로 나타났다고 해서 옛사람들은 그것을 새로운 별, 신성(nova)이라고 불렀다. 그러다 20세기 초에 신성 현상 중에 보통보다 훨씬 더 밝은 현상을 따로 구분해서 초신성이라고 부르기 시작했다.

핵융합의 재료가 거의 다 떨어진 후에 별이 폭발하며 초신성으로 변하므로 요즘에는 초신성을 별이 죽기 직전 마지막으로 빛을 발하는 현상이라고 말하는 사람들이 많다. 그런데 나는 이런 비유가 마음에 꼭 들지는 않는다. 초신성 이후를 죽음이라고 하기에는 초신성 뒤에 남는 잔해도 상당히 강하게 활동을 하기 때문이다.

그래서 나는 초신성을 별의 죽음에 견주기보다는 아주 뻑적지근한 은퇴 기념행사 정도에 비유하는 것이 더 옳다고 생각한다. 40년 동안 조용히 목소리 한 번 높이는 일 없이 묵묵히 일하던 별별별이라는 이름의 어느 직원이 정년 퇴임을 맞이한다고 상상해 보자.

그런데 그 별별별이라는 사람이 은퇴를 앞두고 갑자기 지난 40년 동안 준비해왔다고 말하더니 광화문 한복판에 댄스 동호회 동료들과 함께 은퇴 기념 축제라면서 거대한 삼바 댄스 행렬의 선두에 선다면, 이런 것이 좀 더 초신성 같은 느낌이다.

초신성 폭발 후 꾹꾹 눌려 다져진 남은 중심 부분의 잔해는 거대한 중성자 덩어리가 된다. 이것을 중성자별(neutron star)이라고 부른다. 만약 중성자별이라는 형체를 유지하지도 못할 정도로 더 강하게 눌려서 다져진다면 그것은 블랙홀(black hole)로 변한다. 초신성 폭발로 생긴 중성자별이 우주에 하나둘 생겨서 돌아다니다가 우연히 서로 만나서 부딪히면 다시 또 폭발을 일으키는

데, 이런 현상을 '킬로노바(kilonova)'라고 따로 부르기도 한다.

중성자별이 태어나는 초신성 현상이나, 중성자별끼리 충돌하는 킬로노바 같은 대단히 격렬한 사건이 일어나면 그 과정에서 중성자나 중성자들이 여러 개 뭉친 덩어리들은 먼지처럼 주위에 흩뿌려진다. 그리고 그 중성자 덩어리에서 중성자가 베타 붕괴를 일으켜 양성자로 변하면 그 덩어리는 아주 무거운 원자핵이 된다.

황금 등의 무거운 원자는 이와 비슷한 과정을 거쳐서 생겨난다. 팀 디트리히(Tim Dietrich) 같은 과학자는 다른 현상들보다도 특히 중성자별 충돌이 황금을 만들어 내는 데 중요한 현상이었을 거라고 지목했다. 초신성이 하나 터져서 중성자별이 생기는 것도 드문 현상인데 그 후에 생긴 그런 중성자별이 이 넓디넓은 우주에서 서로 만나서 부딪혀야 황금이 생길 수 있다니, 황금값이 비싼 데는 천문학적인 이유도 있는 셈이다.

좀 더 생각해 보면, 황금뿐만 아니라 지구의 다른 여러 소중한 물질 중에도 그 무게가 철보다 한참 무거워서 황금이 만들어지는 것과 비슷한 일을 거쳐야만 생길만한 물질들이 많다. 생물의 몸에 종종 필요한 아이오딘(iodine), 즉 요오드 같은 성분이라든가 또는 코발트, 니켈, 구리처럼 배터리나 전선 같이 한국 산업에서 중요한 각종 공업용 제품을 만드는데 필요한 몇몇 금속 물질들도 그 대표적인 예다. 이런 물질 역시 아마도 황금이 생겨나는 초신성과 관련된 격렬한 사건 덕분에 생겨났을 것이다.

사람은 티록신 같은 호르몬이 있어야만 살 수 있다. 또 사람이 살아가는 데는 비타민 B12 등의 비타민도 꼭 필요하다. 그런데 요오드는 티록신의 재료고, 코발트는 비타민의 재료다. 그러니 꼭 황금 장신구를 만들기 위해서가 아니라 하더라도 사람이 삶을 살기 위해서라도 먼 옛날 초신성과 중성자별이 일으킨 격렬한 활동은 필요하다. 하다못해 여러 물질을 폭발로 멀리 날려 보내서 우리 삶에 필요한 재료를 우주 곳곳에 흩뿌려 주기 위해서라도 초신성의 역할은 꼭 필요하다.

그렇게 보면, 우리가 사는 지구가 46억 년 전 원초의 순간에 생겨날 수 있었던 것도 그보다 훨씬 앞선 아주 오랜 옛날에 우주의 어디에서인가 출현한 초신성이나 중성자별이 어마어마한 크기로 폭발하고 부서지면서 지구의 성분이 될 갖가지 재료를 우주 곳곳에 널리 흩뿌려 놓았기 때문이다. 그 먼지 같은 재료들이 모여서 지구가 되고 우리가 되었다.

카리나가 〈슈퍼노바〉에서 "원초, 그걸 찾아"라고 노래한 이유도 바로 그 때문이다. 만약 먼 옛날 슈퍼노바가 없었다면 요오드도 없었을 것이고 그러면 티록신 호르몬도 생기지 못했을 것이다. 티록신 호르몬이 정상적으로 몸 속에서 작용하지 못했다면 카리나가 〈슈퍼노바〉 노래를 부를 기운을 낼 수도 없었을 것이다. 황금이나 요오드, 코발트, 니켈 같은 희귀한 물질들이 언제 얼마나 어디에서 생겨나서 어떤 식으로 우리가 사는 지구에 왔는가 하는 문제는 곧 초신성의 활동에 달려 있는 일이다. 실제로 과학자들은 초신성과 중성자별에서 일어나는 현상을 두루두루 계산해서 과연 세상에 황금이 얼마나 생길 수 있으며 보통 행성에 황금 같은 물질이 어디에 얼마나 흘러들 수 있을지를 추측하곤 한다.

초신성이 황금을 만들어 내기 전에 빛을 내뿜으며 폭발할 때 가장 중요한 과정은 별 중앙에서 많은 양의 중성자 덩어리들이 생기는 대목이다. 이런 일이 일어나려면 별을 이루고 있던 물질 속 양성자들이 중성자로 대거 돌변해야 한다. 이 과정은 흔히 지구에서 볼 수 있는 중성자가 양성자로 변하는 베타 붕괴 방사능의 현상과 반대다. 그렇기에 이 과정에서 초신성은 반 중성미자가 아니라 굉장한 양의 보통 중성미자를 뿜어낸다.

그 외에도 초신성 폭발 과정 전체를 따져 보면 정말 많은 숫자의 중성미자가 튀어나온다. 거의 온 우주를 향해 중성미자를 퍼붓는 현상이 벌어진다고 할 만할 정도다. 은퇴 기념으로 삼바 퍼레이드를 벌이는 별이 등장할 때 꽃가루, 비눗방울 거품 같은 것처럼 쏟아져 나와 거리를 온통 메우는 장면처럼 초신성에서는 중성미자가 엄청나게 쏟아져 나온다. 초신성 폭발 때 수천억 개의 별과 맞먹는 빛이 한꺼번에 나온다고 하는데 그 강력한 빛의 세기보다도 훨씬 더 강하게 중성미자들이 끝도 없이 뿜어져 나온다.

이렇게 보면 초신성이란 거대한 중성미자 폭풍이 휘몰아치고 그에 맞춰 폭발이 벌어지는 현상이라고 볼 수도 있다. 중성미자를 고려하지 않으면 초신성의 활동을 정확히 알 수 없다. 황금의 탄생이나 다른 무거운 원자들의 탄생에 대해서도 명확히 이해하기 어려워진다. 초신성이라는 굉장한 사건을 이해하는 데 중성미자가 일으키는 현상에 대해 알고 관찰하는 일은 결정적이라고 할 만큼 중요하다.

게다가 초신성 외에도 우주에서 중성미자를 뿜어내는 물체는 아주 많다. 그중에는 우리에게 가장 중요한 별인 태양도 있다.

별이 빛을 내는 핵융합 역시 핵반응이다. 특히 별이 빛을 내는 핵반응에서는 양성자가 중성자로 변하고 중성미자를 뿜어내는 과정이 꼭 일어나야 한다. 그러니까 태양과 별은 모두 거대한 방사능 덩어리인 핵융합 원자로라고 할 수 있다. 사람이 만든 지구의 원자력 발전소에서도 중성미자가 많이 나올 정도니 지구보다도 훨씬 큰 태양과 별에서는 당연히 더욱더 많은 중성미자가 튀어나올 것이다. 그렇기에 모든 빛나는 별들은 지금, 이 순간에도 많은 양의 중성미자를 뿜어내고 있다.

실제로 1960년대 후반에 태양에서 날아오는 중성미자를 감지하는 일에 레이먼드 데이비스 주니어(Raymond Davis Jr.) 등의 화학자들이 도전했다. 물질 감지용 용액을 잘 다루는 그들의 솜씨 덕택에 그 도전은 성공했다. 데이비스는 정말로 태양과 별들이 중성미자를 뿜어내고 있고 그것이 지구까지 내려온다는 사실을 확인한 것이다. 그는 그 공로로 노벨상까지 받았다. 지금은 세계 곳곳의 여러 중성미자 감지 장치가 태양에서 지구로 쏟아지는 중성미자를 감지하고 있다.

이것은 우주를 관찰하는 완전히 새로운 수단이 생겼다는 뜻이다. 수만 년 전 사람이라는 종족이 탄생해 밤하늘을 처음 올려다본 이후 20세기가 될 때까지 사람이 우주와 별들을 관찰하는 방법은 별빛을 올려다보는 방법뿐이었다. 눈으로 보든 망원경으로 보든 빛을 본다는 점은 매한가지다. 빛을 보는 방법이니까 광자를 관찰하는 방법이라고 말할 수도 있다.

별에 대해 관찰할 때 별의 냄새를 맡거나 태양의 소리를 듣는 방식으로 관찰할 수는 없다. 지구와 별 사이에는 너무나 멀고 텅 비어 있어서 냄새나 소리는 건너오지 못하기 때문이다. 광자가 아니면 마땅히 그 먼 거리를 잘 날아올 만한 것은 드물다.

그런데 중성미자는 아무 물질이나 잘 통과하면서 무게도 너무나 가벼워 굉장한 속력으로 우주를 얼마든지 날아다닐 수 있다. 그렇기에 중성미자는 별들 사이의 광막한 공간조차 건너다닐 수 있다. 중성미자 외에 이런 물질은 드물다. 별에서 나온 중성미자는 심지어 별빛보다도 더 쉽게 우주를 건너올 수 있다. 빛은 물체에 가로막히기도 하고 반사되거나 휘어지며 방향이 바뀌는 일도 흔히 겪는다. 그러나 중성미자는 그런 일을 거의 겪지 않고 그냥 어지간한 물체면 다 통과해서 계속 날아간다.

어린 시절 나는 여름밤 밤하늘을 올려다보며 빛나는 별들을 보면서 별과 그 주변의 우주 공간에서 정말《최후의 스타파이터》나《사구》같은 영화에 나오는 우주의 모험이 지금 벌어지고 있을 수도 있다고 상상하곤 했다.

외계인이 정말 어디에 살고 있을지 어떨지는 모를 일이다. 하지만 만약 밤하늘에서 본 어느 별 근처에서 혹시라도 어느 외계인 악당과 모험가가 추격전을 벌이고 있다면 그들의 몸에서 나온 중성미자가 긴 세월 우주를 날아와서 우연히도 별을 보고 있는 나에게 닿고 통과해 지나가는 일은 비록 극히 낮은 확률이긴 하지만 일어날 수 있다.

머나먼 외계 행성에 있는 것 중에 무엇인가 무게를 잴 수 있는 물질이 지구의 나에게까지 도달할 수 있는 것은 사실상 중성미자밖에 없기 때문이다.

물론 외계인 우주선을 관찰한다는 것은 아직도 공상 같은 일이다. 그렇지만 중성미자를 관찰하는 방법으로 머나먼 별들의 상태를 살펴보는 일 정도는 이제 점차 현실이 되고 있다. 아직은 아주 어렴풋하게 조금의 중성미자를 살펴보는 수준이기는 하다. 그래도 1987년에는 정말로 SN1987A라는 우주 먼 곳에 있는 초신성이 뿜어내는 중성미자를 지구에 설치된 중성미자 감지기로 감지한 일도 있었다. 기술이 더 발달할수록 미래에는 우주에서 오는 중성미자를 관찰하는 중성미자 망원경, 중성미자 천문학이라는 말도 더 자주 들릴 것이다.

태양에서 오는 중성미자를 감지기로 관찰하면 재미있는 것이 중성미자가 관찰되는 시간이다. 태양에서 벌어지는 현상은 당연히 낮에 해가 뜰 때 관찰하기 쉬울 거라고 생각하겠지만, 중성미자는 다르다. 해가 뜨고 지는 것은 지구가 돌기 때문이다. 그런데 설령 해가 져서 태양이 지금 지구 반대편을 비추고 있다고 하더라도 중성미자는 상관없다. 중성미자는 워낙에 물체를 잘 통과하기 때문에 그대로 지구를 통째로 다 통과해서 땅 밑에서부터 올라와서 감지기에 닿을 수가 있다. 그래서 태양에서 온 중성미자는 햇빛이 없어도 잘 관찰된다.

태양의 빛보다 빠른 중성미자

태양에서 생긴 중성미자가 빛보다 더 지구에 잘 전달된다는 것도 무척 재미난 점이다. 태양에서 생기는 밝은 빛은 태양 중심부의 핵융합 반응에서 처음 생겨난다. 그런데 태양이 굉장히 크고 태양 속에서 강한 전기를 띤 물질이 매우 격렬하게 움직이기 때문에 태양 중심에서 생긴 빛이 태양 바깥까지 나오는 것은 매우 힘든 일이다. 빛이 태양 내부를 이리저리 돌아다니다가 한참 시간이 지난 뒤에야 태양 바깥으로 나올 수 있다. 그 과정에 거의 몇만 년의 세월이 걸릴 거라는 추측도 있다. 그렇다면 지금 우리가 보는 밝은 태양 빛은 사실 몇만 년 전에 태양 속에서 생겨난 빛이 한참 태양 속을 떠돌다가 이제야 바깥으로 튀어나온 것이라는 뜻이다.

그런데 핵반응 과정에서 같이 생겨나는 중성미자는 이런 일을 겪지 않는다. 그냥 생기면 바로 모든 물체를 통과해 바깥으로 튀어나온다. 그러니 지구에서 태양으로부터 온 중성미자를 측정하면 그것은 방금 태양 중심에서 갓 생긴 싱싱한 중성미자다. 오늘 태양에서, 지구로 날아온 중성미자와 같이 탄생한 빛을 지구에서 바라보며 눈부셔하는 것은 몇만 년 후 미래의 우리 후손들일 것이다.

태양의 중성미자에 관해서는 이런 사연들보다 훨씬 더 재미있지만, 훨씬 더 영문을 알기 어려운 문제도 있다. 그게 바로 그 악명 높은 중성미자 진동(neutrino oscillation) 문제다. 태양에서 오는 중성미자를 측정한 과학자들은 측정이 거듭될수록 생각보다 적은 숫자의 중성미자가 감지된다는 결과를 얻어 이상하게 생각했다. 중성미자는 워낙 아무 물체나 다 통과해버려서 감지하기가 어려웠기에 그냥 기계 성능이 부족해서 감지에 실패한 것이라고 생각할 수도 있었다. 하지만 면밀한 검토 끝에 그저 기술 부족으로 단순히 중성미자를 놓친 문제는 아니라는 사실을 알게 되었다. 무엇인가 중성미자를 사라지게 하는 원인이 있었다. 중성미자를 먹고 사는 괴물이라도 나타난 것일까?

그 답은 중성미자가 한 가지가 아니며 여러 가지이고 서로 간에 변화하는 성질이 있다는 것이었다.

1960년 말 미국의 화학도 출신 과학자 잭 스타인버거(Jack Steinberger) 등이 이끄는 연구팀은 뮤온을 이용한 실험으로 이상한 결과를 만들어 낸 일이 있었다. 뮤온은 전자와 비슷하지만, 전자보다 무거우며 방사선을 내뿜으며 변화하는 성질을 갖고 있다. 옛사람들은 바로 그때 뮤온이 내뿜는 방사선이 중성미자나 반중성미자라고 생각했다.

그래서 과학자들은 우선 뮤온을 많이 만들어서 한 자리에 모아 놓고 그 뮤온이 내뿜는 방사선을 한 곳으로 모으면 그것은 바로 중성미자가 폭포 물살처럼 흘러나오는 장치가 될 거라고 생각했다. 즉 중성미자 빔 발사 장치가 된다.

중성미자 빔이라고 하면 SF 영화에 나오는 강력한 무기 같은 느낌을 받을 수도 있겠지만 실제 효과는 정반대다. 아무리 중성미자를 한 군데 많이 모아 놓은 중성미자 빔이라고 하더라도 워낙에 중성미자는 아무런 반응을 일으키지 않기 때문에 그저 모든 물체를 무심히 통과할 뿐이다. 중성미자 빔이 무슨 일을 일으키고 감지기에 반응하는 일도 아주 가끔씩만 발생한다.

연구팀은 그때 정확한 실험 결과를 얻기 위해 어지간한 물질이나 방해 전파 따위의 영향을 받지 않도록 수천 톤의 두꺼운 철판으로 감지기를 칭칭 감쌌다. 그 정도로 두꺼운 철판을 싼값에 구하기가 쉽지 않아 미군에서 버리는 전함의 철판을 뜯어 와서 장비에 휘감았다고 한다.

오직 무엇이든 다 통과할 수 있는 중성미자나 반중성미자만이 그 두꺼운 철판을 뚫고 들어가서 감지기를 건드릴 것이다. 설령 적의 대포알을 막아 낼 수 있을 정도로 두꺼운 강철판이라고 해도 중성미자는 그냥 다 통과하기 때문이다.

훗날 한국의 RENO 실험에서는 중성미자만을 잘 감지하기 위해 한국에 흔한 산을 활용해 중성미자만 들어 올 수 있는 벽 역할을 하도록 했다. 그에 비해 1960년대 미국의 실험에서는 미국에 많았던 낡은 전함을 이용해 벽을 쌓았던 셈이다. 한국에 산이 흔한 만큼 미국에는 전함이 흔했다는 느낌이다. 전함의 기다란 대포를 뜯어 와서 그것을 실험 장치의 일부로 썼다는 이야기도 있다.

실험은 8개월 동안 이어졌다. 8개월간의 긴 실험 중 고작 56번 중성미자 빔이 일으킨 반응이 감지되었다. 그 자료 속에서 연구팀은 중성미자 빔이 알루미늄과 닿았을 때 종종 뮤온을 만들어 내는 특이한 현상을 발견했다. 그전까지 보통 실험에 쓰던 중성미자나 반 중성미자는 전자나 양전자를 만들어 내는 반응을 일으킬 뿐이었다. 예전에는 중성미자가 이렇게 뮤온을 잘 만들어 낸 적이 없었다.

결국, 연구팀은 근사한 결론을 내렸다. 이번 실험 장치에서 만든 중성미자는 보통 중성미자와 달리 뮤온에서 생긴 특이한 중성미자였기 때문에 다른 물질에 닿았을 때도 뮤온을 만들어 내는 거라는 결론이었다. 그리고 뮤온에 생긴 중성미자는 그때까지 알던 보통 중성미자와 다르다고 보고 뮤온 중성미자(muon neurino)라는 이름을 붙였다. 나중에 타우온에서 나오는 타우온 중성미자(tauon neutrino)가 있다는 사실도 과학자들은 알게 되었다.

그래서 전자와 비슷하지만 무게가 많이 나가는 물질로 뮤온, 타우온이 있듯이, 중성미자도 비슷하게 세 가지가 있다는 것이 과학자들의 결론이었다. 이 실험 결과 덕분에 잭 스타인버거는 같이 일했던 멜빈 슈워츠(Melvin Schwartz), 리언 레더먼과 함께 노벨상을 받았다.

중성미자라고 하면 베타 붕괴와 베타선, 전자와 함께 나타나는 중성미자가 가장 만만한 실험 대상이다. 그런데 그것 말고도, 뮤온 중성미자, 타우온 중성미자라는 비슷한 물질이 더 있다는 결과가 나온 것이다. 그래서 그 셋을 구분해서 말할 때는 처음 발견된 보통의 흔한 중성미자를 따로 전자 중성미자(electron neutrino)라고 구분해 말하기도 한다. 뮤온 중성미자, 타우온 중성미자를 말할 때 그리스어 알파벳 표기만 발음해서 뮤 중성미자, 타우 중성미자라고 부르는 사람도 있다.

혹시 중성미자가 여러 가지가 있다는 것이 태양에서 오는 중성미자 관찰 결과가 이상하다는 문제의 답이 될 수도 있지 않을까? 만약 태양에서 전자 중성미자가 생겨났는데 그것이 지구까지 먼 거리를 날아오는 사이에 비슷한 뮤온 중성미자나 타우온 중성미자로 도중에 변했다고 치면 어떨까? 그렇게 놓고 보면 중성미자 개수가 너무 적어 보였던 계산이 얼추 맞아 보였다. 애초에 태양에서 오는 중성미자를 감지한답시고 만들어 놓은 장치가 전자 중성미자만을 감지할 수 있도록 만들어 놓은 물건이었다면, 그 감지기에서는 뮤온 중성미자나 타우 중성미자로 변해 버린 상태는 놓칠 수밖에 없었을 것이다.

이후 여러 다른 실험을 통해서 중성미자가 먼 거리를 움직이는 동안 전자 중성미자에서 뮤온 중성미자, 타우온 중성미자로 변화한다는 생각은 사실로 밝혀졌다. 그러므로 모든 별, 초신성 등에서는 전자 중성미자 외에 뮤온 중성미자, 타우온 중성미자들도 계속 지구로 날아오고 있다.

초능력 영웅이 등장하는 영화를 보면, "두 얼굴의 사나이, 헐크"라든가 하는 식으로 변신했을 때와 보통 때의 모습이 다른 주인공이 나올 때가 있다. 중성미자는 두 가지 모습이 아니라 세 가지 모습으로 자꾸 변신하고 있다. 그리고 그때마다 정말 다른 사람처럼 보이는 괴상한 초능력을 갖고 있는 듯하다. 가뜩이나 중성미자는 너무 물체를 잘 통과하기 때문에 원래부터 벽을 통과해서 지나가는 초능력을 가진 듯한 기본 입자였는데, 이렇게 변신하는 성질까지 있다니 더욱 이상해 보인다.

중성미자가 날아다니면서 이런 식으로 전자 중성미자, 뮤온 중성미자, 타우온 중성미자 등 여러 가지 형태로 자꾸 바뀌는 모습은 언뜻 진자가 왔다 갔다 변화하는 것 같다고 해서 이 현상을 학계에서는 중성미자 진동이라고 부른다. 그리고 중성미자 진동은 그 세부 내용을 조사해 볼수록 더욱더 이상한 수수께끼다.

지금까지도 중성미자 진동에 대해서는 우리가 잘 모르는 내용이 많고 원리를 이해하지 못하는 꺼림칙한 대목이 많다. 그래서 중성미자 진동을 발견한 과학자들도 노벨상을 받았다. 입시, 시험, 성적을 매기는 경연대회와 다르게 과학에서는 명쾌한 답을 알아낸 것이 아니라 반대로 알 수 없는 문제와 골칫거리를 찾아냈다는 이유로 노벨상 같은 큰 상을 받고 존경을 받게 되는 일이 왕왕 있다.

왜, 무엇 때문에, 어떻게 중성미자가 자꾸 변신하느냐에 대해서도 모두가 즐겁게 공감할 수 있는 산뜻한 설명은 지금도 없다. 예를 들어, 중성미자가 세 가지 다른 모습으로 변신하면 그때마다 그 무게가 달라질 거라는 생각을 쉽게 해 볼 수 있다. 그런데 과학자들은 아직 전자 중성미자, 뮤온 중성미자, 타우온 중성미자 각각의 무게조차 알아내지 못했다. 무게 문제도 좀 더 깊게 살펴보면 복잡하게 꼬여 있어서, 하다못해 타우온 중성미자가 그중 가장 무겁다거나 전자 중성미자가 가장 가볍다거나 하는 정도의 간단한 설명도 할 수 없다.

워낙 기이한 점이 많다 보니, 심지어 2011년 OPERA라는 실험에서는 뮤온 중성미자가 알 수 없는 원리 때문에 빛보다 더 빨리 움직인 것 같다는 주장이 나온 적도 있다. 결국, 몇 달 뒤에 실험 오류로 밝혀지기는 했지만 밝혀지기 전까지는 신기한 현상이라고 해서 화제가 되었다. 그때 한 한국의 인터넷 웹사이트에서 뭔가 빠르게 벌어지는 일이 있을 때, 중성미자를 들먹이는 유행이 불었던 것도 나는 기억한다. 사람들은 "택배가 와서 빛의 속도로 풀어 보았다."라고 말하는 대신에 "택배가 와서 중성미자 속도로 풀어 보았다."라는 식으로 바꿔 말하곤 했다.

때문에 중성미자 진동에 대한 실험과 관찰은 지금도 여러 가지로 진행되고 있다. 전라남도 영광의 봉대산에서 RENO 장비가 2012년 관찰한 내용 중에서 가장 주목을 받은 것도 바로 원자력 발전소에서 나온 중성미자가 어떻게 중성미자 진동을 일으키며 변화하는 모습을 보이는가에 관한 내용이었다. 밝혀지지 않은 점이 많은 중성미자 진동 현상을 연구하는 가운데, 우리가 지금까지 놓치고 있었던 새로운 원리를 알아내거나, 모르고 있던 새로운 물질, 새로운 힘을 찾아낼지도 모른다.

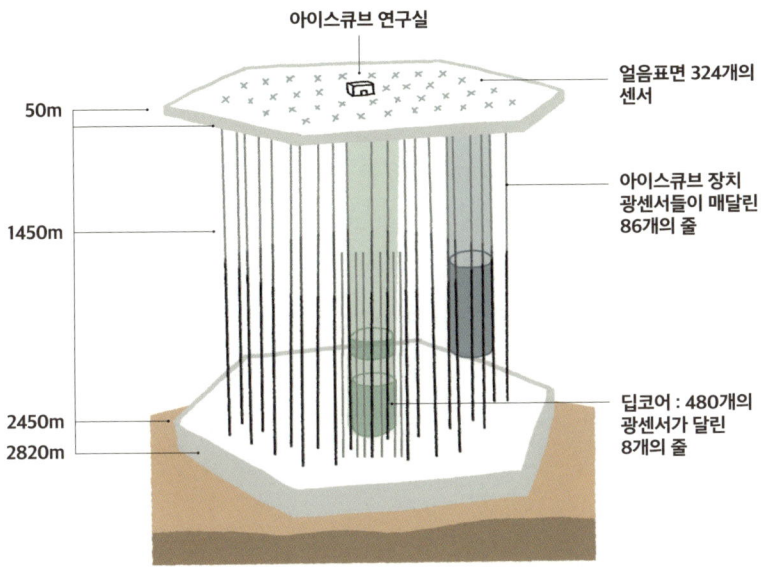

〈아이스 큐브 장치 모식도〉

과학자들은 동시에 우주에서 오는 중성미자들을 관찰하기 위한 장치도 점차 늘려나가고 있다. 세계적으로 독특한 설계를 뽐내는 중성미자 감지 시설로는 남극에 설치된 아이스 큐브(Ice Cube)라는 장치가 있다. 이 시설은 남극의 얼음덩이 속으로 1500미터 깊이의 구멍을 뚫고 그 속에 총 5160개의 작은 감지 장치들을 묻어 놓은 구조로 되어 있다. 무엇이든 잘 통과할 수 있는 중성미자가 아니라면 아무것도 들어올 수 없을 만한 깊은 곳에 기계를 넣어두고서 중성미자를 보는 장치다.

아이스 큐브는 미국 위스콘신 대학교 매디슨에서 주도하며 운영하는데 한국, 유럽을 비롯한 여러 나라의 과학자들도 연구에 같이 참여하고 있다. 이 아이스 큐브 연구팀에서는 2018년 TXS 0506+056이라고 하는 멀리 다른 은하의 중심에 있는 아주 거대한 블랙홀이 만들어 내는 현상 덕택에 생긴 특별한 뮤온 중성미자를 감지했다고 발표하기도 했다. 이런 자료가 쌓이면 블랙홀 쪽에서 날아오는 뮤온 중성미자를 잘 조사하는 방법으로 우리는 블랙홀의 활동과 성질에 대해서도 더 많은 것을 알 수 있을 것이다.

전자 중성미자, 뮤온 중성미자, 타우온 중성미자들을 관찰하면서 우주를 살펴보는 기술이 점차 발전할수록, 우리는 초신성 속에서 탄생해 우주에 퍼진 황금이나 귀중한 금속 자원의 비밀뿐만 아니라 우주 자체의 심원한 신비에 대해서도 점점 더 많은 것을 알게 될 것이다.

마침 그런 기대에 걸맞게 중성미자는 우주의 수수께끼 중에 가장 많은 과학자가 가장 애타게 풀고 싶어 하는 최고의 문제와도 한 번 아주 깊게 얽힌 적이 있었다.

타우온 중성미자 tauonneutrino
예전 한때 암흑물질의 후보

용이 노니는 별들의 강

 '미리내'라는 말이 은하수를 일컫는 순우리말이라는 사실을 아는 사람은 많다. '미리'라는 말에 순우리말로 '용'이라는 뜻이 있으므로 미리내라는 말은 '용의 냇물'이라는 뜻이다. 미리내라는 말은 용이 꿈틀거리는 듯한 모습의 별빛으로 된 거대한 우주의 강을 떠올리게 한다. 커다란 우주의 용들이 별들 사이를 뛰어노는 강이라고 상상하면, 그 신비로운 광경을 잘 나타내는 표현 같다.

 그런데 미리내는 순우리말이기는 해도 조선시대 이전에는 오히려 지금보다는 덜 알려진 말이었을 수도 있다. 서정범이라는 학자가 20세기 중반에 제주의 비양도에서 어느 할머니가 미리내라는 말을 사용한다는 것을 그 지역 문화를 조사하던 중 우연히 알게 되었다고 한다. 그 후 1974년에 서정범이 자신의 수필에 그 말을 써서 소개하면서 세상에 '미리내'라는 말이 퍼지기 시작했다는 것이 현우종의 기고문에 실려있다. 그러니 미리내는 과거에는 일종의 사투리로 제주와 교류가 잦던 지역 인근에서만 쓰이고 있다가 오히려 현대에 더 널리 퍼진 말일 수 있다.

 그렇지만 조선시대 사람들 사이에도 은하수를 보고 머리 부분과 꼬리 부분이 있다고 여기는 문화는 상당히 퍼져 있었던 것 같다. 조선 후기의 학자 이익이 쓴 『성호사설』 등의 책을 보면, 은하수에 대해 설명하면서 북동쪽을 머리

안드로메다 은하

쪽, 남서쪽을 꼬리 쪽으로 설명하고 있다. 그런 문화에 많은 사람들이 익숙했다면 정말 조선시대에는 은하수를 보며 북동쪽에 머리를 둔 우주의 용을 떠올린 사람이 있기도 했을 것 같다. 현실의 은하수는 천억 개 이상의 별들이 모여 있는 덩어리다. 그러므로 미리내를 온몸이 천억 개의 별들로 되어 있는 거대한 용이라고 상상해 보아도 좋겠다.

서정범이 제주도에서 미리내라는 말을 조사하고 있던 1970년대 중반, 미국에서는 베라 루빈(Vera Rubin)이라는 과학자가 망원경으로 여러 은하의 모습을 세밀히 관찰하고 있었다. 망원경으로 다른 은하를 살펴보면 그 모습은 용 모양이라기보다는 별들이 소용돌이치면서 돌고 있는 듯한 모양으로 보일 때가 많다.

우리의 지구와 태양이 소속된 은하수 역시 멀리 바깥에서 보면 비슷한 모습으로 보인다. 그러면서도 은하수는 중심에 독특하게 길쭉한 막대같이 생긴 굵직한 뼈 같은 것이 하나 자리 잡은 형태를 하고 있다. 그 중심부를 영어로는

"갤럭틱 바(galactic bar)"라고 하는데, 멋진 맥줏집 이름으로도 잘 어울릴 만한 말이라고 생각한다. 은하를 용의 냇물이라고 생각했던 옛 한국인들이 은하 중심부의 막대 모양을 알았다면 아마 용의 발이라든가, 용의 머리라든가, 용 발톱이라든가 하는 별명을 붙였을 듯하다.

달은 지구 주위를 돌고 있고 지구는 태양 주변을 돌고 있다. 그렇듯이 은하의 별들도 은하의 중심을 기준으로 주위를 빙글빙글 돌고 있다. 그렇기에 은하를 보면 대개 전체적으로 소용돌이치듯 빙빙 돌고 있다.

우리의 태양 역시 대략 2억 2,500만 년에 한 바퀴씩 은하수를 한 바퀴 빙 돌며 움직인다. 2억 2,500만 년에 한 바퀴라고 생각하면 아주 천천히 움직이는 거라고 생각할 수도 있겠지만 그렇지 않다. 은하의 크기는 워낙 커서 은하 한 바퀴가 너무나도 긴 거리이기 때문이다. 그러므로 2억 2,500만 년에 한 바퀴를 돌아가려면 의외로 굉장히 빨리 움직여야 한다. 대략 계산해 보면 태양은 시속 83만 킬로미터라는 엄청난 속력으로 은하수를 돌고 있다. 태양에 딸린 모든 행성들과 소행성들과 혜성들과 우리 지구와 지구 위에 사는 사람들 역시 지금 이 순간에도 태양에 이끌려 다 같이 은하수를 시속 83만 킬로미터로 함께 질주하면서 움직이고 있다.

베라 루빈은 은하가 이렇게 도는 속력에 대해 좀 더 자세히 관찰하고 싶었다. 그렇다고 몇 억 년 동안 망원경으로 들여다보면서 별이 은하를 도는 것을 지켜볼 수는 없다. 그래서 은하에 포함된 별들의 색깔을 정밀 분석해 보기로 했다. 별들의 색깔을 분석해 '도플러 효과(Doppler effect)'라는 특성을 계산해 보면 은하가 어느 정도 속력으로 돌아가는지를 대략 추정해 볼 수 있다. 루빈은 그런 식으로 은하를 이루고 있는 별들이 어느 방향으로 얼마나 빠르게 움직이는지를 계산해 보았다.

여기까지는 그다지 많은 사람들이 관심 갖던 주제는 아니다. 베라 루빈이 한창 일하던 시절만 하더라도 옛 시대의 성차별 문화 때문에 여성은 결혼하

〈은하가 도는 속도〉

면 일을 그만두는 것이 흔했다. 그렇다 보니 루빈은 천문학에 관심이 많아서 석사 학위까지 땄으면서도 가정주부 생활을 하기 위해 공부와 일을 포기한 적이 있었다.

그렇게 경력 단절을 한 번 겪은 후, 세월이 흐르는 동안 루빈은 아이 넷을 낳아 기르면서 박사 학위를 땄고 그 뒤에 다시 천문학자로 연구 생활을 시작했다. 그렇다 보니, 아무래도 루빈이 최고의 천문학자들과 당장 경쟁하기는 어려운 상황이었다. 그러므로 다른 사람들이 크게 주목하지 않은 주제를 중심으로 연구를 해나가고 있었다. 그것이 은하의 별들이 도는 속도 연구였다.

그런데 결과를 정리해 보니 은하의 돌아가는 속도는 대단히 놀라웠다. 루빈과 루빈의 동료인 켄트 포드(Kent Ford)가 정리한 결과에 따르면, 이유는 알 수 없지만, 은하의 가장자리 부분이 돌아가는 속력이 이상하게 너무 빨라 보였다. 꼭 무슨 알 수 없는 무게가 더 실려 있는 듯한 모습으로 은하가 돌아가는 것 같았다. 처음 이 사실을 발견했을 때는 그저 그런가보다 싶기도 했지만 몇 년이 흐르며 1970년대 중반이 되는 동안 꾸준히 연구 결과가 쌓이자 루빈은 이 문제가 생각보다 훨씬 이상하고 심각한 문제라는 사실을 알게 되었다. 루빈의 충격에 공감하는 사람들도 빠르게 늘어났다.

 도대체 무슨 물질이 별들 사이에 붙어 있어서 무게를 더 실어 주고 있다는 말인가? 도대체 얼마나 많은 물질이 끼어 있길래 이렇게까지 은하의 가장자리가 돌아가는 속력이 빨라진단 말인가? 왜 그 물질은 망원경이나 다른 관찰 도구로 관찰되지는 않는 것일까? 이 문제에 대한 답이 없었다. 그리고 이 문제에 대한 답은 루빈의 지적이 나온 1970년대 이후 50년이 지난 지금도 아무도 모른다.

 프리츠 츠비키(Fritz Zwicky) 등의 과학자들은 20세기 초에 다른 문제를 조사하다가 무엇인가 잘 관찰되지는 않지만, 무게는 어느 정도 나가는 이상한 물질이 있다는 생각을 한 적이 있었다. 스위스 출신이었던 츠비키는 그 물질을 독일어로 둥클레 마테리에(dunkle materie)라고 불렀다. 정체가 암흑 속에 쌓여 있는 것처럼 알 수 없는 물질이라는 뜻으로 사용한 말이었다.

 그때만 하더라도 크게 관심을 받은 문제는 아니었다. 그런데 세월이 흘러 1970년대가 되어 베라 루빈의 발견으로 이런 알 수 없는 물질이 생각보다 많고 세상에 많은 영향을 끼칠 수 있다는 사실이 확실해 졌다.

암흑물질, 너는 누구냐?

 그렇게 해서 1970년대 후반부터 사람들은 세상에 암흑물질(dark matter)이라고 하는 정체불명의 물질이 많이 있다는 사실을 받아들이게 되었다. 암흑물질이라고만 하는 말만 들으면, 꼭 까만색 물질인 것처럼 착각할 수 있는데 그런 것은 아니다. 만약 암흑물질이 까만색이라고 하면 빛을 가릴 것이다. 즉 빛에 대해 어떤 반응을 일으킬 것이다. 그러므로 망원경으로 확인할 수가 있다. 그러나 암흑물질은 아예 보이지 않고 확인되지 않는 물질이다. 그러므로 암흑물질은 암흑물질이라기보다는 오히려 투명 물질이라고 해야 더 잘 어울릴 만한 물질이다.

게다가 암흑물질은 단지 색깔이 없는 물질이라는 이야기가 아니라, 적외선, 전파, 레이더를 이용한 관찰 등등 모든 빛, 전기, 자기의 힘과 관련된 반응을 하지 않는다. 그 말은 암흑물질은 만질 수도 없고 붙잡을 수도 없다는 뜻이다. 그렇기에 암흑물질의 정체가 무엇인지를 알아내기란 더욱 어렵다.

더욱 충격적인 것은 암흑물질의 양을 추산해 보니 그 양이 오히려 보통 물질보다도 더 많다는 사실이었다. 현대의 과학자들은 암흑물질의 양이 우리가 아는 보통 물질을 모두 다 합친 것의 5배보다도 많다고 보고 있다. 그 말은 보고 듣고 느끼고 만질 수 있으며 여태 우리가 알고 있는 물질은 세상 물질의 고작 15% 정도밖에 안 된다는 뜻이다.

우주의 물질 중 85%는 정체불명의 암흑물질이다. 그게 무엇인지, 어디에서 와서, 어떤 반응을 일으키는지 우리는 알지 못한다. 허망하게도 지난 긴 세월 동안 우리가 소중히 여기거나 좋아하거나 싫어하거나 미워하거나 중시하는 모든 느낄 수 있는 물질들은 우주의 물질 중 15%밖에 안 되는 일부일 뿐이었다.

은하수를 이루고 있는 것이 미리내의 용이라면 그 용은 암흑물질의 물속에서 헤엄치고 있다고 말할 수 있다. 암흑물질이야말로 우주의 주성분이다. 그런데도 우리는 그것이 무엇인지 모른다. 전자, 쿼크, 광자, 글루온 등등 별별 물질들을 과학자들이 갖가지 정밀 장비로 지금껏 관찰하고 분석했지만 그런 모든 물질은 우주의 주성분은 아니었다.

그래서 1970년대 말 이후, 과연 암흑물질의 정체가 무엇이냐는 물음은 과학계의 큰 수수께끼 중 하나로 자리 잡았다. 도대체 암흑물질은 어디에서 온 무엇인가? 암흑물질은 어떤 성질을 갖고 있는가? 암흑물질의 움직임이나 반응을 예상해 보기 위해서는 어떤 계산을 해 봐야 하는가? 수많은 학자가 수십 년 동안 정체를 밝히기 위해 무던히도 애를 썼다. "암흑물질은 뭐다"라는 사실을 누군가 밝히기만 하면 노벨상 수상은 당연하다. 그뿐만 아니라 우주의 가장 큰 수수께끼를 해결했다는 감동의 순간이 몰아닥칠 거라고 많은 과학자가 꿈꾸고 있다.

과학자들이 가장 쉽게 떠올려 볼 수 있었던 암흑물질의 후보는 묵직한 덩어리들이 우주 구석구석에 있기는 있는데 잘 숨어 있어서 눈에 잘 뜨이지 않는다는 단순한 생각이었다. 그러니까 망원경으로 잘 안 보이는 돌덩어리나 먼지 같은 것들이 우주 곳곳에 떠다니고 있는데 멀어서 잘 보이지 않고 또 무슨 이유가 있어서 하필 눈에 잘 안 뜨이는 곳에 가려져 있어서 잘 안 보인다는 이야기다. 그런 것들을 다 모아 보면 무게가 상당할 정도가 될 수 있고, 그러면 암흑물질처럼 은하가 빠르게 돌도록 무게를 실어 주는 역할을 할 수 있을 거라고 상상했다.

이렇게 눈에 덜 띠는 무거운 덩어리가 암흑물질이라는 생각을 "무겁고 작은 헤일로 물체(Massive Compact Halo Object)"라는 뜻으로 약자를 따서 흔히 MACHO라고 부른다. 과학자들 중에는 눈에 잘 안 뜨이는 작은 블랙홀들이 은하 이곳저곳에 퍼져 있고 그것이 은하에 무게를 실어 준다는 상상을 하는 사람들도 있다. 이때의 블랙홀도 MACHO에 속한다.

그러나 MACHO 물질들은 대개 빛이나 전기와 조금은 반응을 할 수밖에 없다. 아마 MACHO가 암흑물질의 정체라면 분명 빛이나 전기에 관한 관찰을 하는 방법으로 간접적이나마 확인해 볼 수 있는 방법이 지금까지 뭔가는 나왔을 것이다. 아닌 게 아니라 기술이 발달하면서 블랙홀이 새로 발견되기도 하고 이전까지는 감지할 수 없었던 우주를 떠다니는 돌덩어리와 먼지 따위를 새롭게 발견해 낸 사례는 많이 생겼다. 그렇지만 아직도 MACHO 암흑물질이라고 할 만한 덩어리를 찾아내지는 못했다.

그래서 MACHO 물질들이 여기저기에 있다고 하더라도 보통 물질의 5배가 넘는 엄청난 양이 되기에는 모자라는 것 같다는 것이 지금까지의 중론이다. 아무래도 MACHO가 암흑물질의 정체라고 단정할 수는 없다.

MACHO의 대안으로 나온 것이 약하게 상호 작용하는 무거운 입자(Weakly Interacting Massive Particle)다. 약자를 따서 흔히 WIMP라고 부르기도 한다. 마초(macho)라는 말에는 사나이다운 남자라는 뜻이 있다. 그에 비해 윔프(wimp)는 훌쩍거리거나 눈물을 질질 짜는 못난 사람을 비아냥거리는 뜻으로 쓰는 말이다. 그러므로 MACHO와 다른 암흑물질의 후보에 WIMP라는 이름 붙인 데에도 다분히 옛 시대 중년 아저씨 과학자들의 아재 개그가 가미되어 있다.

WIMP는 눈에 보이지 않는 아주 작은 사소하고 별 것 아닌 그것으로 보이는 물질이 우주 곳곳에 안개처럼 널리 퍼져 있다는 발상이다. 덩어리진 물체들이 여기저기 숨어 있다는 MACHO 발상의 반대라고 할 만하다. 이렇게 안개처럼 퍼져 있는 WIMP는 전기의 힘을 전혀 받지 않고 빛과도 반응하지 않는 특수한 물질일 것이다. 그러므로 망원경을 비롯한 어지간한 장비로는 WIMP를 감지할 수 없고 우리 몸으로도 WIMP를 느낄 수 없다.

만약 WIMP가 암흑물질의 정체라면 WIMP가 지금, 이 순간에도 우리 주변을 돌아다니고 있을 가능성이 크다. 심지어 지금 우리 몸을 통과해서 WIMP가 지나가고 있을지도 모른다. 단지 눈에 보이지 않고 아무 반응을 하지 못하는 성질을 갖고 있으므로 우리가 느끼지 못할 뿐이다.

혹시 WIMP가 그렇게 잘 반응하지 않는 물질이라면 우리가 일상에서 항상 겪는 전자기력이나 강력에는 반응하지 않지만 약력에는 조금 반응할 수도 있지 않을까? 만약 그렇다고 치면 아주 정밀한 약력에 관한 감지 장치를 잘 만들어 놓을 경우 그 장치가 WIMP라고 할 만한 물질을 감지할 수도 있을 것이다.

만약 그런 물질을 찾아낸다면 그 WIMP가 세상에 우리가 아는 보통 물질의 다섯 배쯤 될 수 있을지 검토해 보자. 그 검토 결과에서도 그렇다는 결론이 나온다면? 축하한다! 우리는 우주의 가장 큰 수수께끼를 풀었다. 만약 이런 연구 결과가 정말로 나온다면 그렇게 찾아낸 그 WIMP가 암흑물질이 맞을 것이고 우주의 주성분일 것이고 우주의 주재료일 것이다.

그 덕택에 WIMP는 긴 시간 암흑물질의 유력한 후보였다. 그리고 관심을 갖고 보니 이미 사람들이 알고 있는 물질 중에서도 WIMP처럼 보이는 물질이 있었다.

바로 중성미자였다.

중성미자는 모든 물체를 아주 잘 통과해 지나간다. 그리고 빛, 전기와는 반응하지 않고 약력에 반응한다. 그러므로 중성미자는 눈에 보이지 않고 망원경으로도 볼 수 없으며 감지하기가 어렵다. 그 말은 중성미자의 양이 굉장히 많고 무게도 무거워서 우주 곳곳에 가득 차 있어도 잘 감지는 안 될 거라는 뜻이다. 그러니 중성미자의 양이 많으면 암흑물질의 묵직한 무게를 충분히 나타낼 수도 있을 것이다.

만약 은하의 가장자리에 무거운 중성미자가 가득 끼어 있다고 상상해 보자. 그러면 베라 루빈이 봤던 것처럼 은하의 별들이 돌아가는 데 무게를 실어 주어서 속력을 높여 주었을 것이다. 그러면서도 망원경이나 간단한 감지 장치로는 잘 감지되지 않을 테니 보이지 않는 투명 물질이자 알 수 없는 정체불명의 암흑물질처럼 보일 것이다.

암흑물질의 정체를 밝히려던 초창기 학자 중에는 중성미자가 WIMP에 해당한다고 보는 사람들이 꽤 많았던 것 같다. 가장 대표적으로 1977년 이휘소가 와인버그와 함께 〈무거운 중성미자 질량의 우주론적 하한(Cosmological Lower Bound on Heavy-Neutrino Masses)〉이라는 논문을 쓴 적이 있다. 여기서 "무거운 중성미자"라는 말을 쓴 것은 중성미자와 비슷하며 WIMP 성질을 지

넌 물질을 상상해서 붙인 이름이다. 그리고 이휘소는 그런 물질이 암흑물질일 가능성이 크다고 여기고 논문을 써나갔다.

이 논문에 따르면, 현재 우리가 알고 있는 우주의 모양이 이루어진다고 보고 중성미자와 성질이 비슷한 WIMP가 암흑물질 역할을 하게 된다면 그 물질은 하나의 무게가 약 4천 론토그램을 넘을 거라고 한다. 즉, 대략 전자보다 4천 배 이상 무거운 물질이면서도 보이지 않고 전기와도 반응하지 않는 물질이 지금 우리 주변을 돌아다니고 있다면 그게 암흑물질에 들어맞아 보인다는 뜻이다.

이 논문은 지금까지도 WIMP의 성질을 갖는 암흑물질 정체를 밝히기 위한 길잡이가 되어 주고 있다. 안타깝게도 이 논문을 유작으로 이휘소는 불의의 교통사고로 급작스럽게 세상을 떠나고 말았다. 만약 이휘소가 교통사고를 당하지 않고 이후에도 살아서 활발히 계속 연구를 할 수 있었다면 어땠을까? 어디까지나 근거 없는 상상일 뿐이지만, 나는 이휘소가 그의 손으로 암흑물질의 정체를 밝혔을지도 모른다고 종종 상상해 본다.

이휘소의 논문 이후로 과학자들은 가장 먼저 실제 중성미자의 성질과 무게를 확인해서 암흑물질의 역할을 할 수 있는지 따져 보기 시작했다. 그러나 아쉽게도 가장 가벼운 중성미자는 너무 심하게 가벼워 보였다. 이휘소가 말한 4천 론토그램 보다 훨씬 더 가볍다. 이래서야 은하가 소용돌이 모양으로 돌아갈 때 묵직하게 무게를 실어주기가 어렵다.

중성미자 중에서 가장 먼저 확인된 것이 전자 중성미자이고, 가장 나중에 확인된 것이 타우온 중성미자다. 그러므로 우리는 타우온 중성미자에 대해 가장 아는 것이 적다. 타우온 중성미자가 완전히 확인된 시점은 2000년이다 되어서라고 보는 의견이 있을 정도다.

그런데 전자 중성미자는 전자와 짝이 되어 전자와 연결된 반응을 일으키고, 타우온 중성미자는 타우온과 짝이 되어 타우온과 연결된 반응을 일으킨다. 마침 타우온은 전자에 비해 3,500배나 무거운 물질이다. 그렇다면 타우온 중성미자가 의외로 좀 무게가 많이 나갈 수도 있지 않을까? 그렇다면 타우온 중성미자가 암흑물질 역할을 할 수도 있는 것 아닐까? 만약 타우온 중성미자의 무게가 4,000론토그램을 넘어간다면 이휘소의 생전에 한 연구 결과와 맞아떨어지면서 암흑물질이 하는 일들을 잘 해줄 수 있을지도 모른다. 과연 타우온 중성미자가 암흑물질의 정체였다는 결론이 나올 수 있을까?

그러나 지금까지는 타우온 중성미자 역시 무게가 별로 무겁지는 않다는 것이 대부분의 연구에서 나온 결론이다. 중성미자 질량 문제의 오묘함 때문에 정확히 타우온 중성미자의 무게가 얼마라고 말하기는 어렵다. 그러나 지금까지 발견된 중성미자들은 모두 묵직하기는커녕 엄청나게 가볍고 그만큼 아주 빠르게 날아다닌다. 가벼운 물질이라는 전자와 비교해 봐도 중성미자는 어느 것이든 그 몇십만 분의 1도 안 되는 무게인 것으로 보인다.

이래서야 설령 타우온 중성미자라고 해도 은하와 별들과 함께 붙어 있으면서 충분히 무게를 실어 주는 역할을 하지 못한다. 게다가 너무 가벼운 중성미자가 숫자만 많으면 그 중성미자들은 흘러 다니면서 우주를 이리저리 흩어 놓는다. 그렇기에 지금은 우리가 알고 있는 세 가지 중성미자가 암흑물질일 가능성은 다들 낮다고 보고 있다. 이휘소의 연구를 참고하여 암흑물질을 찾아내려는 사람들이 있다고 하더라도 요즘은 중성미자가 아닌 무엇인가 다른 물질이 WIMP의 성질을 띠고 있으면서 암흑물질 역할을 할 거라고 생각하는 경우가 많다.

그러나 지금도 중성미자를 연구해서 암흑물질의 정체를 밝히려는 사람들이 세상에는 여전히 있다. 예를 들어 비활성 중성미자(sterile neutrino)라고 하는 새로운 중성미자가 있을 거라는 생각에 기대를 거는 사람들이 있다.

비활성 중성미자는 말 그대로 비활성이라서 심지어 약력에도 반응하지 않는다. 그러므로 만약 비활성 중성미자가 세상에 상당히 풍부하고 그 무게가 무겁다면 역시 우리가 찾아내지 못한 암흑물질 역할을 할 수 있을 것이다. 뿐만 아니라 비활성 중성미자가 정말 있다고 확인된다면, 중성미자와 기본 입자들의 성질에 대한 새로운 다른 가능성을 더 열어 줄 수도 있다.

한국에는 '예미랩'이라는 시험 기관이 있다. 그리고 이곳에 바로 중성미자가 일으키는 아주 독특한 현상을 관찰하기 위한 AMoRE라는 실험 장치가 있다. AMoRE는 베타 붕괴가 잘 일어날 만한 방사능 물질을 모아 놓고 그때 일어나는 현상을 감지하기 위한 정밀한 감지기를 달아 놓은 장치다.

예미랩은 이런 정밀한 감지기를 방해할 만한 방해 전파나 잡음이 조금도 들어오지 못하도록 강원도 정선에 있는 예미산의 지하에 1천 미터 깊이로 깊고도 깊은 땅속에 건설해 놓은 시설이다. 그곳에서 며칠, 몇 달, 몇 년간 꾸준히 기다리면서 혹시라도 방사능 물질에서 무슨 특이한 현상이 관찰되지 않을까 계속 지켜보는 것이 AMoRE 실험을 하는 방법이다.

AMoRE 실험은 하늘의 별이나 태양을 관찰하는 것이 아니고, 원자력 발전소에서 나오는 무엇인가를 보는 것도 아니다. 이 실험 장치는 너무나 깊고도 고요한 굴속에서 오직 자기 자신만을 끝없이 지켜보고 또 지켜본다. 『삼국유사』를 보면 보천태자와 효명태자는 신라의 왕자였으면서도 진정한 깨달음을 얻기 위해 오대산 깊은 곳의 고요한 땅에 홀로 지내며 끝없이 도를 닦았다고 하는데, AMoRE 실험 장치는 그 이상으로 지하의 깊은 굴에서 홀로 진리를 갈구하는 듯한 느낌이다.

과학자들은 아무런 힘과도 반응하지 않는 비활성 중성미자라고 하더라도 비활성 중성미자가 다른 보통 중성미자와는 어떻게든 관계를 맺을 것이라고 예상하고 그 흔적을 찾기 위해 애를 쓰고 있다. 예를 들어 과학자들 중에는 무중성미자 이중 베타 붕괴(neutrinoless double beta decy)라는 현상을 만약 관찰하게 된다면 거기에서 뭔가를 알 수 있을 거라고 예상하는 사람들이 있다.

보통 베타 붕괴 현상에서는 전자 반중성미자가 튀어나오기 마련이다. 그런데 만약에 혹시라도 베타 붕괴는 일어났지만 전자 반중성미자는 나오지 않는 현상이 관찰된다면 그것은 무슨 뜻일까? 그것은 그때 전자 반중성미자를 없애 준 뭔가가 옆에서 나와서 전자 반중성미자를 해치워 주었을 거라는 뜻이다. 그리고 그런 일을 살펴보는 과정에서 비활성 중성미자의 역할이 관찰될 수 있다고 보고 있다.

그러나 지금까지도 예미산 깊은 곳 AMoRE에서 비활성 중성미자가 발견되었다는 소식은 없다. AMoRE라고 하면 화장품 브랜드 같기도 하고 이탈리아어로 '사랑'이라고 말하는 것 같기도 한데, AMoRE가 사랑이라고 한다면 "암흑물질과 중성미자에 대한 짝사랑"이다. 그만큼 암흑물질의 정체를 밝히는 일은 매우 어렵다. 뿐만 아니라 세계 곳곳에서 여러 다른 나라들이 예미랩 보다도 더 깊숙한 땅속에 각종 실험 장치들을 설치해 두었지만, 여전히 암흑물질의 정체는 밝혀지지 않았다.

옛사람들은 밤하늘의 별들이 어떻게 무리를 지어 별자리를 이루고 있고 어떤 별이 어디에 뜨느냐를 보고 운명을 점쳤다. 이런 점성술을 진지하게 믿는 사람들은 정말 많아서, 그에 따라 사람의 운명이 달라지고 전쟁의 승패나 나라의 흥망이 결정된다고까지 생각할 정도였다. 조선시대 사람들이 은하수를 보면서 미리내의 꼬리 쪽이 어디이고 머리 쪽이 어디인지를 따졌던 것도 그런 점성술로 별의 모습을 해석하기 위해서였을 것이다.

그런데 밤하늘의 별이 지금 그 위치에 있는 이유는 은하의 움직임에 따라 별들이 천천히 움직이다가 마침 지금 그 자리에 오게 되었기 때문이다. 그런데 은하가 돌아가는 움직임에 큰 영향을 미치는 것이 암흑물질이다. 그러므로 사실 우리가 보는 별자리의 별을 그 위치에 가져다 놓은 것도 바로 암흑물질이다. 그리스로마 신화에서는 제우스 신이 용감한 영웅을 별자리로 만들어 밤하늘에 자리 잡게 했다고 하지만 실제로 그 비슷한 일을 한 것은 제우스 신이 아니라 암흑물질이었다.

암흑물질이 조금 더 지구에 직접 영향을 끼치는 사건과 관련되어 있을 가능성도 있다. 리사 랜들(Lisa Randall)을 비롯한 몇몇 과학자들은 2010년대 후반에 암흑물질의 무게 때문에 가끔 태양계가 아주 살짝 흔들릴 수 있고 그러다 보면 가끔 우주를 떠돌던 소행성, 혜성 따위가 지구를 향해 몰아닥칠 가능성이 커지는 것 같다는 분석 결과를 발표한 적이 있다.

랜들은 저서 『암흑물질과 공룡』에서 6천 6백만 년 전 지구에 충돌해서 공룡을 멸종시킨 소행성도 바로 그렇게 암흑물질의 무게 때문에 태양계에 생긴 흔들림으로 인해 지구에 들이닥친 것 같다는 과감한 주장을 발표하기도 했다. 만약 그렇다면, 암흑물질은 지구로 충돌하는 소행성, 혜성의 위협을 가늠하기 위해서라도 연구할 가치가 있는 주제다.

도대체 암흑물질의 정체는 언제쯤이나 밝혀질 수 있을까? 과연 누가 어떻게 밝혀내게 될까?

그 수수께끼를 풀기 위해서 우선 암흑물질이 아니라 우리가 알고 있는 보통 물질에 대해서 먼저 정리해 볼 필요가 있다. 그런데 그러다 보면, 우주 원리의 가장 맨 밑바닥에서 무척 껄끄러운 사실, 한 가지에 맞닥뜨리게 된다.

꼭대기 쿼크 topquark
가장 무겁고 불안해서 관찰해볼 만한 물질

양자 얽힘에 관하여

조선시대 화가 김득신의 〈밀희투전〉은 널리 알려진 명작이다. 우선 보통 사람들의 풍속을 그린 그림의 대표라는 점부터가 가치를 인정받을 만하다. 옛날에는 멋진 그림이라고 하면 존경받을 만한 위인의 모습이나 아름다운 경치를 표현한 그림만을 떠올리던 때도 있었다. 그런데 〈밀희투전〉은 평범한 사람들의 일상 속에 나타나는 삶의 모습을 생생히 포착한 그림이다. 이것은 현대적인 발상이다. 게다가 그리고 그런 풍속도 부류의 그림 중에서도 〈밀희투전〉은 투전이라고 하는 조선 후기에 대단히 유행했던 도박판 풍경을 표현했기에 더욱 가치가 더욱 높다.

1700년대가 되면 투전 도박이 사회 문제가 되어 『심리록』 등의 책에는 투전판 싸움이 살인 사건으로 번진 사례가 여러 건 실려 있을 정도가 된다. 그만큼 투전은 많은 조선 사람들을 중독시켰다. 지금도 널리 쓰이는 한국어 관용 표현 중에 좋은 일이 생겼을 때 쓰는 "땡잡았다"라는 말, 무조건 유리한 일을 "장땡이다"라고 부르는 것, 일이 잘되지 못해 실패했을 때 쓰는 "말짱 황이다"라고 하는 것 등등은 모두 투전에서부터 유래한 도박 용어가 굳어진 것이다.

나는 만물의 근본 원리와 양자 이론의 특징에 대해 깊이 고민할 때에도 〈밀희투전〉 그림에서 한번 관심 갖고 볼만한 장면이 있다고 생각한다. 그림의 왼쪽 아래에 그려져 있는 돈주머니를 차고 있는 남자가 투전 패를 슬며시 펼쳐

페르미 연구소

보고 있는 모습이 양자 얽힘(quantum entanglement)이라는 재미난 현상을 설명해 보기에 잘 어울리기 때문이다.

양자 얽힘은 모든 이론과 논리적인 생각의 바탕을 되돌아보게 만들고 이성적인 판단의 가장 근원이라고 할 수 있는 인과율, 시간의 순서, 원인이 있으면 그에 따라 결과가 있다는 사실 등의 발상에 대해서도 되짚어 보게 만드는 절묘한 이야깃거리다.

〈밀희투전〉 그림의 왼쪽 아래 남자는 자기 손에 들어온 투전 패를 펼치며 살펴보고 있다. 아마 그 순간 자기 손에 어느 패가 들어 왔는지 패를 조금씩 펼치면서 보았을 것이다. 고개를 돌리고 있으므로 얼굴을 정확히 볼 수는 없다.

그렇지만 아마도 그는 기도하고 있었을 것이다. 겉으로는 냉정하고 아무 감정 없는 느낌의 얼굴을 했을지 모른다. 그렇지만 속으로는 미끌미끌한 투전 패를 손으로 꾹 눌러 문지르며 펼치는 동안 "제발 좋은 패, 제발, 제발 좋은 패가 나오기를!"이라고 마음속으로 외쳤을 것이다.

그런데 냉정하게 인과와 시간에 대해 생각해 보자면, 투전 패를 손으로 펼치는 도중에 "제발 좋은 패!"라고 기도하는 것은 소용없는 일이다. 물론 도박이라는 일은 원래부터 뭐가 되었든 소용없는 일이기는 하다. 그렇지만 패를 펼쳐 확인하면서 기도하는 일은 그중에서도 더욱 부질없는 일이다.

왜냐하면, 무슨 패가 손에 들어 왔는지는 내가 펼쳐 보기 전에 이미 정해져 있기 때문이다. 패를 섞어 나누어 줄 때, 내가 패를 받았을 때, 내 패가 무엇인지는 결정되어 버렸다. 단지 내가 그때까지 패를 펼쳐 확인을 못 했을 뿐이다. 내가 그것을 보고 확인하지 못했다고 해서 아직 패가 결정되지 않은 것은 아니다. 그러므로 그것을 펼쳐 보거나 들춰 볼 때 아무리 도박의 요정을 향해 열심히 기도를 해 보았자, 이미 내 손에 들어온 패가 바뀌지는 않을 것이다.

만일 내가 열심히 기도하면 정말로 나에게 행운이 오게 해 주는 행운의 여신이 있다든가 하다못해 투전의 도깨비가 있어서 나를 도와주고 있다고 하더라도 그 도깨비는 패를 섞어서 나눠 줄 때만 나를 도와줄 수 있을 것이다. 이미 들어 온 패를 기도한다고 해서 바꿔 주기는 어렵다. 그러면 시간을 거슬러 가야 하기 때문이다.

좀 심한 상황을 생각해 보자면 아무리 "봉황 패가 나오면 좋겠다"라고 기도한다고 해도 남이 봉황 패를 들고 있다면 그 패를 갑자기 내 손에 들어오게 해 줄 수는 없다. 봉황 패를 쥐고 있는 사람이 자기가 봉황 패를 갖고 있다는 사실을 이미 확인해서 두 눈으로 보고 있는데 자기 손에서 봉황 패가 사라지고 다른 패가 대신 나타난다면 사기도박이라고 할 것이다. 초능력을 쓰는 도박꾼이 나오는 영화 《도성》에서도 주인공을 맡은 주성치가 이미 남의 손에 들어간 패를 초능력으로 바꾸어버리자 상대방이 "사기도박"이라고 화를 내는 장면이 나온다.

일상생활 중에 보통 사람도 가끔은 이렇게 엉뚱한 도박꾼의 마음을 갖게 되는 수가 있다. 동전으로 긁어서 당첨되었는지 안 되었는지 알아보는 즉석

〈양자 이론이 적용되지 않은 상식적인 얽힘〉

복권을 한 장 샀다고 해 보자. 어느 복권을 집어 들어 구입했느냐에 따라 이미 내 운은 결정된 상태다. 복권을 긁으면 당첨이 나올지 꽝이 나올지는 이미 긁기 전에 정해져서 기록되어 있다. 그저 나에게 보이지 않고 있다. 그 위에 긁히면 사라지는 은색 껍데기가 붙어서 결과를 가리고 있을 뿐이다.

그렇지만 많은 사람들이 동전을 긁으며 기도한다. "제발! 당첨이기를!" 그러나 이런 기도는 무의미하다. 이미 결정된 일을 시간을 거슬러서 바꿀 수는 없기 때문이다.

어떤 합격 불합격 여부를 알려 주는 인터넷 사이트에 접속하거나 일이 잘 되었는지 잘못 되었는지를 통보해 주는 이메일을 열어 볼 때도 비슷한 심정을 느낄 때가 있다. "제발 이번에는 합격 통보이기를!" 기도하며 이메일을 클릭한다. 그렇지만 그렇게 비는 것은 무의미하다. 이미 이메일을 보내는 쪽에서 합격 또는 불합격 중에 하나로 내용을 결정해서 나에게 보내주었고 그게 내 이메일함에 도착해 있다. 지금 행운을 빈다고 해서 그 내용이 시간을 거슬러 올라가서 바뀔 수는 없다.

그런데 양자 이론에서는 결과가 처음부터 과거에 결정된 것이 아니라 내가 확인하는 순간 결정된다고 봐야 하는 경우가 자주 생긴다. 그리고 그 문제가 가장 이상하게 느껴지는 상황이 바로 '양자 얽힘'이라는 상황이다.

만약 투전에 쓰는 카드가 딱 두 장밖에 없는데 전 재산을 걸고 두 명의 도박꾼이 대결하고 있다고 생각해 보자. 규칙은 간단하다. 카드는 승리 카드, 꽝 카드, 두 장밖에 없다. 투전이므로 한 장은 승리를 나타내는 호랑이 카드이고 다른 한 장은 패배를 나타내는 노루 카드라고 해 보자. 두 장을 잘 섞어서 한 장씩 나누어 가진다. 누가 승리 카드를 뽑느냐에 따라 승패는 단숨에 결정된다. 승리 카드인 호랑이 패를 뽑는 사람은 상대방의 전 재산을 모두 갖는다. 반대로 패배 카드인 노루 패를 뽑는 사람은 전 재산을 모두 상대방에게 주어야 한다. 이런 규칙으로 도박을 한다고 치자.

도박판에서 일생일대의 대결을 벌인 두 도박꾼은 정말로 두 장의 패를 잘 섞은 뒤 각자 패를 한 장씩 나누어 가졌다. 그런데 아무래도 너무 큰 도박이다 보니 당장 패를 확인해 볼 엄두가 나지 않았다. 두 사람은 각자 집에 가서 패를 확인해 보기로 한다.

집에 와서 확인해 보니, 내 패가 호랑이 패, 즉 승리 패가 나왔다. 나는 승리했다! 나는 상대방의 재산을 모두 차지할 수 있다. 그리고 볼 것도 없이 상대방은 노루 패, 패배 패일 것이다. 상대방이 지금 내 앞에 없고 멀리 자기 집에 있겠지만, 나는 내 패가 승리 패인 것을 확인하는 순간 상대방의 패가 무엇인지 바로 알 수 있다. 애초에 호랑이, 노루, 두 개의 패를 나누어 가졌기 때문이다. 내가 승리 패를 잡은 순간, 상대방은 패배의 패일 수밖에 없다.

이런 사실은 상대방이 부산에 가 있든, 제주도에 가 있든, 아무리 멀리 있는 깊은 산속에 숨어 있든, 바다에 잠수해 있든 달라지지 않는다. 내가 승리 패를 가졌다는 사실과 상대방이 패배 패를 가지게 된다는 사실은 서로 깊은 관계가 있는 일이기 때문이다. 이것을 과학에서는 얽힘(entanglement) 상태라고 한다.

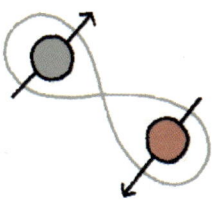

상대방이 우주선을 타고 우주 저편 화성에 가 있다고 해도 달라질 것은 없다. 내가 집에 와서 패를 확인해 봤더니 내 패가 호랑이 패라면 화성에 있는 상대방의 패는 노루 패임이 확실하다. 이때에도 집에 와서 패를 확인해 보면서 "제발 호랑이 나와라, 제발 호랑이 나와라!"라고 빌어봐야 부질없는 짓이다. 기도하려면 도박장에서 두 장의 패를 나누어 가지려고 할 때 기도를 해야 했다.

그런데 양자 얽힘은 비슷하기는 하지만 다른 이야기를 한다. 만약 두 도박꾼이 나눠 갖는 패가 종이로 만든 보통 투전 패가 아니라 아주 작은 물질로 되어 있다고 생각해 보자. 론토그램 단위로 무게를 재야 할 만큼 작은, 전자 하나 또는 광자 하나 정도의 크기로 작게 만든 두 개의 패를 섞어서 두 도박꾼이 나눠 갖는다고 상상해 보자.

과학자들은 실제로 이런 일을 현실 세계에서 실험 장치를 만들어 실제로 해 본 적도 있다. 도박으로 한 것은 아니고 과학 실험으로 진행한 것이다. 보통은 호랑이 패와 노루 패 대신, 두 개의 광자가 각기 다른 편광(polarization)이라는 성질을 갖도록 해 둔 것을 사용한다.

1론토그램도 안 되는 아주 작은 크기의 패를 나눠 가진 두 명의 도박꾼은 그 패를 들춰보지도 않고 아무에게도 그 패를 보여 주지도 않고 그대로 들고 자기 집으로 온다. 양자 이론에서는 이런 경우, 그 패를 어느 한 사람이 들춰 보기 전까지는 누가 승리인지 패배인지는 결정되지 않은 것으로 본다. 아무에게도 영향을 미치지 않았다면 결정된 일은 없다는 것이 양자 이론의 계산 방식이다. 그리고 둘 중 한 사람이 자기 집에서 패를 확인해 보는 순간 승리와 패배는 바로 그때 결정된다. 그리고 만약 그때 내가 쥐고 있는 패가 승리 패라고 나왔다면, 바로 그 순간에야 자동으로 상대방의 패는 패배 패로 결정된다.

이런 경우라면 집에 와서 패를 열어 보면서 "제발 승리! 제발! 호랑이!"라고 애절하게 기도하는 것이 의미가 있다는 이야기다.

이것을 양자 이론에서는 중첩(superposition)이 있었다가 중첩이 없어졌다고 이야기한다. 즉 승리 패와 패배 패, 한쪽이라고 말할 수 없는 중첩된 상태에 있다가 확인해 보는 순간 중첩이 사라지고 승리 패로 붕괴되었다고 말한다.

만일 혹시 승리의 여신이나 투전의 도깨비가 나를 도와주고 있다면 내가 패를 확인하려고 할 때, 그 순간 내 패를 호랑이로 만들어 주고 동시에 상대방 패를 노루 패로 만들어 줄 것이다. 그리고 이런 놀이를 호랑이 패나 노루 패로 하는 것이 아니라 살아 있는 고양이와 죽어 있는 고양이로 한다면 그것이 바로 그 악명 높은 슈뢰딩거의 고양이 문제가 된다.

그런데 여기서 가장 결정적인 기묘함은 따로 있다. 만약 패를 들춰 보는 순간에 승리와 패배가 결정된다면 내가 승리 패를 뽑은 순간, 상대방 패는 패배 패가 되도록 무엇인가가 상대방 패를 동시에 같이 결정해 주어야 한다. 내가 승리 패인 것을 확인했는데, 상대방도 패를 들춰 봤더니 역시 승리 패라고 나와서는 안 된다. 내가 승리 패인 것을 확인한 순간, 상대방 패는 패배 패가 나와야만 한다. 그렇다고 미리부터 나는 승리 패, 상대방은 패배 패로 정해져 있었기 때문에 그렇게 된 거라고 말해서는 안 된다. 그것은 확인하는 순간이 되기 전까지는 승리와 패배가 정해져 있지 않다는 양자 이론의 원칙에 어긋난다. 그런 것은 중첩 상태가 아니다. 내 패가 승리냐 패배냐 하는 문제는 내가 관측하기 전까지는 정해져 있지 않고 관측할 때 정해진다고 보는 것이 양자 이론의 중첩이다.

그렇기에 내 패도, 상대방 패도 누가 승리인지 미리 결정되어 있지는 않아야 한다. 그러니까 내 패가 승리인 것이 확인되기 전까지는 상대방 패도 승리, 패배가 정해져 있지 않고 중첩되어 있어야 한다. 그러면서도 내가 내 패의 승리를 확인하는 순간, 그때 멀리 떨어져 있는 얽힘 상태에 있는 상대방의 패는 그제야 자동으로 패배라고 결정되어야 한다.

이 문제의 기묘함을 더 강렬하게 표현하기 위해서 20세기 중반의 과학자들은 두 사람이 아주 심하게 멀리 떨어져 있다고 상상해 보기도 했다. 예를 들어 나와 상대방이 한 사람은 지구에 집이 있고 한 사람은 우주 저편 화성에 집이 있을 정도로 멀리 떨어져 있다고 상상해 보자. 이 정도 거리에 떨어져 있으면 우주에서 가장 빠른 빛을 이용해서 서로 영향을 미치는 데도 수십 분 정도의 시간이 걸릴 수 있다.

그렇다면 어떻게 내 패가 승리라고 확인하는 순간 그렇게나 먼 거리에 영향을 미쳐서 즉시 상대방 패가 패배로 결정될 수 있을까? 이 문제를 논문으로 써서 지적한 과학자들의 이름 약자를 따서 이것을 흔히 EPR 역설(EPR Paradox)라고 부른다. EPR 역설에서는 빛보다 빠른 무엇인가가 있을 수 없다는 상대성 이론의 위반부터가 당장 큰 문제다.

그러나 그보다 훨씬 더 큰 문제는 도대체 뭐가 있길래 어떻게 이런 일을 일으키느냐 하는 것이다. 무엇이 어떻게 상대방의 패를 정해 준단 말인가? 그것도 빛보다 조금 더 빠른 정도가 아니라 무한히 빠른 속도로 즉시 영향을 미칠 수 있는 것일까? 잡히지 않는 애매한 수수께끼 같은 느낌이 감돈다. 내가 호랑이 패를 관찰하는 순간, 투전의 도깨비가 빛보다 빠르게 상대방에게 날아가 상대방 패에 마법을 부려 노루 패로 만들어 주는 것일까? 그렇게 말할 수는 없다.

이것이 예로부터 수많은 과학자가 뼈저린 껄끄러움을 느꼈다는 양자 얽힘 문제다. 명확히 관찰하기가 어려워서 그렇지, 양자 얽힘은 여러 물질이 다양한 반응을 일으킬 때 자주 일어날 수 있는 일이다. 꼭 이렇게 도박 같은 눈에 뜨이는 상황을 꾸며서 실험을 하지 않아도 여러 가지 물질의 반응 속에서 이 비슷한 상황은 줄기차게 일어난다.

양자 얽힘이 정말 이런 식으로 일어난다면, 이것은 마치 내가 승리 패를 잡았다는 사실을 확인하는 순간, 시간을 거슬러 올라가서 패를 나누어 가지는 때에 영향을 미치는 듯한 현상이라고 볼 만도 하다. 지금 내가 승리를 확인하는 순간, 시간을 거슬러 가서 패를 나눠 가지던 시기에 승리와 패배를 정해 줄 수 있다면 상대방도 자연스레 패배 패를 잡은 것이 될 것이다. 이런 일은 시간 여행과 비슷한 느낌을 주는 일이라 시공간을 초월하는 이야기처럼 들리기도 하고 원인이 결과를 만드는 일이 아니라 결과가 원인을 바꾸는 것 같기도 하다.

그렇기에 양자 얽힘을 고민하다 보면 모든 생각의 기본이 깨어지는 듯한 기분에 휩싸일 수 있다. 그래서 적지 않은 과학자들이 양자 얽힘을 생각하다가 양자 이론은 미완성이라는 생각을 하게 되었다. 아예 "중첩 상태에 있다가 패를 열어 보는 순간 패가 결정된다는 생각은 틀렸다. 중첩 같은 것은 없고 패를 나누어 가질 때 처음부터 승패는 결정되어 있다고 봐야 한다."라고 믿는 과학자들도 한동안 무척 많았다. 나아가 아예 양자 이론을 부정하는 과학자들도 있었다. 그러나 과학자들은 꾸준한 연구와 실험으로 양자 얽힘은 분명히 나타나는 현상이라는 사실을 확인했다. 정말로 아주 작은 패를 두 장 만들어서 섞은 뒤에 나누어 준 뒤에 각자 멀리 떨어져서 확인해 봤더니 승리와 패배는 나누어 줄 때 결정되는 것이 아니라 둘 중 한쪽이 패를 관찰할 때 결정된다는 사실을 지지하는 여러 실험 결과가 나왔다. EPR 역설이 이상해 보이는 현상이기는 하지만, 실제로 일어나고 있다는 이야기다.

양자 얽힘의 검증 과정에 대해서는 특히 벨의 부등식(Bell's inequality)과 알랭 아스페(Alain Aspect)의 실험 이야기가 유명하다. 벨의 나중 발언을 보면 애초에 그의 생각은 이러한 괴이한 현상은 일어날 리가 없을 거라고 생각하고 자신의 부등식 이론을 개발한 것 같다. 그런데 가련하게도 막상 아스페 같은 과학자들이 벨의 이론에 따라 실험을 해 보니 오히려 양자 얽힘이 현실에서 정말로 나타나고 있다는 결과가 나와버렸다. 이렇게 보면 아스페는 실험에서 기대했던 결과와 반대 결과를 얻은 사람이다. 그리고 그는 그 덕택에 2022년에 노벨상을 받았다.

양자 얽힘이라는 생각에 깊이 빠지다 보면 상상이 걷잡을 수 없이 더욱 이상해질 때도 있다. 예를 들어 우주가 먼 옛날 처음 생겨나고 얼마 지나지 않았을 때는 온 우주의 모든 은하와 별과 행성과 온갖 물질들이 될 재료들이 아마 좁은 공간에서 가까이에 다들 모여 있었을 것이다. 그러므로 그때에는 우주의 별별 물질들 사이에 어떤 양자 얽힘 관계가 생겼을 수 있다.

그렇다면 세월이 지나 우주가 크게 부풀어 오른 지금은 어쩌면 내 두뇌 속에 있는 전자 하나와 지구 반대편에 있는 사람의 두뇌 속의 전자 하나가 아직 얽힘 관계에 있을 수도 있다. 내 두뇌 속의 전자와 우주 멀리 어느 외계 행성에서 뛰어난 문명을 이룩한 외계인 두뇌 속의 전자 하나가 서로서로 얽힘 관계에 있을 수도 있다. 그리고 어느 날, 내가 어떤 생각을 하는 과정에서 내 두뇌 속의 전자가 움직였고 그 때문에 중첩이 깨어지는 바람에 그 순간 그 영향으로 머나먼 다른 나라에서 지금 다른 생각에 빠져 있는 전혀 엉뚱한 사람의 두뇌 속 전자가 중첩이 깨어지는 일도 나타날 수 있다고 상상해 보자. 신비롭지 않은가?

환상적인 이야기를 꾸며내는 김에 좀 더 환상적인 이야기를 해 보자면, 멀리 어느 외계인의 두뇌 속 전자가 어떤 영향을 받는 일 덕택에 머나먼 지구의 내 두뇌 속 전자에 어떤 영향이 생기는 일도 벌어질 수 있다고 상상해 보자. 이런 일이 정말로 가능하기는 하다. 블랙홀, 별, 사람, 돌, 바람, 나무 등등 우주의 많은 물체가 아주 멀리 떨어져 있더라도 아주 조금씩은 얽힘이라는 현상으로 서로 연결되어 있을 수 있다는 말 또한 아주 약간의 진실을 품고 있다.

만약 이런 사실을 악용해서 어떤 사기꾼이 자신은 양자 얽힘을 이용해 자기 두뇌로 다른 사람의 생각을 읽어낼 수 있다고 한다면 어떨까? 또 다른 사기꾼이 자신은 정신을 집중해 양자 얽힘을 활용할 수 있고 그렇게 해서 자기 두뇌 속에 있는 물질과 얽힘 관계에 있는 저 하늘 위 구름에 영향을 미칠 수 있으며 그렇게 해서 그 구름을 움직여 비를 내리겠다고 하면 어떨까? 외계 저편의 뛰어난 외계인이 양자 얽힘을 이용해 내 두뇌 속에 진정한 진리를 빛보다 빠른 속력으로 넣어 주고 있다고 누가 떠들어 댄다면 그 말은 가능성이 있는 이야기일까? 당연한 이야기이지만 양자 얽힘으로 그런 정도의 신비를 일으킬 방법을 찾아내서 과학자들에게 인정을 받은 사람은 없다. 그런 방법이 미래에 가능해질 수 있는 길을 과학적으로 제시해 검증을 받은 사람도 없다.

미국의 과학자 숀 캐롤(Sean Carrol)은 이와 같은 주장을 "웃긴 소리(farce)"라고 일축하면서 유사한 이야기들을 묶어서 "진실이라고 인정할 만한 부분은 없다"고 단호하게 비판하기도 했다. 양자 얽힘은 중첩이 사라질 때 내가 아는 정보로 미루어 상대방의 정보를 알아낼 수 있을 때가 있다는 것일 뿐이다. 그때마다 그 연결 관계를 이용해 아무렇게나 누군가의 정신을 조작하거나 원하는 정보를 마음대로 주고받을 수 있는 길이 쉽사리 생긴다는 이야기는 아니다.

그러나 양자 얽힘이 일어난다는 사실 자체는 시간이 지날수록 점차 확고해지고 있다. 그렇기에 과학자들은 아무렇게나 둘러댈 수 있는 환상을 이야기하기보다는 구체적인 결과를 만들어 내는 장치를 만드는데 도전하고 있다. 이런 도전이야말로 과학의 정수다. 그렇다 보니 요즘은 아예 양자 중첩과 양자 얽힘 현상을 잘 이용해서 무엇인가 유용한 기계를 개발할 생각을 하는 일이 하나의 산업을 이루고 있을 정도가 되었다. 심지어 대한민국 법령 중에 "양자과학기술 및 양자 산업 육성에 관한 법"이 있어서 2024년 11월 1일부터 시행되고 있을 정도다.

하나 예를 들어 보자면, 양자 통신(quantum communication)이라는 생각은 초창기부터 많은 관심을 끌었던 기술이다. 이것은 전화나 인터넷같이 정보를 주고받는 일을 하면서, 양자 중첩과 양자 얽힘 상태에 있는 물질을 서로 주고받고 그것을 활용해서 통신을 해 보자는 계획이다. 기계를 교묘하게 꾸며 놓는다면 주고받고 있는 물질을 누가 중간에서 확인할 때마다 양자 중첩이 깨어지는 것을 살펴볼 수 있을 것이다. 즉, 통신하는 중에 중간에서 누가 그 정보를 가로챈다거나 엿듣는다면 그게 바로 표가 난다는 뜻이다.

이런 방법이 실용화되면 중간에서 누가 몰래 도청할 경우 그 사실을 바로 감지할 수 있는 안전한 통신 기술을 개발할 수 있다. 해킹을 막는 데에도 매우 효과적일 것이다. 내가 은행 앱에서 비밀번호를 입력하고 있을 때 혹시 스파이나 해커가 그 사실을 중간에서 넘겨 보고 있다면 어떻게 알 수 있을까? 그런 일이 생기면 양자 중첩과 양자 얽힘 현상이 깨진 것이 감지되면서 "누가 지금 엿보고 있다"고 경고해 준다는 이야기다.

양자 얽힘의 활용도와 미래

양자 얽힘이 행운의 여신이자 투전의 도깨비라면, 그런 양자 얽힘의 여신과 도깨비가 승리를 도와주지는 못하지만 누가 우리를 속이지 못하도록 지켜 줄 수 있다. 실제로 이런 원리를 이용하는 양자 키 분배(QKD, quantum key distribution) 장치라는 고성능 보안 기기의 경우, 2024년 5월에 대전 유성구에 있는 한 통신회사 연구소에서 1분에 3만 5천 대의 통신장비 암호화를 가능하게 할 수 있는 상당한 수준으로 장치를 개발하는 데 성공했다고 발표한 적도 있었다.

양자 컴퓨터(quantum computer)를 만들어 사용할 때에도 양자 중첩과 양자 얽힘은 요긴한 기술이다. 요즘은 양자 컴퓨터를 사용하면 보통 컴퓨터가 풀기 어려운 문제를 더 잘 풀 가능성이 있다고 워낙 많이 광고하다 보니, 양자 컴퓨터는 보통 컴퓨터보다 언제나 훨씬 더 빠르고 모든 면에서 성능이 뛰어난 컴퓨터라고 착각하는 사람들도 있다.

그러나 그렇지는 않다. 양자 컴퓨터는 슈퍼컴퓨터보다도 항상 몇천만 배는 빠르게 돌아가고, 양자 컴퓨터를 집에 사 놓고 그 컴퓨터로 용량이 큰 게임을 실행시키면 아주 부드럽게 잘 돌아갈 거라고 기대하는 사람을 나는 본 적도 있다. 그런데 양자 컴퓨터는 그런 기계도 아니다.

양자 컴퓨터는 양자 컴퓨터가 잘 풀이할 수 있는 몇 가지 특이한 문제를 잘 풀이할 수 있는 기계다. 보통 컴퓨터로 풀 수 있는 평범한 더하기 빼기나 컴퓨터 게임 실행 같은 작업은 양자 컴퓨터가 딱히 더 잘 해낼 수가 없다. 보통 컴퓨터는 모든 자료를 0과 1이라는 두 개의 숫자로 바꾸어서 계산하는 방식으로 문제를 풀이한다. 양자 컴퓨터는 확률을 담아낼 수 있는 독특한 방식인 큐빗(qubit)이라는 단위로 자료를 나타내서 풀이할 수 있다. 그렇기 때문에 만약 어떤 문제를 큐빗이라는 단위로 쉽게 표현할 수 있고 그렇게 했을 때 문제가 잘 풀린다면 그런 문제를 푸는 용도로는 양자 컴퓨터는 유리하다.

그것뿐이다. 양자 컴퓨터로 용량 큰 게임을 실행한다고 잘 돌아가는 것은 아니다.

양자 컴퓨터는 큐빗으로 표현된 자료들을 계산할 때, 양자 중첩과 양자 얽힘 상태를 유지하면서 작업을 진행할 수가 있다. 그 과정에서 동시에 여러 개의 정보를 다루고 하나의 정보를 계산하면 다른 정보도 자동으로 영향을 받는 상태를 교묘하게 활용할 수 있다. 그러면 단순한 방식의 계산으로는 풀기 어려운 문제를 무척 쉽게 풀이하게 될 때도 있을 것이다. 바로 그렇게 양자 컴퓨터의 특성을 활용해 잘 풀릴 만한 문제들을 찾아낸다면 그때 양자 컴퓨터가 놀라운 성능을 나타낼 수 있을 것이다.

마침 1994년에 피터 쇼어(Peter Shor)라는 수학자가 소인수 분해 문제를 양자 컴퓨터가 잘 풀 수 있을 만한 형태로 변형하는 데 성공했다. 이 방법을 '쇼어 알고리듬(Shor's Algorithm)'이라고 한다. 소인수 분해는 중학교 교과서에 나오는 문제이기도 하지만 현대의 암호 프로그램에 광범위하게 많이 쓰이는 계산법이다. 바로 그렇기 때문에 SF물을 보다 보면 양자 컴퓨터가 발전하면 미래에는 암호를 쉽게 깰 수 있다는 이야기가 나오는 것이다.

만약 미래에 양자 컴퓨터로 잘 풀 수 있는 더 유용한 문제들을 더 많이 찾아 내고 그 문제들을 잘 풀 수 있을 정도로 기계도 더 개선해 둔다면 양자 컴퓨터를 쓸만하게 여기는 곳들이 생길 것이다.

말하자면 양자 컴퓨터는 에어프라이어 비슷한 기계다. 새롭게 개발된 기계로 예전에 하기 귀찮았던 몇몇 요리를 아주 잘 해낼 수는 있다. 그러나 그렇다고 에어프라이어로 해장국이나 곰탕을 끓일 수는 없다. 에어프라이어가 튀김이나 구이 같은 몇몇 과정이 있는 요리를 기막히게 잘 해내듯이, 양자 컴퓨터는 큐빗으로 표현한 뒤에 양자 중첩과 양자 얽힘을 활용해서 풀면 가능한 문제를 잘 풀이할 수 있다.

이제껏 과학자들이 양자 얽힘 현상에 대한 실험을 해 볼 때는 주로 차갑게 식힌 물질과 아주 단순한 물질을 사용하곤 했다. 이런 물질들이 정밀하게 관찰하기에 좋고 쉽게 조절하기에도 편하기 때문이다. 그런데 양자 얽힘 현상을 더 넓은 범위로 자유자재로 활용하려면 더 뜨거운 물질이나 더 복잡한 물질에 대해서도 다양하게 양자 얽힘을 살펴보는 일이 필요하다.

양자 얽힘 현상이 얼마나, 어떻게 나타나는지 명확히 알아보려고 한다면 이런 연구는 점점 더 중요해질 것이다. 양자 얽힘이라는 너무나 이상한 현상을 알게 되었는데 다양한 조건에서 그 현상을 살펴보다 보면 의외로 그런 현상을 더 잘 풀이할 수 있는 단서를 찾을 수도 있을 것이다.

그래서 사람들이 주목한 것이 2024년 유럽의 CERN에서 발표했던 꼭대기 쿼크에서 양자 얽힘 현상을 관찰했다는 실험 결과다. 꼭대기 쿼크는 지금 우리가 알고 있는 모든 기본 입자 중에서 가장 무겁고 덩치가 큰 물질이다. 꼭대기 쿼크의 무게는 하나에 30만 론토그램 정도다. 전자 하나 무게와 비교해 보면 꼭대기 쿼크는 35만 배나 무겁다.

꼭대기 쿼크는 그 무게가 굉장히 무겁기는 하지만 다른 여러 성질은 위 쿼크와 비슷하다. 꼭대기 쿼크는 1995년에 처음 발견되었는데, 만약 전자가 나비 한 마리 정도의 무게라면 위 쿼크의 무게는 큼지막한 풍뎅이 한 마리 정도의 무게이고, 맵시 쿼크는 작은 아기 고양이 한 마리 정도의 무게이며, 꼭대기 쿼크는 소 한 마리 정도의 무게에 달할 것이다.

세상 모든 물질의 재료가 되며 그보다 더 작은 것은 없다고 하는 기본 입자치고 꼭대기 쿼크는 너무 무겁다. 그렇기 때문에 그만큼 꼭대기 쿼크를 만들어 내기도 어려웠다. 위 쿼크, 아래 쿼크, 기묘 쿼크는 1960년대 후반에서 1970년대 초반에 걸쳐 머리 겔만 등의 과학자들이 흔히 눈에 뜨이는 보통 물질을 설명하기 위해 개발했고, 맵시 쿼크는 1974년에 발견되었다. 바닥 쿼크는 바로 그 3년 후인 1977년에 발견되었다. 그러므로 쿼크들 대부분은 1970년대에 발견되었다고 말할 수 있다. 그러나 꼭대기 쿼크는 아니다. 꼭대기 쿼크는 너무나 무겁고 찾기 어려워서 한참 더 기술이 발전하는 1995년까지 기다려야 했다. 바로 직전에 발견된 쿼크인 바닥 쿼크가 발견된 지 18년이나 되는 긴 세월이 흐른 후였다.

그런데 그렇게 어렵게 발견된 거대한 꼭대기 쿼크에서도 양자 얽힘 현상은 어김없이 잘 관찰되었다. 그런 것을 보면 양자 얽힘 현상은 이상해 보이는 일이기는 하지만 점점 확실해지고 있는 사실이다. 또한 온갖 상황의 별별 물질들 사이에서 지금도 수시로 나타나는 현상인 것 같다. 앞으로 꼭대기 쿼크 같은 물질이 보여 주는 다양한 양자 얽힘을 더욱 많이 연구하다 보면 그 과정에서 더 좋은 양자 컴퓨터나 더 쓸만한 양자 통신을 개발하기 위한 지식 또한 얻어낼 수 있을 것이다.

꼭대기 쿼크가 갖고 있는 또 다른 특징은 나타나자마자 대단히 짧은 시간이 지나면 바로 방사선을 내뿜으며 다른 물질로 변화해버리는 물질이라는 점이다. 꼭대기 쿼크의 수명은 대략 1조 분의 1초를 다시 2조 등분한 정도로 짧은 시간이다. 짧고 부질없는 사랑을 나팔꽃보다 짧은 사랑이라고 하고 허망한 삶을 하루살이 같은 삶이라고들 하는데, 과학적으로 따진다면 "꼭대기 쿼크 같은 사랑"이라고 해야 정말 짧은 사랑을 비유하는 말이라고 할 수 있다.

그러므로 실험실에서 꼭대기 쿼크를 만들어 내면 관찰하기가 무척 어렵다. 진득하게 관찰하기도 하기 전에 정말 빨리 없어져 버리기 때문이다. 그러나 그렇게 관찰이 어려운 대신 의외의 소득이 있다.

꼭대기 쿼크는 생겨나자마자 너무 빨리 사라지기 때문에 다른 물질들과 잡다하게 들러붙거나 반응하는 일이 거의 생기지 않는다. 그러기 전에 그냥 사라져 버린다. 그러므로 꼭대기 쿼크는 쿼크이면서도 다른 쿼크와 붙어 있는 모습이 아니라 꼭대기 쿼크 혼자 나타났다가 사라지는 듯한 모습을 보일 때가 있다.

보통 쿼크들을 보면 쿼크끼리 들러붙어 있게 만드는 강력의 거센 힘 때문에 하나만 따로 떨어뜨려서 살펴보기가 너무나 어렵다. 그런데 꼭대기 쿼크는 애초에 다른 쿼크와 달라붙기도 전에 사라져 버린다. 그래서 꼭대기 쿼크가 생겨났다 사라지는 모습을 보면 홀로 자유롭게 떨어져 있는 쿼크(free quark)와 비슷한 모습을 볼 수 있다.

그 덕택에 꼭대기 쿼크를 잘 관찰하면, 쿼크가 어떤 움직임을 보이고 어떤 성질을 가졌는지도 좀 더 잘 알 수 있을 것이다. 쿼크끼리 서로 달라붙게 하는 강력은 어떻게 나타나고 강력을 전달하는 운반자인 글루온은 어떤 것인지에 대해서도 꼭대기 쿼크를 관찰하면 새롭게 알 수 있는 사실이 있을 거라는 기대가 있다. 게다가 쿼크는 약력에도 반응한다. 그러므로 꼭대기 쿼크를 잘 관찰하다 보면 잡다하게 들러붙은 다른 쿼크 때문에 헷갈리는 것 없이 약력에 쿼크 하나가 어떻게 반응하는지 살펴보는 데에도 도움이 될 것이다.

이런 모든 연구를 위해서는 우선 꼭대기 쿼크 같은 물질을 많이 만들어서 볼 수 있는 실험 장치가 있어야 한다. 바로 그 이유로 사람들은 지하 100미터 깊이에 수십 킬로미터에 걸쳐 이어지는 거대한 전자 장비의 덩어리를 만들어서 역사상 가장 거대한 실험 장치를 사용하게 되었다.

바닥 쿼크 bottomquark
대형 입자 가속기를 만들어 자주 살펴보던 물질

권총 총알 만큼 강한 초고에너지

고대로부터 한국인들 사이에는 왜인지 북두칠성을 숭배하는 풍습이 오랫동안 퍼져 있었다. 『삼국유사』를 보면 신라의 김유신 장군은 등에 북두칠성 모양의 점이 있었다는 이야기가 실려 있고, 『고려사』에는 후삼국 시대에 활약한 신숭겸 장군은 발에 북두칠성 모양의 점이 있었다는 이야기가 실려 있다.

고려 시대의 작가 이규보가 쓴 「노무 편」이라는 시에서는 북두칠성의 신을 향해 무당이 굿을 하는 장면을 전형적인 굿판 풍경으로 묘사하고 있기도 하다. 이런 내용을 보면 고려 시대에는 북두칠성 숭배가 무당들 사이에 하나의 의식이 되어서 많은 사람들 사이에 퍼진 문화로 자리 잡았던 것 같다. 이런 풍속은 현대에도 전국 각지에 그 흔적을 남기고 있다. 한국의 전설이나 민간신앙 풍습을 보면 "칠성님"에게 기도했다는 이야기가 종종 나올 때가 있는데, 이때 칠성이 바로 북두칠성을 뜻한다.

그런데 북두칠성에 관해서는 과학적으로도 풀리지 않는 묘한 수수께끼가 있다. 바로 초고에너지 우주 방사선(ultra high energy cosmic ray) 문제다. 약자로 UHECR이라고 부르기도 한다.

가끔 우주에서 지구로 떨어지는 우주 방사선 중에 그 떨어지며 내리꽂는 속력이 특별히 어마어마하게 빠른 것이 있다. 속력이 빠르다는 말은 그만큼 부딪힐 때 많은 힘을 줄 수 있다는 뜻이다. 보통 우주 방사선을 이루고 있는

페르미 연구소

물질은 양성자, 중성자, 쿼크 몇 개 따위와 비교해야 할 정도로 너무나도 가벼운 물질이다. 그렇기에 그런 물질이 어지간히 빠르게 지구에 떨어진다고 해도 별 힘은 없다.

그런데 초고에너지 우주 방사선은 예외다. 아주 가끔 발견되는 초고에너지 우주 방사선은 작은 크기면서도 속력이 너무나도 빨라서 가진 힘이 상당하다.

역사상 가장 빠른 속력으로 우주에서 떨어진 물질은 1991년 발견된 어느 초고에너지 우주 방사선이다. 이 물질은 대략 007시리즈 같은 첩보 영화에 나오는 초소형 권총 총알과 맞먹는 정도의 힘으로 지구에 떨어졌다. 총알에 비해 우주 방사선이 얼마나 말도 안 될 정도로 더 작은 물질인지를 감안한다면, 이런 일이 벌어졌다는 것은 우주 방사선의 속력이 그만큼 어마어마하게 빨랐다는 이야기다. 과학자들은 이 물질을 너무나도 신기하게 생각했기에 OMG 입자, 또는 "오 신이시여 입자(Oh My God particle)"라는 별명을 붙였다.

OMG 입자의 기록을 깬 물질이 이제껏 지구에 또 떨어져서 관찰된 적은 없다. 그러나 그보다 조금 약한 정도의 입자는 꾸준히 계속 지구 어디인가에 종종 떨어지고 있다. 도대체, 어디에서, 왜 이런 물질이 지구로 날아오는 것일까? 정확한 이유는 OMG 입자가 발견된 후 30년이 넘게 지난 지금도 아무도 모른다.

짐작하기로는 아마도 우리 은하 바깥에 있는 아주 어마어마한 규모의 별과 우주가 일으키는 어떤 현상 때문에 이런 물질이 지구로 날아오고 있을 거라고들 이야기한다. 우리 은하 바깥이라는 이야기는 우리가 밤하늘에 맨눈으로 볼 수 있는 모든 별보다도 훨씬 더 먼 곳에서 이런 물질이 오고 있다는 뜻이다. 무슨 이유인지는 모르겠지만 아주 멀리 떨어진 다른 은하의 어느 별 근처에서 지구를 향해 초소형 권총 총알 위력이면서도 극히 작은 신비한 물질이 뚝뚝 떨어지는 것이 우리가 늘 겪고 있는 일이다.

그런데 그 초고에너지 우주 방사선이 날아오는 방향을 조사해 보니 북두칠성 방향에 꽤 몰려 있는 경향이 나타난다는 사실을 알아냈다. 미국의 TA(Telescope Array) 실험에서 2008년에서 2012년의 5년간 조사한 결과를 보면 72개의 초고에너지 우주 방사선 중에 4분의 1 이상인 19개가 북두칠성 방향에서 날아왔다고 한다.

혹시 정말로 아주 머나먼 우주 저편 북두칠성 방향의 어느 행성에 칠성님 같은 외계인이 있고 그 외계인이 초강력 입자 대포 비슷한 무기를 이용해서 지구를 향해 가끔 권총 총알 같은 것을 쏘고 있는 것일까? 하지만 그럴 리는 없다. 초고에너지 우주 방사선이 떨어질 때 나쁜 사람이 사는 땅에만 떨어진다거나 하는 무슨 마법적인 규칙이 있는 것도 아니다.

그래서 과학자들은 구체적으로 어떤 방식으로 이런 일이 벌어지는지에 대해 다양한 이론을 개발했다. 예를 들어 2019년 UNIST의 류동수와 부산대의 강혜성 등이 중심이 된 한국의 한 연구팀에서는 색다른 연구 결과 하나를 발표한 적이 있다. 그 핵심 내용은 거대한 블랙홀을 품고 있는 처녀자리 A 전파은하에서 이런 물질이 튀어나온 뒤, 수많은 은하가 줄지어 있는 은하 필라멘트라는 아주 커다란 지역을 따라 생긴 자기장의 영향으로 그 물질이 먼 거리를 움직였다는 것이다.

은하 하나가 보통 천억 개 정도의 별로 되어 있으니까 만약 이 연구팀의 이야기가 맞다면, 북두칠성 쪽에서 떨어지는 초고에너지 우주 방사선은 몇 억 년 내지는 몇십 억 년의 시간에 걸쳐 수십 조 개의 별들을 지나치면서 상상하기조차 힘든 먼 길을 따라 우주를 날아온 끝에 지구에 떨어진 물질이라는 뜻이다. 참고로 강혜성은 한국과학재단으로부터 2008년 올해의 여성 과학기술자상을 받은 과학자이기도 하다.

이러한 초고에너지 우주 방사선에 관한 연구는 의외로 지구의 유명한 실험 장비에 관한 이야기와 엮여 전 세계에서 한번 화제가 된 일도 있었다. 2008년 유럽의 연구기관 CERN에서 LHC라는 실험 장치를 처음 작동시키려고 할 때 있었던 블랙홀 지구 종말론 소동이 바로 그 일이다.

입자 가속기 이야기

LHC는 대형 강입자 충돌기(Large Hadron Collider)의 약자를 따서 붙인 이름이다. 그리고 이 장치가 하는 일은 지상에서 우리가 원할 때 원하는 만큼 아주 작은 물질을 이런 우주 방사선 같이 빠르게 날아가도록 쏘는 것이다. 대형 강입자 충돌기라는 말에서 강입자는 하드론(hadron)을 번역한 단어로, 쿼크 여러 개가 붙어 있는 물질을 말한다. 우주 방사선 중에 흔히 잘 감지되는 것도 양성자이고 양성자는 쿼크 세 개가 붙어 있는 것이므로 역시 강입자라고 할 수 있다. 그러니 LHC가 우주 방사선을 인공으로 만들어 내는 장치라는 말은

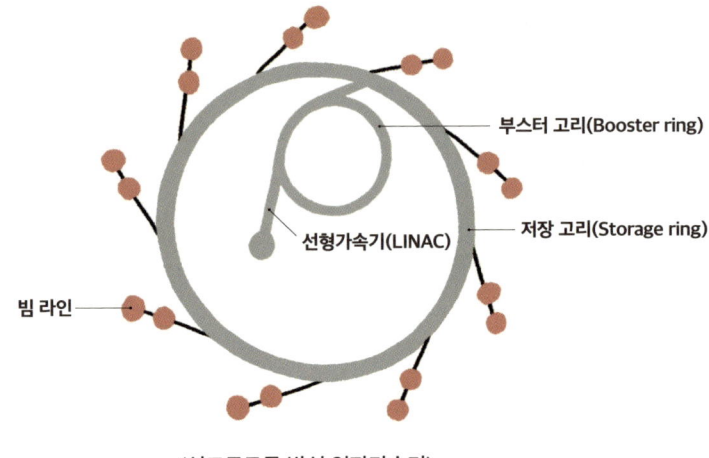

〈싱크로트론 방식 입자가속기〉

그럴듯하다.

LHC라는 장비가 주목을 받은 이유는 일단 그 크기가 엄청나게 컸기 때문이다. LHC는 스위스 제네바 인근에 건설된 아주 커다란 둥그런 고리 모양의 장치인데, 그 둘레 길이가 무려 27킬로미터에 달한다. 조선시대의 서울을 둘러싼 성벽의 길이가 18킬로미터가 조금 넘는 정도이므로 기계 하나가 조선시대 서울 전체보다도 훨씬 더 크다.

LHC는 그 정도 길이로 고성능 정밀 전자 장비를 끝도 없이 연결해 놓은 장치다. 그러면서도 LHC는 외부와 단절된 그곳에서 실험하기 위해 지하 100미터의 깊은 땅속에 아주 기다란 굴을 만들어 놓고 그 모든 장치를 묻어 놓은 구조로 되어 있다. 게다가 강력한 자력을 내기 위해 그 거대한 장치를 모조리 영하 270도보다도 더 낮은 온도로 얼려둔 채 작동시키고 있다. 그렇게 생각하면 LHC는 지구상에서 가장 막강하고 커다란 냉동 장치라고 할 수도 있다. 당연히 이런 엄청난 기계를 작동시키면 많은 전기를 소모하므로 작은 도시 하나를 운영할 정도의 전력이 필요하다.

이 정도의 시설이니까 그때까지 누구도 상상하지 못했을 정도로 무시무시하게 빠른 속력으로 작은 알갱이들을 날려 보낼 수 있었다. 그래서 LHC는 사상 최강의 속력으로 양성자를 날려서 충돌시키는 실험을 한다. LHC를 제대로 작동시키면 양성자가 27킬로미터나 되는 그 커다란 기기 내부를 단 1초 만에 1만 1천 바퀴 이상 뱅글뱅글 돌아가는 터무니 없는 속력으로 움직인다. 그러다 그 물질들이 서로 들이받도록 하고는 그때 발생하는 갖가지 현상을 온갖 전자 장비를 통해 극도로 정밀하게 조사하여 무슨 일이 일어나는지를 관찰한다. 충돌 직전에 양성자 하나의 위력은 6조 8천억 볼트의 전기를 내뿜는 배터리로 전자를 날려 보낼 때 전자가 갖게 되는 에너지와 맞먹는다.

이런 강력한 장비가 가동된다고 하니 2008년 무렵 혹시 이런 장치가 우리의 우주에서 일어나서는 안 되는 현상을 일으킬 수도 있을 것 같다고 말하는 사람이 나타났다. 그리고 그때 나온 이런저런 이야기 중에서도 제법 인기 있었던 주장이 블랙홀이 생긴다는 말이었다.

LHC 내부에서 물질들이 충돌하는 순간 너무 좁은 공간에 물질이 몰려들면 그것이 아주 작은 크기의 블랙홀로 변할 수도 있지 않느냐는 생각이었다. 만약 그렇게 블랙홀이 한 번 생기면 그다음부터는 그 블랙홀의 힘을 아무도 말리지 못할 테니 결국 블랙홀이 지구를 통째로 다 빨아들여 버려서 지구가 멸망할 수도 있다는 이야기까지 나왔다. 대폭발이 생길 거라는 주장도 나왔다.

당연한 이야기지만 LHC의 담당 과학자들은 이런 일은 일어나지 않는다고 설명했다. LHC는 애초에 블랙홀을 만들기 위한 장치가 아니다. 게다가 설령 혹시나 우연히 블랙홀이 만들어진다고 하더라도 그런 블랙홀은 너무나도 크기가 작고 금방 사라지는 블랙홀이므로 주변에 피해를 미치지 못할 거라는 계산 결과도 제시했다. 챔블린(A. Chamblin) 이라는 과학자는 블랙홀이 정말로 만들어져도 별다른 피해 없이 그냥 재미있는 과학 실험 관찰 결과를 얻을 수 있을 거라고 생각하고 LHC에서 꼭대기 쿼크가 생겼다가 사라지는 모습을 관찰하는 방법으로 블랙홀이 생겨 나는지 어떤지 살펴보면 재미있겠다는 논문을 써서 발표했을 정도였다. 그만큼 블랙홀에 대해서는 안전하다고 여겼다.

그래도 몇몇 사람들은 걱정을 멈추지 않았다. 블랙홀에 대해서는 아직 우리가 잘 모르고 있는 성질도 많다. 그렇다면 혹시 우리가 잘 알지는 못하고 예상을 뛰어넘는 의외의 문제 때문에 LHC에서 블랙홀이 생겨나고 그 블랙홀이 주변에 피해를 줄 가능성도 조금은 있지 않을까?

그때 그 남은 걱정마저 잠재워 준 것이 OMG 입자 같은 초고에너지 우주 방사선을 관찰한 경험이었다. 요즘도 지구로 떨어지고 있는 초고에너지 우주 방사선 중에는 LHC에서 기계를 사용해 인위적으로 속력을 빠르게 한 물질보다도 훨씬 더 빠르게 떨어지고 있는 물질들이 많다. 예를 들어 OMG 입자는 LHC에서 온 힘을 다해 빠르게 만든 물질보다도 백만 배 이상 강하게 지구로 떨어졌다. 그러니 LHC 속 물질 정도 속력으로 지구에 떨어지는 우주 방사선은 널려 있다고 봐야 한다.

그런데도 지구가 탄생하고 46억 년의 세월 동안 우리의 땅과 하늘이 그렇게 많은 우주 방사선을 강하게 계속 맞아 왔는데도 지구가 블랙홀 때문에 부서지지는 않았다. 그러므로 그런 일들과 LHC를 비교해 보니 다들 안심할 수 있었다. 자연적으로 우주에서 지구로 떨어지는 우주 방사선이 권총 총알을 사람에게 쏘는 느낌이라면, LHC 속을 날아다니는 물질은 깃털로 살갗을 살짝 간질이는 정도에 지나지 않는다. 그렇게 해서 블랙홀 종말론은 노스트라다무스 이후 수많은 다른 종말론처럼 그저 지나간 추억이 되었다. LHC를 가동한 지 십 년이 훌쩍 넘은 지금도 지구에는 아무런 문제가 없다.

보통 LHC 같은 장비를 입자 가속기(particle accelerator)라고 부른다. 그냥 짧게 가속기라고 부를 때도 있다. 대부분의 입자 가속기는 전기를 띤 아주 작은 물질 알갱이를 전기의 힘과 자력을 이용해 빠르게 날려 주는 장치다. 사상 최대의 입자 가속기인 CERN의 LHC 역시 바로 이런 원리로 동작한다. 그래서 LHC에서는 양전기를 띠고 있는 양성자를 실험 대상으로 사용하고 그 양성자가 날아가도록 가능한 한 강한 힘을 실어 주기 위해 그렇게나 많은 전기를 사용한다.

LHC 말고 더 간단하게 만들어 볼 수 있는 입자 가속기로는 전자를 슬쩍 날려 보내는 장치도 있다. 전자는 음전기를 띠고 있으며 가볍고 흔하다. 전자제품 속에서도 배터리의 음극 쪽에 전자가 오면 밀려나고, 반대로 전자가 양극 쪽에 오면 이끌려 온다. 이런 성질을 이용하면 어렵잖게 원하는 방향으로 전자를 밀고 당겨서 전자를 빠르게 움직일 수 있다. 그렇기에 전자를 빨리 날려 보내는 방식의 입자 가속기는 과학 실험 이외에도 여러 가지 목적으로 다양하게 활용되고 있다.

그중에서도 역사와 전통을 자랑하는 장비로 미국 스탠퍼드 대학이 주축이 되어 1966년에 건설한 SLAC이라는 입자 가속기가 있다. SLAC은 대략 3킬로미터 길이에 이르는 아주 길쭉하고 거대한 건물로 되어 있다. 그리고 그 속에 기나긴 관을 넣어 두고 그 관을 지나는 동안 전자가 대포를 통과하는 포탄처럼 빠르게 날아가게 되어 있다.

시설의 모양이 일자로 길게 뻗은 모양이기 때문에 이 장치가 설치된 곳에 스탠퍼드 선형 가속기 센터(Stanford Linear Accelerator Center)라는 이름이 붙었다. 그리고 그 말의 약자를 따서 그 이름은 SLAC이 되었다. 발음이 같은 슬랙(slack)이라는 단어에는 "느슨하고 헐렁한 것"이라는 뜻이 있다. 아마도 그 당시 장비 개발에 참여한 대학원생들과 여러 과학자들이 빡빡한 연구에 시달리다가 조금은 쉬고 싶다는 염원을 담아 붙인 이름 아닐까 싶다. 요즘은 이렇게 약자를 따면 무슨 뜻이 되도록 이름을 붙이는 것이 좀 철 지난 느낌이긴 한데, 1960년대만 하더라도 과학계에는 아재 개그 문화가 만연해 있어서 저런 식으로 약자를 따서 만든 이름이 무슨 뜻이 되는 다른 단어가 될 경우 다들 재치 있다고 감탄해 주곤 했다.

SLAC의 장치를 가동해 전자를 쏘아 보내면 그 위력이 LHC의 100분의 1 정도가 된다. 이 정도만 해도 어지간한 실험을 하기에는 충분하다. 세계 최강인 LHC가 워낙 강력한 장치라서 그렇지 옛날에는 SLAC 정도의 힘을 내는 장치도 결코 흔하지 않다. 그래서 1970년대 과학들은 SLAC을 이용해 온갖 발견을 했다. 예를 들어 1970년대 초에 SLAC 연구진은 양성자와 중성자에 전자를 충돌시켜 전자가 어디로 어떻게 튀는지 살펴보는 심층 비탄성 산란(deep inelastic scattering) 실험을 했다. 그리고 그 실험이 양성자와 중성자 속에 그보다 더 작은 물질이 있는 듯하다는 단서를 주었다. 그 덕택에 아주 작은 쿼크들이 모여서 양성자와 중성자가 된다는 생각에 힘이 실렸다.

그런가 하면 1974년에 릭터가 J/Psi 입자를 발견했던 곳도 바로 SLAC이었다. 맵시 쿼크를 실제로 찾아내면서 과학의 큰 전환점을 만든 11월 혁명의 결정적인 장소가 SLAC이었다는 이야기다. 1975년 무렵에 타우온이 발견된 곳도 바로 SLAC이었다. 마침 그 무렵 이휘소가 SLAC의 과학정책위원회 자문위원을 맡고 있기도 했다.

SLAC같이 큰 장비 말고도 일직선 모양의 전자를 가속하는 장치는 훨씬 더 작은 크기로 개발되어 있다. 이런 소형 입자 가속기는 다른 용도로 널리 쓰이고 있다. 세계 여러 나라 중에서도 특히 한국은 초소형 전자 가속기를 대량으로 활용해서 경제 발전에 큰 이익을 얻은 나라다. 브라운관 방식의 옛날 텔레비전에서 핵심 부품이었던 전자총이 바로 전자를 날려 보내 주는 장치였기 때문이다.

지금은 사람들이 대부분 LCD 텔레비전이나 OLED 텔레비전을 사용하고 있어서 브라운관 방식의 두꺼운 유리로 된 텔레비전을 볼 일이 별로 없다. 그렇지만 텔레비전의 발명 후 한동안은 브

라운관 방식이 주류였다.

나는 어릴 적에 "TV 화면이 갈색도 아닌데 왜 브라운관이라고 부를까?"라고 생각해 이상하게 여겼던 적이 있다. 브라운관은 그것을 개발한 독일의 카를 브라운(Karl Braun)의 이름을 딴 말이다. 유리통 속의 부품들은 빠른 속력으로 전자를 날려 보내면서 동시에 원하는 대로 전자가 방향을 바꿔가며 화면 앞쪽에 부딪히게 만든다. 그러면 빛을 잘 내는 물질을 발라 놓은 유리판을 전자가 들이받을 때 빛이 생기는데 그 빛이 그림 모양을 이루는 것이 TV의 원리다.

이때 브라운관 속에서 전자를 빠르게 쏘아 주는 부품이 바로 전자총(electron gun)이다. 요즘 과학자들은 TV 속 전자총을 입자 가속기라고 부르지는 않지만, 20세기 초 처음으로 입자 가속기를 개발하던 과학자들이 보았다면 그 정도면 꽤 쓸만하다고 생각했을 것이다. 아닌 게 아니라 요즘의 대형 입자 가속기에서도 전자가 튀어나오는 부분만을 따로 부를 때 전자총이라는 이름을 쓸 때가 있다.

1990년대 말에서 2000년대 초 한국 경제가 IMF 외환 위기를 극복하고 선진국 경제 체질로 변화하기 위해 가장 중요한 도전을 하던 시기에 한국 산업을 튼튼하게 받쳐 주던 분야가 바로 전자 산업이다. 그리고 그때 한국 전자 산업의 가장 대표적인 제품이 텔레비전이었다. 그 무렵 한국 회사들이 통산 1억 대의 TV를 만들었다는 기록이 있을 정도다. 한국인들은 그 브라운관마다 전자총이라는 초소형 입자 가속기를 달아서 팔았다. 이렇게 보면 한국은 입자 가속기로 성장한 나라다.

그뿐만 아니라 지금 한국에는 연구용으로 사용하는 대형 입자 가속기 역시 어느 정도는 갖춰져 있다. 예를 들어 경상북도 포항의 포항 가속기 연구소는 SLAC와 같은 방식으로 빠른 전자를 날려 보내는 장치를 1990년대 중반부터 갖춰 두고 운영하기 시작했다. 그러니 어느새 이곳도 30년의 역사를 자랑하는 연구소다. 요즘 이곳에서 운영하는 PAL-FEL 같은 장비는 100미터 길이의 커다란 장치로 예전 SLAC의 5분의 1정도 되는 위력으로 전자를 날려 보낼 수가 있다.

한국에 있는 이런 가속기는 대부분 빨리 날아가는 전자 그 자체로 실험을 하기보다는 그 전자를 어디인가에 부딪히게 한 뒤에 그때 나오는 강력한 X선을 활용하는 쪽으로 사용되고 있다. 그래서 이런 장비를 방사선에 해당하는 빛을 많이 얻을 수 있다고 해서 '방사광 가속기'라고 부르기도 한다.

방사광 가속기를 사용하면 간단한 X선 촬영 장비로는 촬영하기 어려운 복잡하고 치밀한 물체를 세밀하게 꿰뚫어 보면서 사진을 찍는 용도로 쓸 수 있다. 또 어떤 재질에 X선이 닿았을 때 어떻게 X선이 변화하느냐를 살펴서 그 재질이 무슨 성분으로 되어 있는지 또는 어떤 미세한 흠결이 있는지를 찾아내는 실험을 하는 용도로 쓰기에도 좋다.

그래서 방사광 가속기를 특수 금속이나 특수 플라스틱의 재질을 살펴보기 위한 연구에 쓰기도 하고 단백질이나 약품의 재료 물질을 원자 하나하나를 따지듯이 세밀하게 관찰하기 위한 연구에 쓰기도 하는 등 아주 넓은 분야에 활용하고 있다. 그래서 한국 언론에서는 방사광 가속기를 두고 현미경으로는 도저히 볼 수 없을 정도로 아주 작은 모습을 몇백만 배, 몇천만 배 확대해 볼 수 있는 장비라고 홍보하기도 한다.

나는 경상남도 하동에서 발견된 육식 공룡 이빨 화석의 성분을 분석하기 위해 포항의 방사광 가속기로 만든 X선을 쪼여 보며 실험한 연구 결과를 본 기억도 있다. 하동에서 발견된 수각류 공룡의 이빨 화석은 아크로칸토사우루스와 가장 닮은 편이라고 한다. 정말 그 이빨이 아크로칸토사우루스 이빨인지는 알 수 없지만, 그 때문에 아크로칸토사우루스가 한국을 대표하는 육식 공룡과 가장 닮았을 것 같은 공룡이라는 말은 할 수 있다. 그래서 서울의 서대문자연사박물관 맨 중앙에도 아주 커다란 아크로칸토사우루스의 뼈 모형이 세워져 있다. 그렇게 생각해 보면 한국에서 방사광 가속기는 한국 공룡 화석

연구에서부터 첨단 산업 현장에까지 두루 활용되고 있는 셈이다.

아예 입자 가속기를 X선을 쏘는 기관총 정도의 크기로 만들어 놓은 제품도 꽤 많이 쓰이고 있다. 예를 들어 강한 X선으로 암세포를 파괴하는 방사선 치료용으로 요즘은 방사광 가속기 형태의 장비가 흔히 쓰인다. X선 기관총으로 사람을 쏘아서 몸속의 암세포만 정확하게 저격하겠다는 것이다.

보통 이런 장비를 직선 모양으로 된 입자 가속기라고 해서, LINAC(linear accelerator) 또는 리낵이라고 부르기도 한다. 병원에서 암 치료용으로 사용하는 리낵은 포항의 PAL-XFEL과 비교하면 천 분의 일, 만분의 일 정도밖에 안 되는 위력으로 전자를 날려 보내는 약한 수준이다. 그러나 이 정도도 그 전자로 X선을 만들고 사람 몸속에 쪼여서 그 안에 있는 암세포를 공격하기에는 충분하다.

이런 부류의 소형 리낵 장비는 건물이나 기계제품이 튼튼하게 잘 만들었는지 살펴보는 X선을 만들어 내는 용도로도 쓰이고 있다. 다시 말해 입자 가속기는 재건축과 같은 부동산 문제와 연결된 장비다. 부산항 같은 항구에서는 화물 내부를 X선으로 살펴보면서 밀수품이나 마약을 숨겨 오는지 확인하기 위해 리낵을 쓰기도 한다.

이렇게 보면 한국은 전자 산업, 의료 산업, 국제 무역이 발달한 나라인 만큼 지금도 입자 가속기를 널리 개발해 사용할 이유가 아주 많은 나라다. 나는 선진국과 겨룰 만한 거대한 입자 가속기를 건설하는 것이 예산 때문에 어렵다면, 이렇게 여러 분야에 사용할 수 있는 실용적인 작은 입자 가속기를 개발하고 활용하는 연구를 하면서 그런 연구를 널리, 누구나 해 볼 수 있도록 키워 나가는 것도 과학을 발전시키는 한 가지 방법이 될 수 있다고 생각한다.

물론 LHC나 SLAC 같은 커다란 대형 입자 가속기만이 해낼 수 있는 연구는 따로 있다. 그러나 소형 입자 가속기 기술이 발전하고 그에 대한 지식이 사람들 사이에 널리 퍼져 있으면, 같은 방향의 연구를 할 수 있는 인재를 그만큼 많이 키울 수 있다. 그리고 그런 활동은 과학의 저력을 키우는 데 큰 도움이 될 것이다.

한국 기업 중에도 수원에 공장을 둔 회사가 중소형 리낵을 생산하는 기술을 다양하게 개발하며 성장하고 있기는 하다. 그러나 여전히 병원에서 쓰는 가장 값비싼 정밀 치료 기기는 주로 미국 회사들의 제품이 잘 팔리는 편이다. 그런가 하면 요즘은 중국산 입자 가속기들의 성능이 좋아지고 있다는 소식도 눈에 많이 뜨이는 편이다.

그런 만큼 한국에서도 입자 가속기를 조금 더 한국 산업과 한국인의 문화에 가까운 장비로 여기는 생각이 자리 잡으면 좋을 것이다.

입자 가속기 연구로 굵직굵직한 성과들을 많이 얻은 미국에서는 1970년대부터 점점 더 크기가 큰 대형 입자 가속기를 건설해보자는 유행이 불었다. 그리고 이런 유행은 1970년대와 1980년대에 걸쳐 세계 여러 선진국 사이의 경쟁으로 번졌다.

그 시절에는 국방부 등 정부 부처의 관심도 많은 편이었다. 쿼크라든가 약력, 강력 등에 관한 연구는 결국 원자의 핵에 관한 연구라고 볼 수도 있다. 그렇다면 그런 연구를 하다가 핵무기의 기본 원리와 관련된 지식을 무엇인가 얻을 수 있을 거라는 생각도 충분히 할 수 있었다. 그게 아니라고 해도 냉전 시대에 미국 정부는 과학과 지식의 경쟁에서 소련에 지면 절대 안 된다는 생각으로 과학 연구 분야에 묻지마식으로 정부 예산을 넣어 주던 일도 있었다.

그렇게 해서 미국에는 시카고 근처에 대형 입자 가속기 연구 시설이 들어섰다. 이 시설에는 이탈리아 출신으로 미국에 정착한 과학자 엔리코 페르미를 기려 페르미 연구소(Fermi lab)라는 이름이 붙었다.

페르미 연구소가 설립되던 시기의 소장은 로버트 윌슨(Robert Wilson)이라는 인물이었다. 그는 정력적인 연구와 카리스마로 명망 높은 과학자였다. 막대한 예산이 투입된 페르미 연구소의 입자 가속기 건설 사업을 앞두었던 때,

윌슨은 의회에서 국회의원으로부터 "이 시설이 나라를 지키는 일과 무슨 관련이 있는지 말해 주시겠소?"라는 질문을 받았다고 한다. 그때 윌슨이 "이 시설이 바로 나라를 지킬 가치가 있는 곳으로 만들어 줍니다."라고 대답했다는 일화는 전설이 되어 지금도 페르미 연구소에 전해 내려오고 있다.

참고로 2025년에는 한국 출신 과학자 김영기가 페르미 연구소의 소장직을 맡기도 했다. 종종 언론에서는 충돌의 여왕이라는 별명으로 불리기도 하며 시카고 과학기술회에서 여성과학자 리더십 상을 수상하기도 했던 김영기는 전부터 페르미 연구소의 부소장을 맡고 있었는데 소장 자리가 비면서 임시로 소장 역할을 맡게 된 것이다.

윌슨의 활약과 수백 명의 과학자가 같이 땀을 흘린 결과 페르미 연구소에는 주 고리(The Main Ring)라고 하는 입자 가속기가 건설되었다. 나중에는 테바트론(Tevatron)이라고 하는 더욱 거대한 입자 가속기가 건설되기도 했다.

1조 볼트의 전기를 내뿜는 배터리로 전자를 날려 보낼 때, 그 전자가 갖게 되는 위력을 에너지 단위로 1테라 볼트라고 하고 1TeV라고 쓴다. 또 테바트론 입자 가속기는 싱크로트론(synchrotron) 방식이었기 때문에 거기에서 트론이라는 말을 따와서 TeV 급의 에너지를 내는 싱크로트론 입자 가속기라는 뜻으로 테브-a-트론, 테바트론이라는 이름을 붙인 것이다.

나는 이 모든 노력의 결과, 미국 과학계의 가장 절정을 누린 순간이 1977년경에 찾아 왔다고 생각한다. 바로 그 해에 페르미 연구소에서 바닥 쿼크를 발견했기 때문이다. 마침 그 무렵 페르미 연구소의 이론 분야 부장으로 있던 과학자가 이휘소이기도 했다.

바닥 쿼크의 발견은 1970년대 중반 SLAC에서 타우온이 발견된 지 얼마 되지 않아 얻은 성과였다. 그러니까 전자와 거의 같은 물질로 전자보다 좀 더 무거운 뮤온이 있고 그보다 더 무거운 타우온이 있어서 전자-뮤온-타우온 세 가지가 있다는 이야기가 나왔는데, 마침 쿼크들 중에서도 아래 쿼크가 있고 그것과 거의 비슷하지만 그보다 좀 더 무거운 기묘 쿼크가 있고 그보다 더 무거운 바닥 쿼크가 발견되어, 아래 쿼크-기묘 쿼크-바닥 쿼크 세 가지가 있다는 결과였다. 딱딱 짝이 맞았다. 박자가 들어맞는 것 같은 3단계 구성이 두 벌 관찰 되었다.

타우온에 이어 바닥 쿼크가 발견된 것은 모든 물질을 이루는 기본 입자들이 대체로 세 벌씩 있는 것으로 보인다는 아주 좋은 정황 증거였다. 과학자들은 이것을 두고 3개의 세대가 있다고 말한다. 실제로 그런 결과가 나중에 추가로 관찰되기도 했다. 그래서 아귀가 딱 들어맞게 되었다. 이런 사실은 세상의 모든 물질 사이에 어떤 공통된 원리가 있을 거라는 생각을 품게 해 준다.

바닥 쿼크가 발견된 과정도 쉽지만은 않았다. 당시 실험을 이끌었던 인물은 리언 레더먼이었는데 실험팀에서 섣불리 바닥 쿼크를 품고 있는 물질인 웁실론(upsilon) 입자를 발견했다고 발표한 적이 있었다. 그런데 알고 보니 사실 그 관찰 결과는 감지기에 포착된 잡음을 착각한 것이었다.

현대의 대형 입자 가속기 실험은 수천 개의 감지기가 대단히 짧은 시간 동안 수만 개씩 숫자를 감지해 낸 결과를 모두 종합해서 분석하여 어떤 현상이 일어났는지를 따져 보는 방식이다. 잠깐 사이에 장비에서 수십 기가바이트, 수백 기가바이트의 자료가 나오는 일이 허다하다. 그렇게 어마어마하게 많은 숫자들을 뒤져가며 따지다 보면 자칫 의미 없이 우연히 포착된 잡음을 신비로운 현상으로 착각하는 현상이 일어날 수 있다. 이런 일은 주의하지 않으면 자주 생길 수도 있다. 당시 페르미연구소에서는 리언 레더먼이 웁실론이 아니라 "웁스 리언(Oops Leon)", 그러니까 "아이고 실수했네, 리언"을 찾았다는 농담이 돌았다고 한다. 역시 아재 개그가 과학계에 전염병처럼 만연했던 시대라는 느낌이다.

그래도 결국 연구팀은 포기하지 않고 계속해서 연구를 더 진행해 결국 제대로 된 결과를 냈고, 진짜 바닥 쿼크를 정확히 찾아냈다. 이런 여러 경험을 통해서 요즘은 입자 가속기로 연구를 진행하면서 우연히 벌어진 일이나 잡음을 진짜로 발견한 특별한 물질과 착각하지 않도록 엄격한 평가 기준을 만들어 사용하고 있다.

바닥 쿼크는 초창기에는 알파벳 기호로 b라고 표시했기에 거기에 맞춰 아름다움(beauty) 쿼크, 즉 미(美) 쿼크라는 이름을 붙여 부른 적도 있었다. 칸트 철학에서 숭고한 가치를 일컫는 말로 진(真), 선(善), 미(美)라는 말이 있는데 거기에서 이름을 따와서 몇몇 과학자들은 가장 무거운 쿼크 두 쌍을 진(truth) 쿼크와 미 쿼크라고 부르기로 했던 것 같다. 알파벳 기호로는 t와 b로 표시할 수 있다.

그런데 몇몇 과학자들은 진 쿼크, 미 쿼크라는 이름 대신 꼭대기(top) 쿼크와 바닥(bottom) 쿼크라는 더 단순한 이름을 썼다. 그런데 꼭대기 쿼크는 위 쿼크와 성질이 비슷하고 바닥 쿼크는 아래 쿼크와 성질이 비슷하다. 그래서 그 이름이 성질을 기억하기에 더 좋은 이름이었다. 그래서 요즘은 진 쿼크, 미 쿼크라는 이름 보다는 꼭대기 쿼크, 바닥 쿼크라는 이름을 더 많이 쓴다. 바닥 쿼크 발견을 주도한 레더먼의 저서를 보면 그는 바닥이라는 이름보다는 아름다움이라는 이름을 더 좋아했던 듯하다.

바닥 쿼크는 미국의 좋은 시절 마지막이었던 것 같다. 이후의 발견은 과거처럼 미국 과학자들이 완전히 주도하지는 못했다.

1983년에 이루어진 W 보손과 Z 보손의 발견은 미국이 아닌 다른 나라에서 진행되었다. W 보선과 Z 보손은 가장 신비로운 힘인 약력의 운반자다. 그렇게 보면 굉장히 중요한 발견을 미국 과학자들이 놓친 것이다. 엎친 데 덮친 격으로 1980년대 미국 과학자들이 희망을 걸고 있었던 초대형 입자 가속기 개발이 1990년대에 취소되었다. 그러면서 미국 과학자들의 실망은 더욱 커졌다.

초전도 초충돌기(Superconducting Super Collider), 약자로 SSC라고 부르던 미국의 신형 초대형 입자 가속기는 만약에 건설되었다면 사상 최대의 입자 가속기가 되었을 설비였다. 둘레만 87킬로미터에 달하는 엄청난 규모였다. SSC 건설은 1980년대에 긴 논의를 거친 뒤 미국 내 각 지역들의 치열한 유치 경쟁까지 거쳐 확정되었다. 그래서 1990년대 초에 텍사스 땅 지하에 SSC를 짓기 위한 공사가 시작되기까지 했다.

그런데도 1990년대에 들어 정권이 바뀌고 냉전이 끝나면서 상황이 바뀌고 말았다. 게다가 정치와 이해관계가 얽히다 보니 과학계 내부에서도 갈등이 있었다. 엄청나게 큰 입자 가속기를 짓는 데만 돈을 이렇게 많이 쓸 게 아니라 그 예산을 다른 분야의 여러 다른 과학 연구에 나누어 쓰는 게 더 낫다는 비판 의견도 많이 나왔다고 한다. 결국 SSC 건설 사업은 도중에 엎어졌다. 텍사스에 이미 20킬로미터 이상 굴을 파 놓은 상태였기에 공사를 중단하기 위한 작업에도 상당한 비용이 들어갔다.

세상 모든 물질을 이루고 있는 기본 입자를 누가 발견했는지 지금 와서 따져 보면, 전자의 발견에는 영국 과학자들이 많은 공을 세웠고 광자의 발견에는 독일 과학자들이 많은 공을 세웠다. 그러므로 한동안 과학의 중심은 유럽이었다.

그런데 20세기 중반 이후 과학 연구의 주도권은 유럽에서 미국으로 넘어갔다. 모든 쿼크의 발견이라든가 온갖 이론의 발전을 대체로 미국 과학자들이 이끌었다. 그게 아니라면 미국에 와서 활동한 다른 나라 출신의 과학자들이 미국에서 성과를 냈다. SSC 건설이 중단되기 전까지만 해도 과학 연구를 위한 실험 장비만 봐도 유럽보다는 미국이 훨씬 풍부했다. 그렇기에 이런 미국이 발견을 혼자서 주도하는 듯한 상황이 마침내 다시 뒤집힌 것은 20세기 후반과 21세기가 다 되어서다. 제국들의 역습이 시작된 것이다.

힉스 입자 higgs
기본 입자들이 무게를 갖게 해 주는 것

우주의 재료들

최석정은 1600년대 후반 조선에서 활약한 정치인이었다. 그의 벼슬은 가장 높은 자리인 영의정까지 올라갔다. 마침 그가 정치인으로 일하던 시기는 장희빈과 숙종 임금이 서로 같이 사네 마네 하며 다투고 그 탓에 정치판이 대단히 혼란하던 시절이었다. 최석정은 그런 시대에 높은 벼슬을 살면서 그런 대로 중심을 잡으려 했던 믿음직한 인물이라는 평가를 받았다.

그런가 하면 그는 상당한 수준의 수학자로 활약하기도 했다. 아마도 여러 가지 나랏일을 세심하게 돌보려면 수학도 어느 정도 알아야 한다는 생각으로 관심을 가졌다가 깊이 빠져든 듯싶다. 그가 남긴 대표적인 수학책으로는 『구수략』이 있는데 전체적인 수준은 요즘의 중학교 수학 정도이지만, 라틴 직교방진(orthogonal Latin square)을 세계 최초로 개발했다든가 하는 놀랄만한 연구 성과가 같이 실려 있는 기이한 구성을 갖고 있는 책이기도 하다.

그러므로 최석정은 확실히 괜찮은 실력을 갖춘 수학자라고 보아야 할 듯싶다. 조선보다는 비할 바 없이 과학 기술을 훨씬 더 중시하는 현대의 대한민국 같은 나라에서도 대통령이나 총리쯤 되는 고위 공직자가 수학자였거나 수학에 밝았던 사람이었던 사례는 드물다. 이것은 진지하게 고민해 볼 만한 문제다.

현대에 최석정이 400년 전에 쓴 『구수략』의 내용을 다시 살펴보면 책 내용 중에 3단계 구성과 4종류의 분류를 엄청나게 중시했다는 점이 가장 눈에 뜨

CERN의 LHC

인다. 최석정은 모든 수학 문제를 항상 네 가지 부분으로 분리해서 풀이해야 한다고 생각했다.

  그가 그런 생각에 빠진 이유는 조선시대 성리학을 연구한 선비답게 태극과 음양의 조화를 만물의 근원으로 생각했기 때문이다. 그는 세상 모든 것의 근원은 일단 태극이고, 그 태극이 한번 둘로 분리되어 음과 양을 낳고, 그 음양이 다시 한번 더 둘씩 분리되어 소음, 태음, 소양, 태양의 넷을 낳는다는 생각을 좋아했다. 거의 음양의 조화를 사랑했다고 할 수 있을 정도다. 최석정은 그런 식으로 3단계 구성으로 나타난 4종류 속에 우주 만물의 원리가 모두 나타난다고 보면 굉장히 아름다울 거라고 생각했던 것 같다.

  아쉽게도 최석정은 자신이 아름답다고 생각한 모양을 이용해서 무엇인가 더 유용한 계산 방법이나 풀이 방법을 많이 찾아내지는 못했다. 그리고 최석정 이후로 그의 제자나 후배가 되어 수학을 이어 나간 사람이 보이지도 않는다. 그렇다 보니 지금 보면 최석정의 3단계, 4종류 구성은 좀 허망한 느낌을 주기도 한다. 그런데 매우 공교로운 우연의 일치로 현대의 과학에서는 모든 물질을 이루는 가장 작은 기초 재료인 기본 입자를 하필이면 4종류로 구분한다. 이것은 어디까지나 우연일 뿐으로, 최석정의 음양 이론이 현대 과학에 맞아 들었기 때문은 아니다. 그렇다고 최석정이 시간 여행을 하여 현대로 날아와 거대한 입자 가속기 실험 장치를 살펴보고 이휘소나 한무영 같은 과학자들에게 설명을 들었기 때문에 4라는 숫자를 좋아하게 된 것도 아니다. 그저 우연이라고 보아야 한다.

우선 물질을 이루는 재료를 크게 둘로 나눠 보면, 쿼크와 경입자로 나누어 볼 수 있다. 쉽게 말하자면 쿼크는 대개 무거운 물질이고 경입자는 대체로 가벼운 물질들이다. 쿼크로 만들 수 있는 물질의 대표는 우리 주변 물체의 무게 대부분을 차지하는 원자의 핵이다. 경입자는 렙톤이라고 부르기도 하는데 그 대표로는 전자가 있다. 전자의 무게는 쿼크들보다 가볍지만 우리가 일상생활에서 느끼고 신경 쓰는 물체의 성질 대부분은 전자 때문에 나타난다.

쿼크와 경입자라는 커다란 두 분류 중에서 쿼크는 다시 두 가지 작은 분류로 나뉜다. 쿼크 중에는 음전기를 띈 쿼크들이 있고, 양전기를 띈 쿼크들이 있다. 한편 경입자들을 두 가지로 분류해 보면 음전기를 띈 경입자들이 있고, 전기를 띠지 않는 경입자들이 있다.

그러니까, 세상에는 음전기 쿼크, 양전기 쿼크, 음전기 경입자, 전기를 띠지 않는 경입자, 총 네 가지 물질이 있다. 이 네 가지가 지금까지 우리가 알고 있는 세상 물질들을 이루는 재료의 전부다.

음전기를 띈 쿼크는 총 세 종류가 있다. 무게가 적은 것에서부터 많은 것 순서로 아래 쿼크, 기묘 쿼크 바닥 쿼크라고 부른다. 양전기를 띈 쿼크도 마침 딱 세 종류가 있다. 무게가 적은 것에서부터 많은 것 순서로 위 쿼크, 맵시 쿼크, 꼭대기 쿼크라고 부른다.

음전기를 띠는 경입자 역시 마침 딱 세 종류가 있다. 무게가 적은 것에서부터 많은 것 순서로 전자, 뮤온, 타우온이라고 부른다. 전기를 띠지 않는 경입자 역시 너무나 절묘하게도 마침 딱 세 종류가 있다. 이들을 각각 전자 중성미자, 뮤온 중성미자, 타우온 중성미자라고 부른다. 중성미자의 무게에 대해서는 아직도 더 많은 연구가 필요하다.

그러므로 물질을 이루고 있는 기본 입자들은 네 종류가 있고, 종류마다 각각 세 가지씩이 있다. 왜 하필 세 가지씩일까? 요즘 과학자들이 쓰는 용어를 써서 말해 보자면, 왜 하필 물질을 이루는 기본 입자는 3세대까지 있는 것일까? 좀 더 조사해 보면 4세대 입자를 찾을 수도 있지 않을까? 더 커다란 입자 가속기로 실험을 해보면 5세대 입자나 6세대 입자도 생기는 것이 아닐까? 왜 물질을 이루는 기본 입자들이 아예 426세대나 8만 3529세대 정도로 널려 있지는 않을까?

지금까지 나온 연구 결과들을 보면 왜 하필 3세대가 끝인지에 대해서 딱히 깔끔한 답은 없다. 만약 최석정에게 물어본다면 태극이 있고, 음양이 있고, 음양이 다시 둘씩 나뉘므로 3단계이니 우주 만물의 물질 재료도 3세대까지 있는 것 같다고 말할지도 모른다. 하지만 그런 이야기는 과학의 범위 바깥에 있는 설명이다. 증명할 수도 없고 실험으로 확인해 볼 수도 없다.

게다가 엄밀히 말해 보자면 우주의 재료 중에는 지금까지 이야기한 3세대, 4종류의 물질 말고도 다른 것들도 있다. 여러 가지 힘을 전달하는 역할을 하는 힘의 운반자인 기본 입자들이 더 있기 때문이다. 이렇게 힘 운반자인 기본 입자들로는 광자, 글루온, W 보손, Z 보손이 있다. 광자는 전자기력의 운반자이고, 글루온은 강력의 운반자, W보손과 Z보손은 약력의 운반자다.

이런 힘을 운반해 주는 기본 입자라고 하더라도 그 자체가 물질 알갱이 같은 모습이 되어 진짜로 세상에 드러날 수도 있다. W보손과 Z보손은 이런 식으로 모습을 드러내면 묵직한 무게까지 보여 준다. 심지어 우리가 접하는 일상생활 속 물질의 재료인 전자, 위 쿼크, 아래 쿼크보다도 W보손이나 Z보손은 더 무게가 많은 묵직한 물체가 되어 나타난다. 그러니까 W보손, Z보손은 비록 힘의 운반자라서 우리가 보통 물질이라고 부르는 것의 재료가 아니기는 하지만 그래도 이렇게까지 무거운 것을 두고 그것은 힘일 뿐이지 물질이 아니라고 부르기에는 이상하다.

전체를 정리해 보자면, 지금까지 우리가 밝혀낸 우주의 재료는 보통 물질의 재료인 4종류 3세대 도합 12가지의 기본 입자들과 여러 가지 힘의 운반자 역할을 하는 기본 입자 4가지라고 말할 수 있다. 그리고 바로 이 12가지 물질 재료 기본 입자들과 4가지 힘 운반자 기본 입자들이 어떻게 서로 반응하는지를 따져서 우주의 모든 현상을 설명하는 방식을 현대 과학의 표준 모형(standard model)이라고 부른다. 가끔 과학 논문에서는 표준 모형을 SM이라고 약자로 줄여서 쓰기도 하는데 이 말이 카리나가 소속된 회사를 뜻하는 말이 아님을 유의할 필요가 있다.

표준 모형은 1974년 11월 혁명 이후 가장 믿을 만한 과학 이론으로 정착했다. 50년간 표준 모형은 크게 틀이 바뀌지 않고 굳건한 모습을 지켰다. 과학 이론이 믿음직하다는 면에서는 좋은 일이다. 그렇지만 반대로 생각해 보면 1974년 이후 50년 이상의 세월이 흐르는 동안 이론이 크게 뒤집히지 않고 아직도 최신형 노릇을 하고 있다는 말도 된다. 이렇게 보면 조금은 아쉽고 약간은 지루한 느낌도 든다. 1970년대 중반이면 ABBA 노래가 유행하던 시절이다. 카리나도 로제도 없이 아직까지도 ABBA 노래가 전 세계에서 가장 인기 있는 세상이라고 하면 어떤 느낌이겠는가? 그러니 혹시 표준 모형의 한계는 없을까? SM을 넘어서기 위해서는 무엇을 해야 할까?

가장 쉽게 생각해 볼 수 있는 것은 중력 계산 방법을 표준 모형에 추가시켜 보자는 시도다. 표준 모형에서는 항상 모든 물질과 힘에 관한 계산을 할 때 양자 이론을 적용해 양자장 이론이라는 방식을 사용하게 되어 있다. 마치 물결의 움직임 같은 현상을 계산하는 방법을 동원해 만든 방법이다. 그런데 중력을 양자 이론으로 표현해서 계산해 내는 방법은 아직 아무도 완성하지 못했다.

과학에서는 우주의 모든 일을 일으키는 원인을 거슬러 올라가 보면 결국, 중력, 전자기력, 강력, 약력 네 가지 힘밖에 없다고들 이야기한다. 그런데 그중에서도 중력은 대단히 친숙하고 전통적인 힘이다. 중력은 물이 위에서 아래로 흐르는 힘이고 사과를 나무에서 떨어지게 하는 힘이다. 최석정과 비슷한 시대인 1600년대에 이미 뉴턴이 계산 방법을 개발한 힘이기도 하다. 그것을 근대 과학의 시작이라고 말하는 사람이 있을 정도로 탐구한 지 오래된 힘이 중력이다.

그러나 중력은 지금의 표준 모형이 다루지 못하고 있는 대상이다. 이래서야 표준 모형이 우주 모든 물질을 다루는 표준 이론이라고 말하기가 민망할 지경이다. 일이 이렇게 된 이유는 중력을 계산할 때 쓰는 일반 상대성 이론이라는 방법에 양자 이론을 적용해서 풀이하기 위한 좋은 방법을 아직 개발하지 못했기 때문이다.

전자기력, 강력, 약력, 나머지 세 가지 힘은 모두 양자 이론에 바탕을 두고 계산하게 되어 있다. 요즘 세상에 모든 힘의 영향을 가장 정확하게 따지려면 양자 이론을 적용하는 것이 당연해 보이는 원칙이기도 하다. 그렇다 보니 일반 상대성 이론을 양자 이론으로 풀이해 보려는 일에 많은 똑똑한 과학자들이 불나방처럼 덤벼들었다. 그러나 도전이 시작된 지 거의 100년이 다 되어 가고 있는데 아직도 깨끗한 답을 만들어 낸 사람은 없다.

전자기력의 운반자가 광자이고 강력의 운반자가 글루온이듯이 중력을 전달하는 운반자 역할을 하는 기본 입자에 중력자 혹은 그래비톤(graviton)이라는 이름을 붙여 놓기는 했다. 중력자가 중력의 운반자라고 보고 양자장 이론을 개발하면 될 것 같다는 생각을 한 사람들도 많다. 그렇지만 중력자를 발견한 사람도 없고 중력자에 대해 명확히 확인된 사실도 없다. 그렇기에 다른 힘과는 달리 중력이 얼마나 센지, 약한지를 계산해 보고 싶을 때에는 양자 이론으로 만든 양자장 이론이라는 방식을 쓸 수가 없다. 중력의 운반자가 오고 가는 모습을 물결과 떨림, 소리를 나타내는 기술을 이용하여 계산하는 그 우아하고도 절묘한 방식을 쓸 수가 없다는 뜻이다.

상대성 이론의 내용 중에서 특수 상대성 이론만 하더라도 양자 이론과 다양한 방식으로 자유자재로 결합되어 활용되고 있다. 그런데도 중력을 계산할 때 쓰는 일반 상대성 이론은 양자 이론으로 풀이가 되지 않는다.

나는 어릴 때 '특수 상대성 이론'과 '일반 상대성 이론'이 있다는 말을 듣고, 막연히 특수부대가 일반부대보다 싸움을 잘하는 것처럼 특수 상대성 이론이 더 어려운 이론일 거라고 생각한 적이 있다. 그러나 사실은 중력을 계산할 때 쓸 수도 있는 일반 상대성 이론이 나중에 개발된 이론이고 훨씬 더 풀이하기 어려운 이론이었다. 스티븐 호킹(Stephen Hawking)이 유명한 과학자가 된 이유 중 하나가 일반 상대성 이론에 양자 이론을 적용하기 위한 단서 몇 개를 찾아냈기 때문이다.

지금의 표준 모형을 뛰어넘기 위해 도전해 볼 두 번째 과제는 표준 모형에 나오는 여러 가지 힘을 하나의 힘으로 통합하는 것이다.

우주에는 여러 가지 힘이 있는 것 같지만 사실은 세상에 오직 힘이 하나밖에 없다고 한다면 깔끔하고 멋져 보이지 않을까? 그리고 그 우주의 단 한 가지 힘, 단 한 가지 원리가 상황에 따라 여러 가지로 다르게 나타나면서 우리가 알고 있고 겪고 있는 서로 다른 여러 가지 힘으로 보이게 된다고 풀이해 볼 수 있다면 어떨까? 이런 생각이 힘의 통일이다. 예로부터 학자들은 이런 일이 굉장히 멋있다고 생각했다. 왜 우주에는 하필 네 가지의 힘이 있는가? 왜 세 가지나 다섯 가지 힘이 아닌가? 왜 2백 가지 힘이 있지 않을까? 그럴 때 우주의 모든 일을 일으키는 단 하나의 가장 근본이 되는 힘이 무엇인지 밝혀 놓고 그 힘의 원리를 한 줄로 써 놓을 수 있다면 얼마나 명쾌하겠는가?

예로부터 이런 일이 우주의 핵심 진리를 알게 되는 기쁨과도 비슷할 거라고

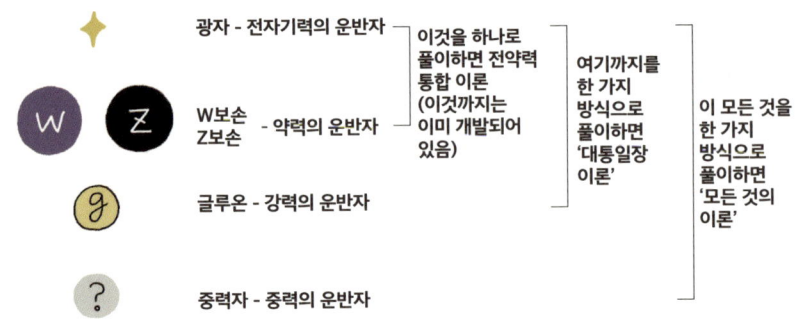

〈이론의 통합〉

생각한 사람들은 많았던 것 같다. 조선시대의 최석정이 우주의 모든 원리는 오직 태극이라든가, 음양의 조화라든가 하는 생각에 매달린 이유도 비슷한 생각 때문일 것이다. 마침 표준 모형에 계산 방법이 밝혀져 있는 전자기력, 강력, 약력, 세 가지 힘은 셋 다 양자장 이론이라는 방식을 사용하기 때문에 풀이 방식 자체가 원래 비슷하다. 그러니까 잘만 하면 세 힘이 원래는 하나의 힘이었고 그 하나의 힘을 풀이하는 방법을 찾을 수 있을 것처럼 보이기도 한다.

심지어 1970년대 과학자들은 전자기력과 약력, 두 힘을 정말로 통합하는 데 성공하기도 했다. 즉 전자기력과 약력은 이미 전약력으로 통합되어 있다. 그러니 이제 전약력과 강력을 통합하는 한 단계만 더 나아가면 된다. 그러면 표준 모형에 나오는 모든 힘을 하나의 힘으로 풀이하는 계산 방법을 개발할 수 있게 된다.

조금만 하면 어떻게 될 것 같지 않은가? 그래서 과학자들은 그 계산 방법에 이름까지 미리 지어 놓았다. 그 이름은 대통일장 이론 또는 대통일 이론(Grand Unified Theory)이다. 알파벳 약자로 GUT라고도 하는데, GUT에는 내장이라는 뜻과 함께, 뱃심, 배짱이라는 뜻이 있어서 배짱이 있다면 이 이론을 개발하는데 한 번 도전해 보라는 느낌을 주는 이름이다.

그러나 여전히 전약력과 강력을 통합하는 그 마지막 한 발자국을 더 내디뎌서 대통일 이론을 완성하고 증명하는데 성공한 과학자들은 아직까지도 없다.

대통일 이론에다가 중력까지 통합시켜서 정말 우주의 네 가지 힘을 모두 하나의 원리로 풀이하는데 성공한다면 그 이론을 "모든 것의 이론(Theory of Everything)"이라고 부르자는 말까지도 나왔다. 아직은 아무도 그 근처까지 가지 못했다. 가장 거창한 이론인 모든 것의 이론을 알파벳 약자로 ToE라고도 하는데 이것은 영어 단어로 발가락이라는 엉뚱한 뜻이다.

중력의 양자 이론 계산도 어렵고, 힘의 통일 이론을 개발하는 것도 어렵다면, 그나마 도전해 볼 만한 과제로는 초대칭(Super Symmetry)을 찾아보자는 생각도 있었다. 초대칭을 알파벳 약자로 흔히 수지(SUSY)라고 부르기도 한다. 그러므로 표준 모형 즉 SM을 능가하기 위해서는 수지가 필요하다고 말해 볼 수도 있겠다.

초대칭은 물질을 이루는 모든 기본 입자들과 힘의 운반자인 기본 입자들이 항상 쌍으로 짝을 지어 나타난다는 생각이다. 생각해 보면 의문을 품을 만한 바탕은 뚜렷하다. 왜 하필 물질을 이루는 기본 입자들은 열두 가지가 있고 힘의 운반자인 기본 입자들은 4가지 또는 5가지가 있다고 해야 하는가? 그 개수가 몇 개씩인지 누가 정해 주었단 말인가? 왜 힘은 가지 수가 적고 물질은 가지 수가 많은가?

초대칭에서는 원래 물질과 힘은 서로 다른 두 가지가 아니라 원래 한 줄기라는 기막힌 설명을 제시한다. 이 또한 최석정이 들었다면 음양이 하나로 태극이 된다는 듯한 절묘한 생각이라고 기뻐했을 만한 이야기다.

초대칭이라는 생각이 맞다면, 물질과 힘은 임의로 누가 나누어 준 것이 아니다. 항상 물질을 나타내는 기본 입자와 힘의 운반자인 기본 입자는 짝을 맞추어 세상에 같이 있다. 물질과 힘이 서로 아름다운 대칭을 이루므로 초대칭이라고 부른다. 그런데도 우리가 발견한 물질을 이루는 기본 입자들은 12가지이고 힘의 운반자인 기본 입자들이 4가지라서 그 개수가 서로 다른 이유는 그저 아직까지 기본 입자들을 다 발견하지 못했기 때문이라는 것이 초대칭 이론의 결론이다.

그렇다면 어쩌면 암흑물질같이 지금까지 정체를 알지 못하고 있는 물질이 초대칭에서 말하는 아직 발견되지 못한 물질이었다는 짜릿한 결론이 나올 수도 있지 않을까? 또는 중성미자의 무게가 애매하다는 문제라든가 하는 지금까지 표준 모형에서 명쾌하게 풀리지 않는 골치 아픈 궁금증을 초대칭을 연구해서 해소할 수 있을지도 모른다.

그렇기에 과학자들은 초대칭이 정말로 옳은 생각이라는 단서를 찾기 위해 사람들은 여러 가지 새로운 실험을 많이 구상했다. 그래서 지상 최대의 실험 장비인 CERN의 LHC를 처음 건설할 때에도 LHC의 어마어마한 위력이라면 초대칭의 증거를 찾을 수 있는 이상한 현상을 일으킬 수도 있을 거라고 기대를 품은 사람들도 상당히 많았다.

만약 유럽의 CERN에서 정말로 초대칭을 확인하기만 한다면 과학의 판이 바뀌어 버릴 것이다. "20세기 동안 미국 과학자들은 표준 모형을 거의 미국 혼자 개발했다고 말하면서 콧대가 굉장히 높아지지 않았는가? 그런데 유럽 과학자들이 표준 모형을 능가하는 초대칭으로 넘어갈 수 있다면 아직 유럽이 죽지 않았다고 외치며 미국의 콧대를 눌러 줄 수 있을 것이다." 모르긴 해도 그 비슷한 생각을 하는 사람들도 있었던 것 같다.

마침 1990년대가 되자, 미국은 SSC라는 세계 최대의 입자 가속기를 짓겠다는 계획을 포기했다. 그에 비해 CERN은 거대한 LHC의 건설과 운영을 포기하지 않았다. 말하자면 입자 가속기 건설 경쟁에서는 유럽이 미국을 이긴 것 같은 모양이 되었다. 이제 유럽은 숨이 막힐 정도로 많은 돈을 들여 LHC를 완성할 참이었다. 완성된 LHC에서 표준 모형을 뒤엎는 결과만 나온다면 명예를 되찾을 수 있다. 우주의 진정한 가장 기본이 되는 원리를 알아낸 곳은 바로 유럽이라는 결과가 나올 것이다.

세월이 흘러 LHC 건설은 완료되었고 2008년 블랙홀 종말론 소동을 겪은 뒤 정말로 LHC는 가동되기 시작했다. 결국 어떤 결과가 나왔을까? 초대칭에서 말한 새로운 기본 입자들은 단 하나도 발견되지 않았다. 초대칭이 정말로 맞다면 스일렉트론(selectron), 포티노(photino)를 비롯해 스뮤온(smuon), 스타우온(stauon), 글루이노(gluino), 위노(wino), 지노(zino), 뉴트랄리노(neutralino) 등등 별의별 물질들이 세상에 있을 것이다. 그런데 LHC의 실험에서는 그중 단 한 가지도 찾아낼 수가 없었다. 그렇다고 LHC의 연구 결과를 통해 대통일 이론을 완성하게 되었다든가, 중력을 양자 이론으로 풀이할 수 있게 되었다는 등의 다른 굉장한 연구 결과가 완성되지도 못했다.

이것은 CERN에 예산을 써야 한다고 결정했던 정치인들이나 공무원들이 꾸던 꿈과는 거리가 있었다. 이런 식이라면 SSC 건설을 멈춘 미국이 오히려 쓸데없는 데 돈을 안 쓰고 잘한 것 아닐까?

물론 이런 이야기들은 LHC를 둘러싼 이야기의 아주 일부일 뿐이기는 하다. 가만 보면 그때에도 언론에서 집중해서 다루는 경쟁이나 대결에 그다지 크게 신경 쓰지 않고 과학 탐구 그 자체에만 집중한 과학자들은 많았다. 또한 화려한 결과가 나온 실험이 아니라고 해도 LHC를 통해 얻은 성과는 분명히 많다. 그러므로 그것은 그것대로 분명히 인정해 주어야 마땅하다. 그러나 다른 쪽에서 살펴보자면 분명 그 시기에 어떤 안타까움과 초조함의 분위기가 감돌았던 것도 사실이다.

파랑새는 있다

그래서 CERN 사람들이 마지막으로 애절하게 매달린 실험이 힉스 입자를 발견하는 일이었다. 힉스 입자는 표준 모형을 뒤엎을 수 있는 것은 아니다. 오히려 표준 모형의 가장 중요한 급소 내지는 약점이라고 할 수 있는 것이다. 힉스 입자는 표준 모형에 나오는 다른 물질들이 무게를 갖도록 만들어 주는 역할을 한다. 그러므로 힉스 입자가 없다면 우리가 알고 있다고 생각하는 모든 물질의 재료들이 무게를 갖지 못하여 빛과 비슷한 상태가 될 것이다.

과학자들의 연구에 따르면 이 세상에는 힉스 입자를 나타낼 수 있는 힉스장(Higgs field)이라고 하는 억겁의 바다를 채운 바닷물 비슷한 것이 온 우주에 가득 차 이리저리 일렁이고 있다. 양자장 이론에서 말하는 다른 기본 입자들의 양자장과도 비슷하다. 만약 힉스장의 영향을 강하게 받는 물질이 있다면 그럴수록 그 물질은 무거운 무게를 갖게 된다. 반대로 힉스장의 영향을 약하게 받는 물질이 있다면 그 물질은 가벼워진다. 즉 질량이 작게 나타난다.

만약 힉스장이 저 혼자 소용돌이치고 휘몰아치면서 어느 위치에 특히 강한 모습을 나타낸다면 그것은 그 자체가 하나의 물질로 보일 수도 있을 것이다. 바로 그런 현상이 일어나 그 물질이 관찰되면 그것이 바로 힉스 입자다. 힉스장에서 나타날 수 있는 힉스 입자가 발견된다면 그것은 힉스장이 정말로 세상에 있다는 뜻도 된다.

1970년대에 처음 과학자들이 힉스장을 주목한 이유는 약력이라는 특히 이상한 힘을 정확히 계산하는 이론을 만들 쓸모가 있었기 때문이다. 약력의 운반자인 W보손과 Z보손은 상당한 무게를 갖고 있다. 그런데 왜 무게를 가졌는지 설명할 때 세상에 힉스장이 있고 힉스장이 W보손과 Z보손에 영향을 많이 미치기 때문에 무게가 무거워졌다고 치면 계산 방법을 만들기 좋았다.

그렇기에 힉스장에 힉스라는 이름을 처음 붙여 부른 사람도 바로 약력 연구의 고수였던 이휘소였다. 사실 피터 힉스(Peter Higgs) 외에도 브라우트(Brout), 앙글레르(Englert), 헤이겐(Hagen), 구랄닉(Guralnik), 키블(Kibble) 등등의 과학자들이 비슷한 시기에 힉스장 비슷한 생각을 발표했다고 한다. 그러므로 이 모든 과학자의 이름 약자를 따서 BEHHGK장이라는 이름을 쓰자는 의견도 있었던 것 같다. 그러나 이휘소가 사용하기 시작한 힉스 쪽으로 이름이 굳어졌다.

돌아보면 힉스 입자는 세상 모든 물질의 재료가 되는 모든 기본 입자의 이름 중에서 사람의 이름이 붙어 있는 유일한 사례다. 나는 이것이 피터 힉스에게는 대단히 큰 영예라고 생각한다. 과학자들은 '힉스 입자'보다는 '힉스 보손(Higgs boson)'이라는 말을 더 많이 쓰는 편이다. 그런데 힉스 입자가 누구나 보는 일간지 기사에서 화제가 되면서 힉스 보손이라는 말을 쓰자니 말이 너무 어려워 보인다고 생각했는지 기사에서는 힉스 보손 보다는 힉스 입자라는 말을 더 많이 쓰는 추세다.

이후 과학자들은 힉스장이 세상에 정말로 있다고 치고 연구를 계속했다. 그 결과 과학자들은 힉스장이 W보손, Z보손 이외에도 전자나 쿼크 등등에게도 역시 무게를 주는 역할을 한다는 쪽으로 이론을 정리하게 되었다.

그러므로 표준 모형에 따르면 지금 우리 주위에서 힉스장에 무슨 이상이 생겨서 제 역할을 하지 못하면 당장 전자의 무게가 사라질 것이다. 그 말은 전자의 움직임이 완전히 달라진다는 뜻이다. 그러면 전자 덕분에 나타나는 온갖 물체들의 성질들도 모두 다 바뀌어 버릴 것이다. 모르긴 해도 어쩌면 우리가 딛고 있는 땅이 죽처럼 녹아내리거나 들이마시고 있는 공기가 돌처럼 굳어 버릴지도 모른다. 방사능과 관련이 깊은 쿼크와 햇빛과 관계가 깊은 약력의 성질도 다 달라질 것이다. 그러니 힉스장에 이상이 생기면 햇빛이 사라지거나 반대로 지구가 핵폭발을 일으킬 수도 있을 것이다. 그만큼 힉스는 중요하다.

그래서 과학자들은 세상에 힉스장이 꼭 있고 그것이 예상대로 정확히 역할을 하고 있다고 보고 그에 따라 이후 40년간의 연구를 이어갔다. 그러니까 과학자들은

283

힉스장이 땅속에 든든한 주춧돌처럼 깔려 있다고 생각하고 그 위에 40년 공든 탑을 과학이라는 이름으로 쌓아 올렸다. 그런데도 그때껏 힉스장이 있다는 증거인 힉스 입자는 이상하게도 쉽사리 발견되지 않았다. 피터 힉스가 힉스장에 대한 자기 생각을 발표한 것은 1964년이었는데, 수많은 과학자의 노력에도 불구하고 40년이 지난 2000년대 초까지 누구도 힉스 입자를 찾을 수가 없었다. 이것은 입에 침이 바짝바짝 마르는 것 같은 상황이었다. 혹시 애초에 우리가 뭘 좀 잘못 생각했던 것이고 힉스장이나 힉스 입자라는 것은 세상에 없었다는 악몽 같은 결론이 나올지도 몰랐다.

시간이 지나자 상황은 점점 아슬아슬하게 돌아갔다. 유럽 CERN에서 1990년대에 사용하던 LEP라는 거대한 입자 가속기를 열심히 가동해서 살펴보았지만 여기서도 힉스 입자는 나타나지 않았다. LEP의 연구 결과는 힉스 입자의 무게가 대략 18만 론토그램에서 21만 론토그램 사이라고 가정하고 살펴봤더니 그런 힉스 입자는 세상에 없는 그것으로 보인다는 결론이었다.

유럽 CERN의 경쟁 상대였던 미국의 페르미 연구소에서 사용한 초대형 입자 가속기인 테바트론에서도 비슷한 시기에 열심히 기계를 돌려 가며 힉스 입자가 있을지 살펴보았다. 그렇지만 여기서도 힉스 입자는 나타나지 않았다. 테바트론의 연구 결과는 힉스 입자의 무게가 대략 29만 론토그램에서 31만 론토그램 사이라고 가정하고 살펴봤더니 그런 힉스 입자는 세상에 없는 것 같다는 결론이었다. 그러니까 20년간 과학자들의 연구 결과는 여기에도 힉스 입자가 없고 저기에도 힉스 입자가 없다는 것뿐이었다.

그러니 이제 남은 방법은 인류 역사 이래 최강의 입자 가속기인 CERN의 LHC를 가동해서 아직 살펴보지 못한 경우를 뒤져 보는 것뿐이었다. LHC를 써서 여기에도 없고 저기에도 없다는 힉스 입자가 그사이의 어디인가에는 있다고 보고 한번 찾아내 보자는 것이 마지막 희망이었다. 그렇기에 그 시절에는 다들 힉스장의 증거를 찾는 것도 LHC의 중요한 임무 중 하나라고들 말했다. 그것만은 해결해야만 하는 임무라고도 할 수 있었다.

결과는 어떻게 되었을까? 그 결과를 이야기하기 전에, 잠시 힉스장과 무게의 관계에 대해 자주 착각하는 점을 한 번 짚어 보고 싶다. 힉스장이 전자나 쿼크가 무게를 갖도록 해 주는 것은 맞다. 그러나 이것은 우리가 보통 물체를 만지거나 들어 올릴 때 실제로 느끼는 무게의 아주 일부에 불과하다. 이제껏 힉스장이 무게의 근원이라는 것처럼 이야기하기는 했지만, 막상 우리가 일상생활에서 느끼는 무게 대부분은 힉스장과 직접 관계는 없다.

보통의 흔한 물질 무게 중에 힉스장과 그 물질을 이루는 재료인 기본 입자의 관계 때문에 생기는 무게는 고작 전체의 1% 정도밖에 되지 않는다.

그렇다면 나머지 99%의 무게는 어디에서 왔단 말인가? 나머지 99%의 무게는 쿼크가 강력을 발휘하며 붙어 있으면서 만들어 내는 반응이 나타내는 무게다. 쿼크가 원래 가만히 있을 때 가진 무게는 아주 작다. 하지만 여러 쿼크가 모여 워낙 강하게 들러붙어 있다 보니 쿼크가 들썩이며 온갖 일들이 생기는데 그러면서도 쿼크들은 떨어지지 않고 딱 달라붙어 있다.

그런 상황, 움직임, 불안함, 한 군데에 모여 있는 강력의 위력이 가진 에너지가 쿼크의 원래 그 자체 무게보다도 100배 더 무거운 무게로 나타난다는 이야기다. 이것은 상대성 이론 덕분으로 힘이 무게로 나타나는 현상이다. 이것은 아주 강력한 빛이 있다면 그 빛으로 무게를 지닌 물질을 만들 수도 있다는 것과도 통하는 원리다.

만약 금덩어리 100그램을 갖고 와서 그 재료라고 할 수 있는 전자와 쿼크라는 기본 입자로 모두 갈가리 분해해서 분리해 버리면 분리된 조각조각의 무게는 1그램도 안 된다. 금덩어리 무게의 대부분은 그 재료가 아니라 기본 입자들이 붙어 있는 그 상태의 힘이 차지하고 있다. 우리가 체중계에 올라설 때, 혹은 아침에 자리에서 일어나

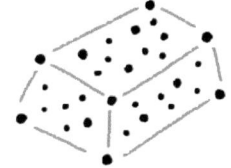

며 무거운 몸의 무게를 느낄 때, 그때 우리 자신이 무엇인가가 무게를 지닌 형체라고 느끼는 무게의 99%는 사실은 형체가 없는 힘일 뿐이라는 묘한 이야기다.

돌아보면, 2011년부터 유럽에서는 힉스 입자가 관찰될 것 같다는 풍문이 돌기 시작했다. 힉스가 힉스장을 처음 생각했던 시대는 1964년이었으니 그 사이에 세상이 참 많이 바뀌기도 했다. 한무영은 쿼크 이론이 맞는 것 같다고 하는 11월 혁명의 소식을 전보로 전달받았다고 한다. 하지만 2011년에는 세상이 인터넷으로 연결되어 사람들이 페이스북과 트위터를 사용하고 있었다. 그러므로 CERN에서 무슨 실험을 하고 있다더라, 그게 힉스 입자인 것 같다더라, 언제쯤 공식 발표가 나올 것 같다더라, 별별 풍문이 계속해서 흘러나왔다.

그리고 2012년 7월 4일 드디어 CERN에서 공식 세미나가 열렸다. 세미나가 준비되는 동안 세미나의 규모와 그 축제와 같은 분위기를 보고 많은 과학자가 발표 전부터 발표 내용을 예감했다. 온갖 과학자들과 학생들이 행사장에 몰려들어 그날 발표장의 자리가 가득 찼고 자리에 들어가지 못한 사람들은 그 주변에서 화면으로 생중계를 지켜보았다. 이날 CERN의 과학자들은 125기가 일렉트론볼트 정도의 에너지를 갖는 새로운 입자가 있다는 증거를 찾았다면서 연구 결과를 발표했다. 새로 나타난 낯선 입자의 무게가 22만 5천 론토그램 정도 된다는 뜻이었다. 유럽 CERN의 LEP 실험에서 힉스 입자를 못 찾고 미국 페르미 연구소에서 힉스 입자를 못 찾았던 딱 그 사이의 무게였다. 여길 봐도 없고 저길 봐도 없었던 힉스 입자가 바로 거기에 있었다. 이날 CERN에서 "우리가 드디어 힉스 입자를 찾았습니다!"라고 소리 높여 외친 것은 아니지만, 듣는 사람들은 모두 알고 있었다. 청중들은 모두 환호했다. 세계의 언론들도 이 사실을 알렸다.

그날은 정말 과학자들이 감동할만 한 순간이었다. 데이비드 카이저(David Kaiser)는 자신의 저서에서 1960년대 이후 힉스 입자에 대한 논문만 전 세계에서 1만 6천 편이 나왔고, 500명의 과학자가 힉스 입자와 관련된 논문을 55편 이상 썼기에 그 많은 사람이 거의 한 평생을 힉스 입자와 관련된 연구에 바쳤다는 기록을 소개했다. 만약 힉스 입자가 사실은 허상이었고 세상에 그런 것은 없다는 게 결론이었다면 얼마나 허망했겠는가? 그런데 이날 발표는 그 보일 듯 말 듯했던 그 파랑새가 항상 우리 곁 어디에나, 무게를 가진 모든 물질의 재료마다 노래하며 날아다니고 있다는 사실을 보여 주었다. 이후 수년간 이어진 후속 연구를 통해 그날 발표된 실험 결과가 정말 힉스 입자가 맞다는 증거 또한 계속해서 쌓였다.

그렇게 해서 사람들은 2012년 7월 4일을 힉스 입자의 발견이 발표된 날로 생각하게 되었다. 세간에서 말하는 대로 표준 모형의 마지막 조각이 모두 맞추어졌다.

세상 모든 물질의 재료인 열두 가지 기본 입자들은 그 움직임을 억겁의 바다에 일어나는 물결이나 소용돌이를 표현하는 것과 비슷한 양자장 이론이라는 방법으로 계산할 수 있고 그 물질들을 움직이는 힘은 4가지 운반자를 주고받는다고 치고 계산할 수 있다는 우리의 생각은 적어도 아직은 틀린 점이 없고 잘 들어맞고 있다는 결론을 얻었다. 이것이 대체로 우리가 지금까지 알고 있는 세상의 모든 것이다.

참고문헌

1. 전자

곽재식, 『휴가 갈 땐, 주기율표』, 초사흘달, 06/DEC/2021

김종서 이재호 등(번역), 『고려사절요』, 한국고전종합DB.

일연, 김희만 등(번역), 『삼국유사』, 국사편찬위원회 한국사 데이터베이스.

Azin, Meysam, et al. "A battery-powered activity-dependent intracortical microstimulation IC for brain-machine-brain interface." IEEE Journal of Solid-State Circuits 46.4 (2011): 731-745.

Chayut, Michael. "JJ Thomson: The discovery of the electron and the chemists." Annals of Science 48.6 (1991): 527-544.

Griffiths, Iwan W. "JJ Thomson—the centenary of his discovery of the electron and of his invention of mass spectrometry." Rapid communications in mass spectrometry 11.1 (1997): 2-16.

Marani, Roberto, and Anna Gina Perri. "THE VACUUM ELECTRONIC DEVICES: FROM THE ORIGIN OF ELECTRONICS TO CURRENT APPLICATIONS IN THE HIGH FREQUENCY FIELD." International Journal of Advances in Engineering & Technology 17.1 (2024): 83-89.

Miocinovic, Svjetlana, et al. "Experimental and theoretical characterization of the voltage distribution generated by deep brain stimulation." Experimental neurology 216.1 (2009): 166-176.

Navas, S., et al. "Review of particle physics." Physical Review D 110.3 (2024): 030001.

Niaz, Mansoor. "A rational reconstruction of the origin of the covalent bond and its implications for general chemistry textbooks." International Journal of Science Education 23.6 (2001): 623-641.

2. 위 쿼크

방정환, 〈고려아연, 글로벌 No.1 비철금속 기업 위상 굳건〉, 철강금속신문 20/JUL/2022 (2022).

정약용, 이정섭 등(번역), 『목민심서』, 한국고전종합DB.

Barrette, Jean. "Nucleus-nucleus scattering and the Rutherford experiment." Journal of the Royal Society of New Zealand 51.3-4 (2021): 434-443.

Bettini, Alessandro. "Introduction to elementary particle physics." Cambridge University Press, 2024.

Downs, Arthur Channing. "Zinc for paint and architectural use in the 19th century." Bulletin of the Association for Preservation Technology 8.4 (1976): 80-99.

Gromaire, Marie-Christine, Ghassan Chebbo, and A. Constant. "Impact of zinc roofing on urban runoff pollutant loads: the case of Paris." Water Science and Technology 45.7 (2002): 113-122.

Han, Moo Young. "Quarks and gluons: A century of particle charges." World Scientific, 1999.

Navas, S., et al. "Review of particle physics." Physical Review D 110.3 (2024): 030001.

Silverstein, Todd P. "The Aqueous Proton Is Hydrated by More Than One Water Molecule: Is the Hydronium Ion a Useful Conceit?." Journal of Chemical Education 91.4 (2014): 608-610.

3. 아래 쿼크

김부식, 이병도(번역). 『삼국사기』, 을유문화사, 25/JUL/1996

송지애·손병화·박원규, 〈위글매치를 이용한 백제 풍납토성 화재 주거지 출토 탄화목의 방사성탄소연대 측정〉, 보존과학회지 Vol 28.4 (2012).

Bettini, Alessandro. "Introduction to elementary particle physics." Cambridge University Press, 2024.

Currie, Lloyd A. "The remarkable metrological history of radiocarbon dating [II]." Journal of Research of the National Institute of Standards and Technology 109.2 (2004): 185.

Han, Moo Young. "Quarks and gluons: A century of particle charges." World Scientific, 1999.

Heymsfield, STEVEN B., et al. "Chemical and elemental analysis of humans in vivo using improved body composition models." American Journal of Physiology-Endocrinology and Metabolism 261.2 (1991): E190-E198.

Manning, Sturt W. "Radiocarbon dating and archaeology: history, progress and present status." Material Evidence. Routledge, 2014. 148-178.

Navas, S., et al. "Review of particle physics." Physical Review D 110.3 (2024): 030001.

Nesvizhevsky, Valery, and Jacques Villain. "The discovery of the neutron and its consequences (1930-1940)." Comptes Rendus. Physique 18.9-10 (2017): 592-600.

Reed, B. Cameron. "Chadwick and the Discovery of the Neutron." Society of Physics Students Observer 39.1 (2007): 1-7.

Soman, S. D., et al. "Studies on major and trace element content in human tissues." Health Physics 19.5 (1970): 641-656.

4. 기묘 쿼크

곽노필, 〈강원도에 오로라 나타나…밤하늘 드리운 '빛의 커튼'〉, 한겨레신문, 29/JUN/2024 (2024).

곽재식, 〈조선왕조실록 1701년 음력 11월 3일 기록과 오로라〉, 동아인문학 63 (2023): 199-222.

국사편찬위원회. 『조선왕조실록』. 국사편찬위원회 조선왕조실록 정보화사업 웹사이트.

남보라, 〈매년 1022시간씩 25년 비행기 탄 승무원, '우주방사선 위암' 첫 산재 인정〉 한국일보, 06/NOV/2023

이병구, 〈삼성·SK가 '입도선매'하는 양성자가속기…우주·반도체 패권 다툼에 성능 높여야〉, 동아사이언스, 10/NOV/2024.

황정아·이재진·조경석, 〈북극 항로 우주방사선 안전기준 및 관리정책〉, 항공진흥1 (2010): 73-90.

권동준, 〈큐알티, 반도체 소프트 에러 검출 장비 첫 국산화〉, 전자신문, 06/FEB/2023 (2023).

Bettini, Alessandro. "Introduction to elementary particle physics." Cambridge University Press, 2024.

Carlson, Per. "A century of cosmic rays." Physics Today 65.2 (2012): 30-36.

Han, Moo Young. "Quarks and gluons: A century of particle charges." World Scientific, 1999.

Navas, S., et al. "Review of particle physics." Physical Review D 110.3 (2024): 030001.

Overill, Richard E. "Cosmic rays: a neglected potential threat to evidential integrity in digital forensic investigations?." Proceedings of the 15th International Conference on Availability, Reliability and Security, 2020.

Shapiro, M. M. "The enrichment of physics and astrophysics: The legacy of Victor Hess." Il Nuovo Cimento C 19 (1996): 893-902.

Srinivasan, G. R. "Modeling the cosmic-ray-induced soft-error rate in integrated circuits: An overview." IBM Journal of Research and Development 40.1 (1996): 77-89.

Tong, David. "Particle physics: CERN lectures." CERN, 2007.

5. 광자

Bettini, Alessandro. "Introduction to elementary particle physics." Cambridge University Press, 2024.

Han, Moo-Young. "From Photons to Higgs: A Story of Light." World Scientific, 2014.

Liu, Xiaoyang. "Research on CMOS image sensor based on circuit model simulation." International Conference on Electronics, Electrical and Information Engineering (ICEEIE 2024). Vol. 13445. SPIE,

2024.

Maor, Roi, et al. "Temporal niche expansion in mammals from a nocturnal ancestor after dinosaur extinction." Nature ecology & evolution 1.12 (2017): 1889-1895.

Navas, S., et al. "Review of particle physics." Physical Review D 110.3 (2024): 030001.

Roth, Martin M. "A brief history of image sensors in the optical." Astronomische Nachrichten 344.8-9 (2023): e20230066.

Tong, David. "Particle physics: CERN lectures." CERN, 2007.

Zee, Anthony. "Quantum field theory in a nutshell. Vol. 7." Princeton University Press, 2010.

짐 배것, 박병철 (번역), 『퀀텀스토리 (보급판)』, 이강영(해제), 반니, 20/FEB/2023 (2023).

6. 글루온

곽재식, 『곽재식과 힘의 용사들』, 다른, 26/JUN/2023.

김현철, 『세 개의 쿼크』, 계단, 15/OCT/2024.

이동진, 〈옥천계 (沃川系) 흑색 (黑色) 슬레이트내 (內) 부존 (賦存) 하는 저품질 (低品質) 우라늄광석 (鉱石) 에 대 (対) 한 광물학적 (鉱物学的) 연구 (研究)〉, 광산지질 19.2 (1986): 133-146.

이주, 김달진 등 (번역), 『속동문선』제21권 / 녹(錄), 금골산록(金骨山錄)." 한국고전종합DB.

유몽인, 김홍백 및 권진옥 등 (번역), 『어우집』 제6권 / 묘도문(墓道文), 증 의정부영의정 행 사섬시부정 유공 신도비명 병서, 『贈議政府領議政行司贍副正柳公神道碑銘並序』, 한국고전종합DB.

정민수, 〈우라늄 광상 및 개발〉, 한국자원공학회지 42.4 (2005): 264-279.

윤승민, 〈서울 지하철 지하역사 331곳 전체에 라돈 농도 조사〉, 경향신문, 07/APR/2024.

Bettini, Alessandro. "Introduction to elementary particle physics." Cambridge University Press, 2024.

Bonolis, Luisa. "Enrico Fermi's scientific work." Enrico Fermi: His Work and Legacy. Berlin, Heidelberg: Springer Berlin Heidelberg, 2004. 314-393.

Chu, William T., and Kwang-Je Kim. "Moo-Young Han." Physics Today 69.11 (2016): 70-70.

Frondel, Clifford. "Mineralogy of uranium." American Mineralogist: Journal of Earth and Planetary Materials 42.3-4 (1957): 125-132.

Han, Moo-Young. "From Photons to Higgs: A Story of Light." World Scientific, 2014.

Han, Moo Young. "Quarks and gluons: A century of particle charges." World Scientific, 1999.

Han, Moo-Young. "The roots of QCD, Nambu's drama and humor." MEMORIAL VOLUME FOR Y.

NAMBU, 2016, 95-103.

Koo, In-Soo. "Instrumentation and Control Systems for Nuclear Power Plants." Journal of the Korean Professional Engineers Association 43.2 (2010): 45-52.

Linsalata, Paul. "Exposure to long-lived members of the uranium and thorium decay chains." International Journal of Radiation Applications and Instrumentation. Part C. Radiation Physics and Chemistry 34.2 (1989): 241-250.

Martin, Brian R. "Nuclear and particle physics: an introduction." John Wiley & Sons, 2019.

Navas, S., et al. "Review of particle physics." Physical Review D 110.3 (2024): 030001.

Sahu, Patitapaban, Durga Charan Panigrahi, and Devi Prasad Mishra. "A comprehensive review on sources of radon and factors affecting radon concentration in underground uranium mines." Environmental Earth Sciences 75 (2016): 1-19.

Skeppstrom, K. A. O. B., and B. Olofsson. "Uranium and radon in groundwater." European Water 17.18 (2007): 51-62.

Tong, David. "Particle physics: CERN lectures." CERN, 2007.

Zee, Anthony. "Quantum field theory in a nutshell. Vol. 7." Princeton University Press, 2010.

7. 맵시 쿼크

강주상, 『이휘소 평전』, 사이언스북스, 12/JUN/2017.

구동철, et al. 《23kV 3상 초축 초전도케이블 장기신뢰성 평가시험 시스템 구축》, 대한전기학회 학술대회 논문집 (2021): 1199-1200.

막달레나 허기타이, 한국여성과총 출판위원회 (번역), 『내가 만난 여성 과학자들』, 해나무, 16/SEP/2019.

명지예, 〈LK-99가 뭐길래…끝날때까지 끝난게 아니라는 초전도체株〉「주식 초고수는 지금」, 매일경제, 06/MAR/2024 (2024).

짐 배것, 박병철 (번역), 『퀀텀스토리 (보급판)』, 이강영(해제), 반니, 20/FEB/2023.

원효, 이정희(번역), 『발심수행장(發心修行章)』, 불교기록문화유산 아카이브, v01_p0841a.

Barnett, R. Michael, Henry Mühry, and Helen R. Quinn. The Charm of Strange Quarks: Mysteries and Revolutions of Particle Physics. Springer Science & Business Media, 2013.

Bjorken, James D. "The November Revolution: a theorist reminisces." A Collection of Summary Talks in High Energy Physics (ed. JD Bjorken) (2003): 229.

Close, Frank. "A November revolution: the birth of a new particle." CERN Cour 44 (2004): 10-25.

Crease, Robert P. "The November revolution." Physics World 17.11 (2004): 18.

Gaillard, Mary K., Benjamin W. Lee, and Jonathan L. Rosner. "Search for charm." Reviews of Modern Physics 47.2 (1975): 277.

Khare, Avinash. "The November (J/Ψ) revolution: Twenty-five years later." Current Science 77.9 (1999): 1210-1213.

Navas, S., et al. "Review of particle physics." Physical Review D 110.3 (2024): 030001.

Tong, David. "Particle physics: CERN lectures." CERN, 2007.

Zee, Anthony. "Quantum field theory in a nutshell. Vol. 7. Princeton University Press, 2010.

8. 뮤온

김은국, 〈발해의 대외관계사연구의 현황과 과제〉, 한국사연구 122 (2003): 271-287.

김현철, 『강력의 탄생』, 계단, 12/JUL/2021.

박찬우, et al. 《플라스틱 섬광체를 활용한 뮤온 단층촬영 시스템 설계 및 최적화》, 대한방사선방어학회 학술발표회 논문요약집 (2020): 285-286.

오철우, 〈우주방사선 뮤온 이용해, 핵폐기 연료봉 안전상태 감시〉, 한겨레신문, 13/APR/2018.

이근영, 〈백두산 화산 폭발 탓 발해 멸망'은 잘못된 가설〉, 한겨레신문, 26/SEP/2017.

이석현, 〈백두산 화산폭발과 역사 사회적 영향-발해 멸망과 디아스포라를 중심으로〉 인문논총 61 (2023): 5-37.

이효형, 『발해 유민사를 바라보는 다양한 시선』, 역사와 세계 57 (2020): 29-66.

유성운, 「유성운의 역발상」〈화산 폭발로 멸망? 백두산은 억울하다, 발해 최후의 20일〉, 중앙일보, 23/DEC/2019.

Erlykin, A. D., and A. W. Wolfendale. "Cosmic rays: the centenary of their discovery." Europhysics News 43.2 (2012): 26-28.

Hammond, James O.S., et al. "Distribution of partial melt beneath Changbaishan/Paektu Volcano, China/Democratic People's Republic of Korea" Geochemistry, Geophysics, Geosystems 21.1 (2020): e2019GC008461.

Morishima, Kunihiro, et al. "Discovery of a big void in Khufu's Pyramid by observation of cosmic-ray muons." Nature 552.7685 (2017): 386-390.

Navas, S., et al. "Review of particle physics." Physical Review D 110.3 (2024): 030001.

Oppenheimer, Clive, et al. "Multi-proxy dating the 'Millennium Eruption' of Changbaishan to late 946

CE." Quaternary Science Reviews 158 (2017): 164-171.

Piccioni, Oreste. "The Discovery of the muon." History of Original Ideas and Basic Discoveries in Particle Physics. Boston, MA: Springer US, 1996. 143-162.

Tanaka, Hiroyuki K.M., et al. "Cosmic-ray muon imaging of magma in a conduit: Degassing process of Satsuma-Iwojima Volcano, Japan." Geophysical Research Letters 36.1 (2009).

9. 타우온

국토교통부, 〈GNSS에 의한 지적측량규정〉 [시행 2020. 8. 10.] [국토교통부예규 제304호, 2020. 8. 10, 일부개정], 국가법령정보센터(2020).

신돈복, 『국역 학산한언1』, 보고사, 12/MAY/2006.

이상연, 〈한국을 빛낸 화학자 32〉(2025년 4월호) 이윤섭, 화학세계, APR/2025.

박지원, 이가원 (번역), 『열하일기』, 한국고전종합DB.

Albahri, Tareq, et al. "Magnetic-field measurement and analysis for the Muon g− 2 Experiment at Fermilab." Physical Review A 103.4 (2021): 042208.

Beresford, Lydia, and Jesse Liu. "New physics and tau g-2 using LHC heavy ion collisions." Physical Review D 102.11 (2020): 113008.

Buenker, Robert J. "Hafele-Keating atomic clock experiment and the Universal Time-dilation Law." Journal of Applied and Fundamental Sciences 4.2 (2018): 94.

Feldman, Gary, John Jaros, and Rafe H. Schindler. "Martin L. Perl (1927-2014): A Biographical Memoir." Annual Review of Nuclear and Particle Science 67.1 (2017): 1-18.

Jegerlehner, Fred, and Andreas Nyffeler. "The muon g− 2." Physics Reports 477.1-3 (2009): 1-110.

Keshavarzi, Alex, Kim Siang Khaw, and Tamaki Yoshioka. "Muon g− 2: A review." Nuclear Physics B 975 (2022): 115675.

Navas, S., et al. "Review of particle physics." Physical Review D 110.3 (2024): 030001.

Perl, Martin L. "The discovery of the Tau Lepton and the changes in elementary-particle physics in forty years." Physics in Perspective 6 (2004): 401-427.

Perl, Martin L., et al. "Evidence for anomalous lepton production in e+− e− annihilation." Physical Review Letters 35.22 (1975): 1489.

Shuler Jr., Robert L. "The twins clock paradox history and perspectives." Journal of modern Physics 5.12 (2014): 1062-1078.

Tran, Hieu Minh, and Yoshimasa Kurihara. "Tau g-2 g-2 at e^-e^+ e-e+ colliders with momentumdependent form factor." The European Physical Journal C 81 (2021): 1-9.

10. W보손

김덕형, 〈(47) 이휘소〉, 주간조선, 21/DEC/2011.

곽재식, 『곽재식과 힘의 용사들』, 다른, 26/JUN/2023.

국사편찬위원회, 『조선왕조실록』, 국사편찬위원회 조선왕조실록 정보화사업 웹사이트.

리 스몰린, 박병철 (번역), 『아인슈타인처럼 양자역학하기』, 김영사, 20/OCT/2021.

장현광, 성백효(번역), 『여헌선생속집』 제3권 / 제문(祭文), 입암(立巖)에 대한 제문, 한국고전종합DB.

이동재, 〈SK 텔레콤-초연결 시대 급증한 해킹, '양자 난수 생성 기술'이 뜬다〉, 전자기술 35.7 (2022): 12-13.

최호, 〈KT, 양자 암호 기술로 5G 데이터 전송 성공〉, 전자신문, 11/MAY/2020.

조승한, 「한 토막 과학상식」 〈방사선으로 해킹 불가능한 양자난수 만드는 1.5mm 초소형칩〉, 동아사이언스, 10/SEP/2021.

Bettini, Alessandro. "Introduction to elementary particle physics." Cambridge University Press, 2024.

Kelly, W. H., G. B. Beard, and R. A. Peters. "The beta decay of K-40." Nuclear Physics 11 (1959): 492-498.

Kim, Young-Hee, et al. "A Study on the Design of a β-Ray Sensor for True Random Number Generators." The Journal of Korea Institute of Information, Electronics, and Communication Technology 12.6 (2019): 619-628.

Kotwal, Ashutosh V. "The precision measurement of the W-boson mass and its impact on physics." Nature Reviews Physics 6.3 (2024): 180-193.

Leutz, H., G. Schulz, and H. Wenninger. "The decay of K-40." Zeitschrift fur Physik 187.2 (1965): 151-164.

Navas, S., et al. "Review of particle physics." Physical Review D 110.3 (2024): 030001.

Silverman, M. P., et al. "Tests for randomness of spontaneous quantum decay." Physical Review A 61.4 (2000): 042106.

Shukla, Kritika, and Shankar G. Aggarwal. "A technical overview on beta-attenuation method for the monitoring of particulate matter in ambient air." Aerosol and Air Quality Research 22.12 (2022): 220195.

Tong, David. "Particle physics: CERN lectures." CERN, 2007.

Watkins, Peter M. "Discovery of the w and Z boson." Contemporary Physics 27.4 (1986): 291-324.

Zee, Anthony. "Quantum field theory in a nutshell. Vol. 7." Princeton University Press, 2010.

11. Z보손

강주상, 『이휘소 평전』, 사이언스북스, 12/JUN/2017.

김영사, 『힉스, 신의 입자 속으로』, 김영사, 29/DEC/2016.

리언 레더먼, 크리스토퍼 T. 힐, 안지민 (번역), 『대칭과 아름다운 우주』, 승산, 02/JAN/2012.

리언 레더먼, 딕 테레시, 박병철 (번역), 『신의 입자』, 휴머니스트, 06/FEB/2017.

변국영, 〈현대차, 4년 연속 글로벌 수소차 1위 자리 지켰다〉 에너지데일리, 14/FEB/2023.

짐 배것, 박병철 (번역), 『힉스, 신의 입자 속으로』, 김영사, 29/DEC/2016.

채민석, [르포] 〈하루에 63빌딩 4번 두를 수 있는 유리 생산…세계 최대 규모' KCC글라스 여주공장〉, 조선BIZ, 30/AUG/2023.

Adams, J. B. "CERN Particle Detectors." (1977).

Alvarez, Luis. "The ideas man." CERN Courier (2012).

Bettini, Alessandro. "Introduction to elementary particle physics." Cambridge University Press, 2024.

Greenstein, George. "SCIENCE: Luis's Gadgets: A Profile of Luis Alvarez." The American Scholar 61.1 (1992): 90-98.

Haidt, Dieter. "The discovery of weak neutral currents." CERN Courier 44.8 (2004): 21.

Hargittai, Magdolna. "Fifty years of parity violation—and its long-range effects." Structural Chemistry 17.5 (2006): 455-457.

Navas, S., et al. "Review of particle physics." Physical Review D 110.3 (2024): 030001.

Riti, Federica, et al. "A history of CERN in seven physics milestones." Nature Reviews Physics 6.10 (2024): 582-586.

Tong, David. "Particle physics: CERN lectures." CERN, 2007.

Zee, Anthony. "Quantum field theory in a nutshell. Vol. 7." Princeton University Press, 2010.

12. 중성미자

김지영, 『우주 비밀 찾아 '땅 속으로 들어간 과학자들'』, 대덕넷, 12/NOV/2018.

김종서 등, 이재호 등(번역), 『고려사절요』, 한국고전종합DB.

듀나, 『대리전』, 다산책방, 18/DEC/2024 (2024).

박인규, 『사라진 중성미자를 찾아서』, 계단, 10/JUN/2022.

수지 시히, 노승영 (번역), 『세상 모든 것의 물질』, 까치, 25/JAN/2024.

유인태, 〈한국 중성미자 관측소〉, 물리학과 첨단기술 31.11 (2022): 9-12.

이근영, 〈중성미자로 북한 비핵화 검증할 수 있다〉, 한겨레신문, 19/OCT/2019.

Alcazar, Daniel Albir. Ghost particles and Project Poltergeist: Long-ago Lab physicists studied science that haunted them. No. LA-UR-20-29488. Los Alamos National Laboratory (LANL), Los Alamos, NM (United States), 2020.

Bettini, Alessandro. "Introduction to elementary particle physics." Cambridge University Press, 2024.

Dye, S. T. "Evaluating Reactor Antineutrino Signals for WATCHMAN." Journal of Physics: Conference Series. Vol. 1216. No. 1. IOP Publishing, 2019.

Grant, Christopher, and the AIT-WATCHMAN Collaboration. "WATCHMAN: a remote reactor monitor and advanced instrumentation testbed." Journal of Physics: Conference Series. Vol. 1468. No. 1. IOP Publishing, 2020.

Hubbell, John H. "Electron-positron pair production by photons: A historical overview." Radiation Physics and Chemistry 75.6 (2006): 614-623.

Lee, Kyw-Young. "A Specificity and Narrative Structure of the Russian Iconostasis and Korean Amrtakundalin (amrita painting, 甘露幀畫)." Cross-Cultural Studies 42 (2016): 419-449.

Lee, Myeong-Cheol. "PET/CT (Fusion PET) 국내외 현황." 대한핵의학회: 학술대회논문집 (2004): 353-358.

Martin, Brian R. "Nuclear and particle physics: an introduction." John Wiley & Sons, 2019.

Milanovic, Vesna D., and Dragica D. Trivic. "History of Chemistry as a Part of Assessment of Students' Understanding of the Law of Conservation of Mass." Journal of Baltic Science Education 16.5 (2017): 780-796.

Narayanan, Yamini. "Animal ethics and Hinduism's milking, mothering legends: Analysing Krishna the butter thief and the Ocean of Milk." Sophia 57.1 (2018): 133-149.

Navas, S., et al. "Review of particle physics." Physical Review D 110.3 (2024): 030001.

Reines, Frederick. "The neutrino: From poltergeist to particle." Reviews of Modern Physics 68.2 (1996): 317.

Smith, Carl. "Antimatter: how the world's most expensive — and explosive — substance is made." ABC Science, Strange Frontiers on the Science Show, 19/FEB/2023 (2023).

Tarkin, Jason M., et al. "Positron emission tomography imaging in cardiovascular disease." Heart

106.22 (2020): 1712-1718.

Wissler, Eugene H., and Eugene H. Wissler. "Conservation of Energy." Human Temperature Control: A Quantitative Approach (2018): 17-40.

Williams, Joanna. "The Churning of the Ocean of Milk—Myth, Image and Ecology." India International Centre Quarterly 19.1/2 (1992): 145-155.

13. 뮤온 중성미자

곽재식, 『슈퍼 스페이스 실록』, 파랑새, 29/FEB/2024.

리언 레더먼, 딕 테레시, 박병철 (번역), 『신의 입자』, 휴머니스트, 06/FEB/2017.

송의호, 〈무덤 속 추정만 1t … 신라 유물의 황금은 강에서 캐낸 것〉, 중앙일보, 03/NOV/2015.

이근영, 〈'유령 입자' 중성미자의 고향을 찾다〉, 한겨레신문, 19/OCT/2019.

일연, 김희만 등(번역), 『삼국유사』, 국사편찬위원회 한국사데이터베이스.

Bak, G., et al. "Measurement of reactor antineutrino oscillation amplitude and frequency at RENO." Physical Review Letters 121.20 (2018): 201801.

Bethe, Hans A., and Gerald Brown. "How a supernova explodes." Scientific American 252.5 (1985): 60-69.

Bordiu, Cristobal, and J. Ricardo Rizzo. "The peculiar chemistry of the inner ejecta of Eta Carina." Monthly Notices of the Royal Astronomical Society 490.2 (2019): 1570-1580.

Davis Jr., Raymond. "Nobel Lecture: A half-century with solar neutrinos." Reviews of Modern Physics 75.3 (2003): 985.

Davis Jr, Raymond, Don S. Harmer, and Kenneth C. Hoffman. "Search for neutrinos from the sun." Physical Review Letters 20.21 (1968): 1205.

Fiorillo, Damiano FG, et al. "Supernova simulations confront SN 1987A neutrinos." Physical Review D 108.8 (2023): 083040.

Frebel, Anna, and Timothy C. Beers. "The formation of the heaviest elements." Physics Today 71.1 (2018): 30-37.

Johnson, Jennifer A., Brian D. Fields, and Todd A. Thompson. "The origin of the elements: A century of progress." Philosophical transactions of the royal society A 378.2180 (2020): 20190301.

Janka, Hans-Thomas. "Explosion mechanisms of core-collapse supernovae." Annual Review of Nuclear and Particle Science 62.1 (2012): 407-451.

Keivani, A., et al. "A multimessenger picture of the flaring blazar TXS 0506+ 056: Implications for high-energy neutrino emission and cosmic-ray acceleration." The Astrophysical Journal 864.1 (2018): 84.

Lande, Kenneth. "The life of Raymond Davis, Jr. and the beginning of neutrino astronomy." Annual review of nuclear and particle science 59.1 (2009): 21-39.

Max-Planck-Gesellschaft. "The gold mine of a neutron star collision." Max-Planck-Gesellschaft, 21/DEC/2023 (2023).

Navas, S., et al. "Review of particle physics." Physical Review D 110.3 (2024): 030001.

Padovani, P., et al. "TXS 0506+ 056, the first cosmic neutrino source, is not a BL Lac." Monthly Notices of the Royal Astronomical Society: Letters 484.1 (2019): L104-L108.

Pian, Elena. "Kilonova Emission and Heavy Element Nucleosynthesis." Universe 9.2 (2023): 105.

Stromberg, Joseph. "All the gold in the universe could come from the collisions of neutron stars." Smithsonian.com (2013).

Tong, David. "Particle physics: CERN lectures." CERN, 2007.

Totani, T., et al. "Future detection of supernova neutrino burst and explosion mechanism." The Astrophysical Journal 496.1 (1998): 216.

14. 타우온 중성미자

곽재식, 『슈퍼 스페이스 실록』, 파랑새, 29/FEB/2024.

곽재식, 『우리가 과학을 사랑하는 법』, 위즈덤하우스, 16/AUG/2019.

리사 랜들, 김명남 (번역), 『암흑 물질과 공룡』, 사이언스북스, 25/JUN/2016.

일연, 김희만 등(번역), 『삼국유사』, 국사편찬위원회 한국사데이터베이스.

이익, 임창순 등(번역), 『성호사설』, 한국고전종합DB.

현우종, 〈은하수와 미리내〉, 삼다일보, 15/MAR/2017.

Agrawal, A., et al. "Improved Limit on Neutrinoless Double Beta Decay of Mo 100 from AMoRE-I." Physical Review Letters 134.8 (2025): 082501.

Atif, Z., et al. "Search for sterile neutrino oscillations using RENO and NEOS data." Physical Review D 105.11 (2022): L111101.

Choi, J. H., et al. "Search for sub-eV sterile neutrinos at RENO." Physical Review Letters 125.19 (2020): 191801.

Lee, Benjamin W., and Steven Weinberg. "Cosmological lower bound on heavy-neutrino masses."

Physical Review Letters 39.4 (1977): 165.

Navas, S., et al. "Review of particle physics." Physical Review D 110.3 (2024): 030001.

Tong, David. "Particle physics: CERN lectures." CERN, 2007.

Weiner, Benjamin J., and J. A. Sellwood. "The properties of the galactic bar implied by gas kinematics in the inner Milky Way." The Astrophysical Journal 524.1 (1999): 112.

Yeo, In-Sung, and RENO Collaboration. "Search for sterile neutrinos at RENO." Journal of Physics: Conference Series. Vol. 888. No. 1. IOP Publishing, 2017.

Zwicky, Barbarina, Johannes Meyling, and David Appell. "Fritz Zwicky and the earliest prediction of dark matter." Physics World 34.5 (2021): 24.

15. 꼭대기 쿼크

데이비드 카이저, 조은영 (번역), 『양자역학의 역사』, 동아시아, 17/JAN/2025.

숀 캐럴, 최가영 (번역), 『빅 픽쳐』, 글루온, 11/NOV/2019.

정민영, 「미술이야기」〈안경을 쓴 옛 그림〉, 대한토목학회지 71.3 (2023): 96-101.

정지은, 〈KT '양자 암호키' 생성 장비 개발〉, 한국경제, 23/MAY/2024.

짐 배것, 배지은 (번역), 『퀀텀 리얼리티』, 반니, 23/SEP/2021.

폴 데이비스, 『원자 속의 유령』, 범양사, 01/DEC/1994.

홍인호 등, 박찬수 등(번역), 『심리록』, 한국고전종합DB.

Afik, Yoav, and Juan Ramón Muñoz de Nova. "Quantum information with top quarks in QCD." Quantum 6 (2022): 820.

Atlas Collaboration. "Observation of quantum entanglement with top quarks at the ATLAS detector." Nature 633.8030 (2024): 542.

Bhatia, Vaishali, and K. R. Ramkumar. "An efficient quantum computing technique for cracking RSA using Shor's algorithm." 2020 IEEE 5th international conference on computing communication and automation (ICCCA). IEEE, 2020.

Cavalcanti, Eric Gama, et al. "Spin entanglement, decoherence and Bohm's EPR paradox." Optics Express 17.21 (2009): 18693-18702.

Hoang, Andre H. "What is the top quark mass?." Annual Review of Nuclear and Particle Science 70.1 (2020): 225-255.

Incandela, Joseph R., et al. "Status and prospects of top-quark physics." Progress in Particle and

Nuclear Physics 63.2 (2009): 239-292.

Kupczynski, Marian. "EPR paradox, quantum nonlocality and physical reality." Journal of Physics: Conference Series. Vol. 701. No. 1. IOP Publishing, 2016.

Mandel, Jacob R. "Quantum Computing: Resolving Myths, From Physics to Metaphysics." (2021).

Masi, Marco. "Quantum physics: an overview of a weird world: a primer on the conceptual foundations of quantum physics." (2019).

Navas, S., et al. "Review of particle physics." Physical Review D 110.3 (2024): 030001.

Walborn, S. P., et al. "Experimental determination of entanglement with a single measurement." Nature 440.7087 (2006): 1022-1024.

16. 바닥 쿼크

강주상, 『이휘소 평전』, 사이언스북스, 12/JUN/2017.

권건호, 〈올해의 여성과학기술자상 수상자 선정〉, 전자신문, 08/DEC/2008.

김지현, 〈흑백TV서 올레드까지…LG '기술의 금자탑'〉, 동아일보, 16/AUG/2016.

데이비드 카이저, 조은영 (번역), 『양자역학의 역사』, 동아시아, 17/JAN/2025.

동아대학교 석당학술원, 『국역 고려사』, 경인문화사, 30/AUG/2008.

리언 레더먼, 딕 테레시, 박병철 (번역), 『신의 입자』, 휴머니스트, 06/FEB/2017.

수지 시히, 노승영 (번역), 『세상 모든 것의 물질』, 까치, 25/JAN/2024.

이규보, 이진영 등(번역), 『동국이상국전집』, 제2권 「고율시(古律詩)」, 「노무편(老巫篇)」, 「병서(図序)」, 한국고전종합DB.

임중권, 〈방사선으로 컨테이너 내부 검사…마약·밀수품 찾아낸다〉, 전자신문, 30/JAN/2024.

일연, 김희만 등(번역), 『삼국유사』, 국사편찬위원회 한국사 데이터베이스.

조진희, 〈초미세 과학의 세계를 밝혀주는 방사광가속기〉, 충북 Issue & Trend 39 (2020): 26-31.

최준석, 〈류동수 울산과기원 교수, 초고에너지 우주선 기원을 파헤친다〉 주간조선, 05/JUN/2019.

한국경제 편집부, 〈㈜쎄크, X-ray 장비 체험 가능한 수원 본사 데모센터 운영〉 한국경제, 13/OCT/2020.

변지민, 〈국내 연구진, 대형 컨테이너 내부 방사선으로 검사하는 기술 개발〉, 동아일보, 11/AUG/2016.

서중해, 〈예비타당성조사보고서: 4세대(X-선 자유전자레이저) 방사광가속기 구축사업〉, KDI, Series

No. 2010.

Chamblin, Andrew, and Gouranga C. Nayak. "Black hole production at the CERN LHC: string balls and black holes from pp and lead-lead collisions." Physical Review D 66.9 (2002): 091901.

Fargion, Daniele. "UHECR besides CenA: Hints of galactic sources." Progress in Particle and Nuclear Physics 64.2 (2010): 363-365.

Giovannetti-Singh, Gianamar. "On the Analysis of Ultra-High-Energy Cosmic Rays." Journal of Interdisciplinary Mathematics 16.4-5 (2013): 309-315.

Lee, Eun-Jeong. 〈'과학'의 새로운 맛을 일깨워 준 가속기연구소〉 The Science & Technology 8 (2006): 94-95.

Mann, Adam. "Has Anyone Created a Black Hole on Earth?." Scientific American, 14/FEB/2023 (2023).

Sarazin, Fred, et al. "What is the nature and origin of the highest-energy particles in the universe." Bull. Am. Astron. Soc 51.3 (2019): 93.

Navas, S., et al. "Review of particle physics." Physical Review D 110.3 (2024): 030001.

Seo, Jeongbhin, Dongsu Ryu, and Hyesung Kang. "Model Spectrum of Ultrahigh-energy Cosmic Rays Accelerated in FR-I Radio Galaxy Jets." The Astrophysical Journal 962.1 (2024): 46.

Siegel, Ethan. "Could The Large Hadron Collider Make An Earth-Killing Black Hole?." Forbes, 11/MAR/2016.

Taylor, Richard E. "Deep inelastic scattering: The early years." Reviews of Modern Physics 63.3 (1991): 573.

Tong, David. "Particle physics: CERN lectures." CERN, 2007.

17. 힉스 입자

김성숙, 강미경, 〈최석정의 직교라틴방진〉, 한국수학사학회지 23.3 (2010): 21-31.

김용운, 김용국, 『한국 수학사』, 살림Math, 14/JAN/2009.

데이비드 카이저, 조은영 (번역), 『양자역학의 역사』, 동아시아, 17/JAN/2025.

레너드 서스킨드, 김낙우 (번역), 『우주의 풍경』, 사이언스북스, 15/MAY/2011.

브라이언 그린, 박병철 (번역), 『우주의 구조』, 승산, 24/JUN/2005.

짐 배것, 박병철 (번역), 『힉스, 신의 입자 속으로』, 김영사, 29/DEC/2016.

송홍엽, 〈오일러를 앞선 최석정의 오일러방진〉, Information and Communications Magazine 30.10

(2013): 101-108.

Bettini, Alessandro. "Introduction to elementary particle physics." Cambridge University Press, 2024.

Borrelli, Arianna. "The story of the Higgs boson: the origin of mass in early particle physics." The European Physical Journal H 40.1 (2015): 1-52.

Durrani, Matin. "Peter Higgs: in his own words." Physics World 37.7 (2024): 27.

Higgs, Peter. "My life as a boson: The story of the Higgs." Asia-Pacific Physics Newsletter 1.02 (2012): 50-51.

Higgs, Peter W. "Nobel lecture: evading the Goldstone theorem." Reviews of Modern Physics 86.3 (2014): 851-853.

Maes, Stephane. "Ultimate Unification: Gravity-led Democracy vs. Uber-Symmetries." (2020).

Miller, Johanna L. "The Higgs particle, or something much like it, has been spotted." Physics Today 65.9 (2012): 12-15.

Navas, S., et al. "Review of particle physics." Physical Review D 110.3 (2024): 030001.

Schirber, Michael. "Nobel Prize—Why Particles Have Mass." Physics 6 (2013): 111.

Tong, David. "Lectures on quantum field theory." Cambridge University Mathematics Tripos, Michaelmas (2006).

Tong, David. "Particle physics: CERN lectures." CERN, 2007.

Zee, Anthony. "Quantum field theory in a nutshell. Vol. 7." Princeton University Press, 2010.